Colin M. Roach

DAS JAPANISCHE SCHWERT

Technik, Geschichte, Philosophie:
Alles über die berühmteste Waffe des Samurai

Colin M. Roach

DAS JAPANISCHE SCHWERT

Technik, Geschichte, Philosophie:
Alles über die berühmteste Waffe des Samurai

Titel der Originalausgabe:
Japanese Swords – Cultural Icons of a Nation

publiziert von Tuttle Publishing,
einem Imprint von Periplus Editions (HK) Ltd.

1. Auflage der deutschen Ausgabe, 2022

ISBN 978-3-948264-11-6

Ins Deutsche übersetzt von: Dr. Rudolf Dick
Layout: Caroline Wydeau
Schlussredaktion: Karola Wieland

Wieland Verlag GmbH
Rosenheimer Str. 22
83043 Bad Aibling
www.wieland-verlag.com

Druck: Print Consult
Printed in EU

居合道

INHALT

VORWORT **6**
DANKSAGUNG **8**

KAPITEL 1:
GESCHICHTE, TECHNOLOGIE UND IKONOGRAPHIE **10**
Die symbolische Bedeutung des Schwerts 13
Das Schwert als Waffe 14

TEIL I: EINFÜHRUNG

KAPITEL 2: GRUNDLAGEN **18**
Die Klingentypen 19
Unterscheidungsmerkmale 20
Schwertspitze 22
Härtelinien-Typen (*hamon*) 22
Gefügestrukturen (*hada*) 24
Betrachtung und Handhabung 24
Pflege und Reinigung 27
Qualität und Bewertung 28
Beurteilung 28
Handel mit historischen oder modernen Schwertern 29
Das Sammeln japanischer Schwerter 30
Der Kauf von Schwertern 30

KAPITEL 3:
DIE HERSTELLUNG DES JAPANISCHEN SCHWERTS **32**
Herstellung des traditionell erschmolzenen Stahls 34
Verfeinern des Stahls durch Falten (*tanren*) 37
Zusammenfügen der Stahlkomponenten 38
Strecken des Rohlings 38
Schmieden der Grobkontur 38
Härten des Stahls 39
Feinbearbeitung 40
Die Politur 40
Spiritualität im Schwert-Handwerk 45

TEIL II: GESCHICHTE UND KULTUR

KAPITEL 4: DIE FRÜHEN JAPANISCHEN SCHWERTER **52**
Die Jomon-Periode (10.000 – 300 v. Chr.) 54
Die Yayoi-Periode (400 v. Chr. – 300 n. Chr.) 54
Die Kofun-Periode (250 – 538 n. Chr.) 54
Das Schwert der Götter 55
Die Funktion des Schwerts als kaiserliche Ikone 56
Shinto-Legenden der schwerttragenden Götter 57
Susa-no-o-no-Mikoto 57
Take-mika-tsuchi-no-Kami 59
Shinto in der Schmiede 59
Die Schwerter der Yayoi-Periode 61
Die Schwerter der Kofun-Periode 62

KAPITEL 5: SCHWERTER DER NARA-PERIODE **64**
Die Nara-Periode (710 – 794 n. Chr.) 66
Das Schwert und der chinesische Einfluss 67
Der Taoismus in der japanischen Kriegerkultur 68
Das Schwert des Taoismus 68
Laozi: Ein Gleichgewicht zwischen Krieg und Weisheit 70
Chuang Tzu: Das Schwert als Metapher 72
Japanische Adaptionen 76
Das Schwert und die kriegerische Spiritualität 77
Klingen der Nara-Periode 77

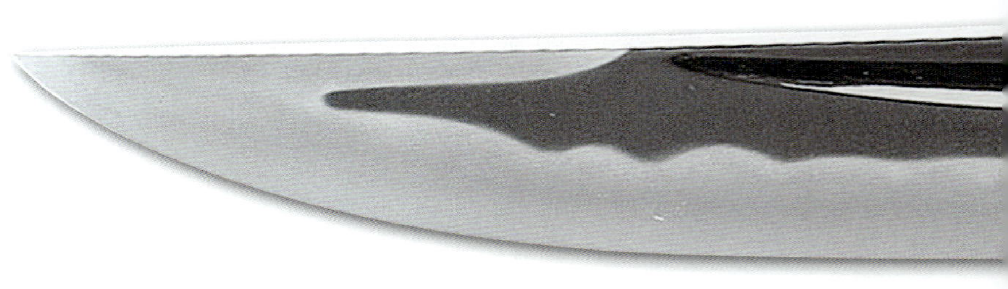

KAPITEL 6: MITTELALTERLICHE SCHWERTER **82**
Die Heian-Periode (794 – 1185 n. Chr.) 84
Die Kamakura-Periode (1185 – 1333 n. Chr.) 84
Die Muromachi-Periode (1392 – 1573 n. Chr.) 86
Das Schwert im esoterischen Buddhismus 88
Buddhistische Geschichten schwertführender Götter 88
Fudo Myo-o (Acala) 89
Die Sutra des heiligen Fudo 89
Das Schwert des Fudo 90
Monju Bosatsu 92
Jikokuten 93
Neue Bedeutung im Zen: Das Schwert der Erkenntnis 94
Schwerter der Heian-Periode 100
Schwerter der Kamakura-Periode 100
Schwerter der Muromachi-Periode 100

KAPITEL 7: SCHWERTER DER EDO-PERIODE **118**
Die Edo-Periode (1603 – 1867 n. Chr.) 119
Die Führungsrolle der „gelehrten Krieger“ 120
Die Schwertkultur der Edo-Periode: Ein Fallbeispiel 122
Der Herbst der Edo-Periode 125
Die Schwerter der Edo-Periode 126

KAPITEL 8: MODERNE JAPANISCHE SCHWERTER **134**
Meiji-Periode (1868 – 1912 n. Chr.) und danach 135
Spiritualität, Modernisierung und Kampfkünste 139
Kampfkünste in der Nachkriegszeit 143
Schwerter der Meiji-, Taisho- und Showa-Periode 144

TEIL III: DIE KUNST DER SCHWERTFÜHRUNG

KAPITEL 9: JAPANISCHE SCHWERTKUNST HEUTE **156**
Die klassische Schwertkunst des Iaido 157
Iaido visualisiert 158
Die Geschichte des Iaido 158
Die Tradition lebt 162
Schwertkunst heute 162
Das heutige Iaido-Studium 163
Das Iaido-Schwert 166
Das Schwert und die Gesellschaft 167

ANHANG **170**
Index 170
Foto-Hinweise 174

VORWORT

von Nicklaus Suino

Warum sollte jemand für ein Schwert, das von einem berühmten japanischen Meister handgeschmiedet wurde, ein Vermögen bezahlen? Das Schwert wird vermutlich nie in Gebrauch sein und nur ein paar Mal jährlich zur Bewunderung und Wertschätzung aus der Scheide entnommen werden. Ähnliche Klingen, hergestellt in einem anderen Land und von einem weniger bekannten Schmied, sind möglicherweise für den Bruchteil des Preises verfügbar.

Warum sollte jemand ein so antiquiertes und entbehrungsreiches Hobby wie *iaido* aufgreifen? Bei dieser esoterischen Kampfkunst üben wir formelle Bewegungsmuster, die darauf ausgelegt sind, andere Menschen zu töten, doch wir werden nie das Schwert als Waffe gebrauchen. Hier gibt es keine Rückwärtssaltos oder Kampfszenen, wie wir sie aus Actionfilmen kennen und nichtpraktizierende Betrachter werden beim Zuschauen schnell gelangweilt sein. Dennoch üben wir in Ruhe, Konzentration und ohne große Geste, in einer täglichen Routine.

Warum sollte ein gewissenhafter *iaido*-Schüler jede Woche stundenlange Anreisezeiten in Kauf nehmen, um mit einem Lehrer zu üben, der in der direkten Nachfolge einer 450-jährigen Gründertradition dieser Kampfkunst steht? Ein anderer Lehrer, der sich sein Wissen über *iaido* vielleicht mittels Bücher, Kurse oder Videos angeeignet hat, ist möglicherweise nicht so weit entfernt, hat günstigere Tarife oder ist weniger fordernd.

Ich möchte auf diese Fragen antworten, indem ich eine weitere stelle: Warum sollte ein geistig gesunder Mensch über glühende Kohlen gehen? Feuerlaufrituale sind Übungen, die in letzter Zeit bei Motivationsseminaren populär wurden, aber im Grunde auf eine jahrtausendelange Tradition von Erleuchtungssuchenden zurückgehen. Mit der richtigen Vorbereitung und geistigen Einstellung ist mit dem Feuerlauf ein außerordentlicher Erfahrungsgewinn verbunden. Ein erfolgreicher Lauf führt zu einem inneren Reinigungsprozess, der lebensverändernd sein kann.

Wäre der Feuerlauf genauso effektiv, wenn man statt über die glühenden Kohlen zu gehen darüber hinwegspringen würde? Oder wenn man statt auf glühenden Kohlen auf Laub gehen würde? Natürlich nicht. Genauso wenig wäre Fallschirmspringen interessant, wenn man nur von einem Drei-Meter-Brett springen würde. Wir entscheiden uns für außergewöhnliche Aktivitäten, weil mit ihnen starke emotionale Erlebnisse verbunden sind.

Ganz ähnlich verhält es sich mit der japanischen Schwertkunst. Wenn man in ihr nicht nur ein esoterisches Ritual mit dem Schwert sieht, sondern einen Weg zur Persönlichkeitsveränderung, dann gewinnt dieser Weg des Bemühens um Perfektion eine zentrale Bedeutung. Wenn in einem Schüler das Verständnis dafür gereift ist, dass die Kampfkunst ihn stärker, ruhiger, mutiger, einsichtiger und geistig offener macht, dann ist es naheliegend, dass er oder sie sich um den am besten qualifizierten Lehrer bemüht. Zwischen jenem und einem Lehrer, der seine Kunst in ein paar Kursen gelernt hat, besteht ein enormer Unterschied. Gerade wie im Schwertkampf ein Abstand von zwei Millimetern über Leben und Tod entscheiden kann, so kann ein „Zwei-Millimeter-Irrtum" in der persönlichen Entwicklung entscheidend sein für den Unterschied zwischen tiefer Einsicht und völliger Selbsttäuschung.

Genauso verhält es sich mit den Schwertern selbst. Natürlich kann man ein schwertähnlich geformtes Stück Metall für wenige Euro kaufen. Aber in den eigenen Händen ein echtes, japanisches *katana* zu halten, dessen Stahl mühsam gewonnen, gefaltet, geschmiedet, geformt und poliert wurde, von Handwerkern, deren Tradition ähnlich diffizil ist wie der Aufbau der Klinge, vermittelt einen völlig anderen Wahrnehmungsgehalt. Ein echtes, japanisches *katana* stellt für einen Kenner eine ähnliche Bereicherung dar, wie für einen Feuerläufer der Gang über glühende Kohlen.

Wohin wendet man sich, um einen vertieften Einblick in das japanische Schwert und die wichtige Rolle des *iaido* zu seiner Erhaltung zu bekommen? Bislang gibt es nur wenige Quellen außerhalb Japans. Mit dem vorliegenden Werk jedoch gibt uns Colin Max Roach die Möglichkeit, sich mit den Details und verborgenen Aspekten vertraut zu machen, die für die Wertschätzung des japanischen Schwerts erforderlich sind. Er zeigt den Herzschlag des Schmiedeprozesses auf, die Kultur und Spiritualität, die zur Geburt des *katana* führte, die Weltsicht sowohl des Schmieds als auch des Samurais und wie die esoterische Kunst des *iaido* einen neuen Raum schuf, in dem das *katana*, die Seele des Samurai, auch ohne Krieg weiter blühen kann.

Einzigartig im deutschsprachigen Raum, werden hier diese Themen geschickt verknüpft und illustriert durch überzeugende Bilder, von jemandem, der sich vollkommen in die Materie eingefunden hat. Für jeden, der die faszinierende Geschichte, Entwicklung und Kraft des japanischen Schwerts nachvollziehen möchte, ist das Werk von Colin Max Roach Pflichtlektüre.

DANKSAGUNG

Ich widme dieses Buch meiner wunderbaren Familie. Zuerst möchte ich meiner lieben Frau Alethea danken, die jetzt – mehr oder weniger ungewollt – zu einer Expertin für Schwerter wurde. Ich habe dieses Buch für meine drei kleinen Söhne Adrian, Porter und Charlie geschrieben, von denen ich mehr lernen kann als ich ihnen lehre. Nun, da dieses Projekt abgeschlossen ist, schulde ich ihnen einiges an gemeinsamer Angel-, Camping- und Motorradfreizeit. Aber die Verpflichtung zum Dank endet hier nicht. Ich konnte dieses Werk nur mithilfe vieler zauberhafter Menschen verwirklichen.

Es ist mir eine Ehre, dass viele führende Experten bei diesem Projekt mitgewirkt haben. Kawachi Kunihira war ein äußerst großzügiger Gastgeber, der mir durch seine natürliche und unprätentiöse Art Aspekte des Schwertmachens aufzeigte, von denen ich nicht zu träumen wagte. Abe Kazunori stellte großzügig seine Zeit und Mittel zur Verfügung, seine Expertise und viele Bilder flossen in dieses Buch ein. Einen essenziellen Beitrag lieferte auch Paul Martin, ein Schwert-Fachmann, der viele Jahre in Japan lebte und mir half, Verbindungen zu hochrangigen Handwerkern herzustellen. Hinter seinem ruhigen Naturell verbirgt sich tiefgründiges Wissen und ein freundliches Wesen. Pierre Nadeau, ein Schwertschmiedelehrling, lieferte einen wertvollen Beitrag und stellte sich als Übersetzer während meines Besuchs bei Herrn Kawachi zur Verfügung. Professor Karl Friday hat mehr beigetragen, als er wohl selbst glaubt. Im Laufe unserer Gespräche während der letzten vier Jahre habe ich meine Sicht auf die Geschichte der Kampfkünste vollkommen revidiert. Er hat auch angeregt, das Werk von Professor Bodifort zu lesen und mit ihm Kontakt aufzunehmen, was mir half, Missverständnisse in Bezug auf die Spiritualität der Kampfkünste zu beseitigen. Ich schulde beiden Männern ein kaltes Bier und einen herzlichen Dankesgruß.

Der Stadt Murayama möchte ich für die Unterstützung dieses Projekts danken. Der Iai-jingu-Schrein wird nun von der Stadt als wertvolles Kulturdenkmal geführt. Frau Okuyama, die Verwalterin des Schreins und Frau des verstorbenen Landbesitzers, war so freundlich und entgegenkommend, die inneren Kammern des Hayashizaki-Schreins zu öffnen, um dessen Schätze zu zeigen. Ihre Freundlichkeit und Würde ist geradezu typisch für das japanische Wesen. Ich bin ihr sehr dankbar und hoffe, sie wiederzusehen.

Der Autor (links) mit Ochiai Tadao (10. Dan Hanshi, Mitte) und Iwasa Sensei (8. Dan Kyoshi).

Die logistischen Herausforderungen, um nach Japan zu reisen, die Handwerker zu treffen und das Ganze zu filmen und zu fotografieren, waren gelinde gesagt enorm. In dieser Hinsicht bin ich meinem Freund Yamaji Fumihito, kurz Fred, zu tiefem Dank verpflichtet. Er war der Problemlöser, während ich in Japan war, und half bei der Planung von Shinkansen-Fahrten bis hin zu kurzfristigen Quartier-Umbuchungen. Vielen Dank Yamaji-san. Du hast heldenhaft zum Gelingen dieses Projekts beigetragen!

Mein Dank gebührt auch einigen Organisationen und Vertretern der Öffentlichkeit. Zuerst möchte ich der Firma Ginza Choshuya für die Zurverfügungstellung vieler schöner Schwertfotos danken. Dann möchte ich mich bei dem Geschäft Tozando und insbesondere bei meinem langjährigen Freund Yamamoto Yasumasa bedanken, der der Welt der Kampfkünste mit Aufrichtigkeit und Würde dient. Bei Tozando durften wir dessen herrliche Klingen fotografieren und filmen. Herr Miwa Teruo hat mich in Seki City begleitet, wohin ich hoffentlich eines Tages zurückkehren kann, um mehr über die Herstellung moderner *iaito* zu lernen. Auch möchte ich mich bei Herrn Tsuruda von Aoi Arts bedanken, der großzügig

Fotos zur Verfügung stellte. Des weiteren möchte ich mich bei Fred Weissberg vom Northern California Japanese Sword Club bedanken. Er half mir, Kontakte in Japan und anderen Ländern zu knüpfen, und er stellte Fotos seiner herrlichen Klingen zur Verfügung. Nochmals herzlichen Dank für die großzügige Unterstützung durch all diese Menschen, die mir es ermöglichten, verschiedene Handwerker zu treffen, schöne Fotos zu erstellen und neue Freunde zu gewinnen.

Des weiteren bin ich all jenen zu Dank verpflichtet, die mich zum Lernen und zum Schreiben über japanische Schwerter anregten. Ich habe Kampfkunst seit meiner Kindheit praktiziert. Im Jahre 1994 begann ich das Studium des *iaido*. Ich hatte das Glück, mit vielen wunderbaren, herausfordernden und einfühlsamen Lehrern zusammenzuarbeiten. Viele dieser Menschen darf ich heute zu meinem Freundeskreis zählen. Mike Cimino-Hurt, Bob Ward und Nick Suino haben ihre Begabung und Kenntnisse mit mir geteilt. Dafür bin ich unendlich dankbar. Insbesondere Suino Sensei hat durch zahlreiche Anregungen das Erstellen dieses Buchs von Anfang an begleitet. Danke für deine Unterstützung, Geduld und Freundschaft!

Ich hatte das Glück, von einigen führenden Schwertlehrern während der letzten zehn Jahre in Japan unterrichtet zu werden. Ochiai Tadao (10. Dan Hanshi) war mir sowohl formal als auch spirituell ein Vorbild. Während ich ihm bei seinen Kursen in den USA assistierte, wurde ich hinsichtlich Geist und Technik der Schwertkunst enorm bereichert. Er verkörpert eine Leidenschaft für die Schwertkunst und den Willen zur deren Bewahrung, die ich hoffentlich weitergeben kann. Iwaso Sensei (8. Dan Kyoshi) hat mich über all die Jahre beim Erlernen des *iaido* ebenfalls sehr unterstützt. Ich danke ihm vor allem für seine Bereitschaft, sowohl in den USA als auch während meiner Reisen nach Japan mit mir zusammenzuarbeiten. Obwohl ich auch noch mit anderen japanischen Lehrern studierte, haben die oben Genannten eine zentrale Rolle auf meinem Weg des Lernens gespielt. Ich stehe tief in einer Schuld, die ich zeitlebens nicht begleichen werde können.

Dieses Buch enthält auch Beiträge von zwei talentierten jungen Männern, denen ich sehr verbunden bin. Der erste ist Josef Obering, der nicht nur die Kunst des *iaido* erlernt, sondern auch als Praktikant das moderne Schwertschmieden studiert, um zu vertieften Einsichten zu gelangen. Schließlich möchte ich mich bei Max Leitner, einem jungen deutschen Fotografen, bedanken. Seine Arbeiten bereichern das ganze Buch. Ohne sein Bemühen, hervorragende Fotos zu machen, wären die Seiten karg geworden. Ich erwarte, dass wir in den kommenden Jahren von diesen Männern weitere beachtliche Werke sehen.

ANMERKUNGEN DES ÜBERSETZERS

SCHREIBWEISE: Da die Übertragung aus dem Japanischen nur durch eine lautschriftliche Umschreibung der Originalausdrücke möglich ist, können die Schreibweisen von Namen und Bezeichnungen je nach Quelle uneinheitlich sein.

GROSS-/KLEINSCHREIBUNG: Alle japanischen Bezeichnungen mit Ausnahme der Namen werden in diesem Buch – wie im Japanischen üblich – klein geschrieben.

KURSIVSCHREIBUNG: Zur besseren Abgrenzung werden die japanischen Sachbezeichnungen kursiv geschrieben, wie zum Beispiel „das *katana*". Ausgenommen sind Namen von Personen, Gottheiten oder Örtlichkeiten.

PERSONENNAMEN: Im Japanischen wird traditionell zuerst der Nachname und dann der Vorname genannt. Herr Abe Kazunori zum Beispiel heißt Abe mit Nachnamen, Kazunori mit Vornamen. In diesem Werk wird diese Schreibweise beibehalten.

GESCHLECHT: Das Japanische, genauso wie das Englische, kennt keinen grammatischen Genus. Deshalb müssten streng genommen alle Bezeichnungen mit dem neutralen Artikel „das" verwendet werden. Es hat sich jedoch in Fachkreisen teilweise eine andere Zuordnung eingebürgert, beispielsweise „der *hamon*". Meist wird der in der deutschen Übersetzung übliche Artikel verwendet, soweit es eine eindeutige Übersetzung gibt, beispielsweise „die *nagako*" („die Angel"). Auch hierfür gibt es jedoch keine feste Regel. Deshalb ist in der Literatur und im Sprachgebrauch oft auch eine Doppelvergabe zu finden, beispielsweise „die bzw. das *tsuba*". Ich folge in dieser Übersetzung im wesentlichen der Standardliteratur (zum Beispiel Markus Sesko: Leitfaden zum japanischen Schwert).

Dr. Rudolf Dick

GESCHICHTE, TECHNOLOGIE UND IKONOGRAPHIE

Das japanische Schwert ist ein technisches und künstlerisches Wunderwerk. Viele Fachleute betrachten es als das beste Schwert, das je hergestellt wurde. Die einzigen Klingen, die ihm hinsichtlich ihrer metallurgischen Güte nahekommen, sind jene aus Damaskus, hergestellt aus dem legendären indischen Wootz-Stahl.

Dennoch ist es ohne Beispiel hinsichtlich seines Symbolgehalts und der geschichtlichen Bedeutung. Für diese Einschätzung betrachten wir das japanische Schwert unter historischen, ikonographischen und technischen Gesichtspunkten. Dabei soll der Begriff Ikonographie definiert werden als das Studium der Konzepte, Bilder und Symbole der japanischen Kultur in Bezug auf das Schwert. Indem wir die soziologischen Entwicklungen rund um das japanische Schwert betrachten, können wir verstehen, wie und warum das Schwert in Japan zu seiner herausragenden Stellung gekommen ist.

Historisch betrachtet haben die japanischen Krieger ihre Schwerter sowohl als Werkzeuge als auch als göttliche Begleiter wahrgenommen. Der Geist der Shinto-Götter ruhte gleichsam in den Faltungen der Klinge. Im Kampf wurden auf der Klingenoberfläche bewegende Bilder blutiger Schlachtfelder reflektiert. Jahrhunderte der kriegerischen Auseinandersetzungen haben das Bedürfnis dafür geschaffen, dass der Krieger seine militärischen Pflichten mit seinem Seelenwohl in Einklang bringt. Diese sehr persönliche und intime Suche nach Aussöhnung hat das Ethos der Samurai hervorgebracht. Obwohl ihre Schwerter in erster Linie Waffen waren, hatten sie auch eine symbolische Relevanz. Das Schwert versprach Erlösung, sowohl praktisch als auch spirituell. Der Aufstieg des Schwerts als ikonisches Symbol ist auf zahllose soziologische Einflussfaktoren zurückzuführen, die in ihrer Gesamtheit die nationale Identität Japans bilden.

Man kann sagen, dass das Schwert die Samurai definierte, und die Samurai definierten das Schwert. Obwohl das Schwert und die Schwertkämpfer schon lange vor dem Erscheinen des Samuraistandes existierten, ist diese wechselseitige Beeinflussung nicht zu leugnen. Die intime Beziehung zwischen dem Krieger und seinem Schwert ist einerseits eine sehr persönliche und individuelle Angelegenheit. Zum anderen hatte diese Gesinnung in ihrer Gesamtheit auch einen enormen Einfluss auf die Außenwelt. Nur durch die Betrachtung der verschiedenen Quellen der religiösen Symbolik, im Zusammenhang mit dem Bedürfnis des Kriegers nach Vergebung, kann man die herausragende Bedeutung des japanischen Schwerts ermessen.

Man muss vorausschicken, dass es problematisch ist, auf westliche Denkmuster bei der Erklärung des japanischen Spiritualismus zurückzugreifen, vor allem, wenn es um das Kriegerwesen geht. Die meisten Versuche, die Symbolik des Schwerts zu definieren, gehen am Thema vorbei, da sie sich auf eine einzige spirituelle Tradition beziehen. Die Symbolik interagiert mit den Menschen, indem sie sowohl den Geist anregt als auch zur Selbstbetrachtung auffordert. Der Symbolgehalt des Schwerts hat sich im Laufe der japanischen Geschichte in verschiedenartigster Weise ausgeprägt. Darüber hinaus waren die Überlieferungsmethoden – die Art und Weise, wie die Symbolik in das Denken des Kriegers eingeflossen ist – sehr unterschiedlich. Beispielsweise hatten frühe spirituelle Praktiker, hier vereinfacht als Shintoisten bezeichnet, in Bezug auf das Schwert sehr komplexe Glaubensvorstellungen. Schamanen und Stammesfürsten trugen den ursprünglichen Symbolikgehalt mündlich weiter. Später jedoch sind diese Glaubenssätze und mündlichen Überlieferungen in der geschriebenen Sprache adaptiert und kodifiziert worden. Das Medium zur Übertragungen dieser Legenden hat sich verändert, und es ist naheliegend, dass sich dabei auch die Wahrnehmung dieser Legenden verändert hat.

Ein weiteres Beispiel ist der überbetonte Zusammenhang zwischen Zen und Kampfkunst. Es ist historisch nicht evident, dass Zen einen stärkeren Einfluss auf den Symbolgehalt des Schwerts hatte als irgendeine andere Philosophie. Tatsächlich hatte in diesem Zusammenhang Zen eher eine geringere Bedeutung, im Vergleich zu anderen spirituellen Praktiken. Der Schlüssel für den Zugang zu dieser Thematik liegt im Verständnis für die enge Verknüpfung zwischen den Kriegern und ihrem Glauben. Ein paar Definitionen mögen dazu beitragen, die Ziele dieses Buchs zu konkretisieren.

Der Ausdruck Ikonographie leitet sich aus zwei griechischen Wörtern her: *Ikon* (Bild) und *graphein* (schreiben). Streng betrachtet versteht man also unter Ikonographie die Darstellung von Bildern und Symbolen mittels visueller Medien. Die Metaphorik kann

梶原平次景高
熊谷次郎直實
和田左エ門義盛
畠山庄司重忠

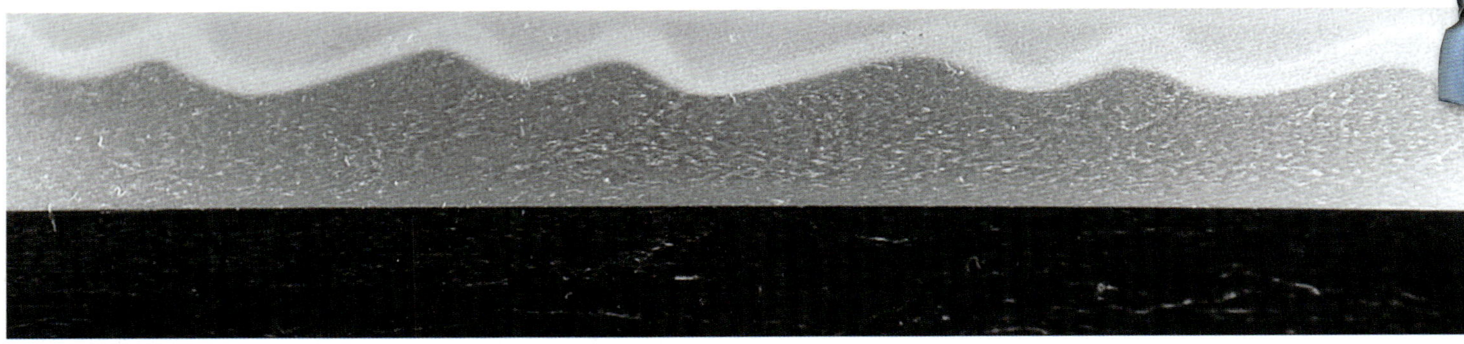

Oben: Gleichzeitig schön und funktional, übertrifft das japanische Schwert alle anderen Waffen hinsichtlich seiner geschichtlichen und symbolischen Bedeutung.

Mitte: Die *hada* (Gefügestrukturen) sind ein signifikantes Merkmal des gefalteten Stahls.

Darunter: Damaszener-Stahl wird ebenfalls gefaltet, jedoch ist die Anzahl der Lagen wesentlich geringer und ihre Ausprägung gröber. Zudem sind die Schneidkanten bei Damaszenerklingen nicht speziell gehärtet.

dabei sowohl visuelle Bilder als auch geschriebene, also sprachliche Bilder umfassen. In jedem Fall bedient sich demnach die Ikonographie bildlicher Darstellungen, mit der Absicht, beim Betrachter bestimmte Reaktionen hervorzurufen. Die sprachliche Metaphorik ist eine interessante Erweiterung dieses Mediums. Obwohl man meinen könnte, dass das geschriebene Wort mehr Gewicht als das Gesprochene hat, vor allem im Bezug auf seinen langfristigen Bestand, haben beide doch einen entscheidenden gemeinsamen Nenner: Beide sprechen das Bewusstsein und das Gefühl der Person an, die die Bilder und Symbole wahrnimmt. Im Hinblick auf die Schaffung von bleibenden Werten kommen den nichtvisuellen Quellen der Methaphorik oft sogar mehr Bedeutung zu als den visuellen Ausdrucksformen. Die Metaphorik, ob visuell, verbal oder geschrieben, tritt in der japanischen Ethik in vielfältigen Varianten auf.

Man könnte argumentieren, dass dieses Buch durch die Berücksichtigung von nichtvisuellen Quellen die Grenzen der Ikonographie überschreitet. Genauer betrachtet gehört jedoch das vorliegende Werk eher in das Gebiet der Ikonologie. Der Ikonograph Albert C. Moore hat in seinem Werk *„Iconograhy of Religions“* erklärt:

Die Ikonographie befasst sich mit der Form visueller Symbole, indem sie diese zuerst beschreibt und sie dann nach bestimmten Themen klassifiziert. Dies ist eine analytische Aufgabe. Die Ikonologie geht darüber hinaus, indem sie die Bedeutung von Symbolen und Bildern kulturgeschichtlich in Bezug setzt und interpretiert. Diese Synthese erfordert die interdisziplinäre Zusammenarbeit von Kunsthistorikern und anderen Wissenschaftlern. Von besonderer Bedeutung ist dabei die Analyse der Entwicklung und Veränderung des „Lebens von Bildern“.

Die Metaphorik ist sehr persönlich und anwenderspezifisch. Deshalb kann das Studium der Ikonographie auf soziologischem Gebiet nie zu einem definitiven Ergebnis führen. Trotzdem ist es möglich, genaue und aussagekräftige Interpretationen über die Bedeutung des japanischen Schwerts durch fundierte Analysen dieser komplexen Kultur zu erstellen.

Dabei ist es wichtig, Fakten von Einflussfaktoren zu unterscheiden. Das vorliegende Werk ist kein Geschichtsbuch mit einer Ansammlung historischer Fakten. Eine Darstellung der Geschichte Japans ginge weit über dessen Zielsetzung hinaus. Genauso wenig ist es möglich, hier eine komplette Darstellung der Ikonologie der japanischen Religionen wiederzugeben. Vielmehr sollen Einflussfaktoren beschrieben werden, die das Schwert in Beziehung setzen zu den Kriegern, Kriegsherren und Oberbefehlshabern. Zum Zweck des Vergleichs und der Analyse werden geschichtliche

Links: Eine reich verzierte Statue der schwerttragenden, buddhistischen Gottheit Fudo-Myo-o.

Rechts: Die traditionelle Kultur ist auch im modernen Japan allgegenwärtig.

Epochen mit den dominanten Religionen (Shintoismus, Taoismus, Buddhismus) und ihrer Ikonographie in Bezug gebracht. Geschichtliche Zeiträume mit der religiösen Metaphorik und zudem mit der metallurgischen Entwicklung zu verbinden, erfordert eine gewisse Flexibilität hinsichtlich der Einteilung.

Wir beginnen mit der Betrachtung der drei hauptsächlichen Einflussfaktoren auf das japanische Schwert. Durch das Zusammenfügen dieser Faktoren, der Geschichte, der Ikonographie und der Technologie, kommen wir dem Ziel näher, das japanische Schwert gesamtheitlich besser zu verstehen, von den Anfängen bis zu seiner Blüte. Durch Weglassen der Mysterien um das japanische Schwert treten dessen Symbolgehalt und Bedeutung klarer hervor. Gerade in Anbetracht der Bedrohung durch Globalisierung, Ausbeutung und Profitsucht ist die kulturelle Bewahrung des japanischen Schwerts heute wichtiger denn je.

DIE SYMBOLISCHE BEDEUTUNG DES SCHWERTS

Obwohl sich das japanische Schwert im Laufe der Zeit als Symbol eines gesellschaftlichen Standes manifestierte, verdanken wir seinen Stellenwert den Bemühungen und der Hingabe nicht nur der Krieger, sondern auch der normalen Bürger. Wenn man eine fremde Kultur von außen betrachtet, kann man die Symbolik des Schwerts nur verschleiert wahrnehmen. Man muss sich dieser Beschränkung bewusst sein und sollte sich dennoch nicht von dem Bemühen abbringen lassen.

Eines der faszinierendsten Konzepte bei dieser Betrachtung ist der Dualismus. Das bekannte chinesische Ying/Yang-Paar (japanisch *in/jo*) steht sinnbildlich für dieses Konzept. Wir können uns der Symbolik des Schwerts nähern, indem wir die Schwert/Krieger-Dualität betrachten. Das Konzept der Dualität gibt auch eine Antwort auf den offensichtlichen Widerspruch zwischen der ethischen Größe des Kriegers und dem individuellen Kämpfer, der die Verpflichtung hat, andere zu töten. Japaner glauben, dass das Schwert die wahre Natur derjenigen Person wiedergibt, die es trägt. Es macht seinem Besitzer das Angebot, entweder gut oder böse zu sein.

Eine andere, weit verbreitete Dualität in der japanischen Kultur, ist die des *omote* und *ura* (vorne und hinten). Obwohl diese Begriffe auch im wörtlichen Sinn die Vorder- und Rückseite eines Objekts beschreiben, liegt ihre wahre Bedeutung in der Metapher: *omote* zeigt an „was offensichtlich ist" während *ura* die Bedeutung zukommt „was im Verborgenen liegt". Auch am Inhalt des vorliegenden Buchs kann man das *omote/ura*-Prinzip aufzeigen. Einige Informationen, beispielsweise historische Gegebenheiten, sind „*omote*", für jedermann einsichtig und allgemein be-

Ein traditioneller *iaido dojo* ist ein Raum für ernsthaftes Training. Er mag jenen sehr nüchtern erscheinen, die eine Art Kampfkunst betreiben, dessen Betonung mehr auf Außenwirkung und weniger auf Selbstreflexion liegt.

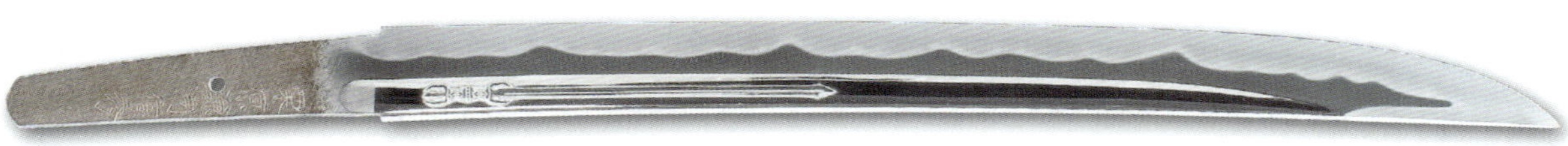

kannt. Andere Informationen, wie versteckte Glücksbringer oder esoterische buddhistische Rituale, sind „*ura*", also verborgen.

Es gibt zahlreiche offensichtliche Symbole, die sich auf das Schwert beziehen. Dass man die Schwerter paarweise trug, also ein langes und kurzes, fixiert in einem Gürtel an der linken Hüfte, diente der Zurschaustellung des hohen sozialen Rangs des Samurai. Es diente als ehrfurchteinflößendes Ordnungsprinzip, das andere aufforderte, Respekt zu bezeugen oder zu riskieren, niedergestochen zu werden.

Es gibt zahllose Beispiele verschleierter Symbole. Dazu zählen die *suken horimono*, in die Klingenoberfläche in hoher Detailliertheit eingravierte Glücksbringer. Obwohl die Gravuren offensichtlich und selbstsprechend sind, liegt ihre Bedeutung für den Krieger tiefgründiger. Durch die Betrachtung der Schwerter des Shintoismus, Taoismus, Buddhismus und auch neuzeitlicher Typen bringen wir etwas Licht in die Mysterien dieser legendären Waffen.

Tatsächlich entzieht sich die Beziehung Japans zum Schwert einer einfachen Erklärung. Als Begleiter und Ausstattung der frühen Krieger wurde das Schwert zu einer mächtigen und ständig präsenten Metapher. Der Symbolgehalt der Klinge, mit ihrer Fähigkeit zu schützen und zu verletzen, spiegelt das Spektrum menschlicher Einflüsse wieder. Das Schwert konnte seinen Träger durch ein wohltätiges Leben begleiten, oder es konnte zu einer Last für denjenigen werden, dessen Seele korrumpiert war.

DAS SCHWERT ALS WAFFE

Das Schwert war in der japanischen Kultur über einen Zeitraum von nahezu 1600 Jahren gegenwärtig. Ähnlich wie die Bronzeklingen, die von den archaischen Schamanen bei rituellen Zeremonien verwendet wurden, hatten die frühen militärischen Schwerter gerade und kurze Klingen. Vergleichbar den griechischen Hoplite-Schwertern und ihren späteren Adaptionen, sowie den chinesischen *jian*, waren die ersten japanischen, zeremoniellen Schwerter symmetrisch und zweischneidig. Später wurden die geraden *chokuto*-Klingen auf dem Schlachtfeld als Schlag- und Stoßwaffen im Nahkampf benutzt. Nachdem sich die Samurai als führende Kaste etabliert hatten, änderten sich die Kampftechniken.

Schon sehr früh entwickelte sich Japan zur Pferdekultur hin, wodurch sich auch das Design und der Gebrauch der Schwerter veränderte. Für den Kampf vom Pferderücken herab wurden gekrümmte Klingen entwickelt. Ermöglicht wurde diese formale Reaktion auf eine kulturelle Entwicklung auch durch neue technologische Möglichkeiten. Die gebräuchlichen Kampftaktiken wandelten sich im Laufe der Epochen wiederholt, von einem eher unstrukturierten Heer der Fußsoldaten hin zur Kavallerie und später wieder zurück zur Infantrie. Geschichtlich passten die Japaner ihr Handeln immer an die jeweiligen Bedürfnisse flexibel an, unter Wahrnehmung technologischer Fortschritte, beeinflusst jedoch auch durch religiöse Faktoren.

Das Schwert war eine Waffe, die sowohl das Aggressionspotenzial des Menschen verkörperte als auch seine Fähigkeit zur Erhabenheit. Aus diesem Grund unterlag der Schwertführer einem strengen Verhaltenskodex, *reiho* genannt. Die Vorschriften des *reiho* erstreckten sich von Anweisungen über das Tragen des Schwerts bis hin zur Führung der Klinge in allen nur denkbaren Kampfsituationen. Ihre Einhaltung war unabdingbare Pflicht in der Schlacht, wo die Ehre des Kämpfers und die seiner Familie auf dem Spiel stand.

Im späten feudalen Japan hatten Schulen für Verhaltensregeln, wie beispielsweise die *Ogasawara-ryu*, einen starken Einfluss auch auf die Schwertkämpfer und die Schwertkultur. Es entstanden zahlreiche Abhandlungen über das korrekte Benehmen eines Samurai. Auch die Teezeremonie prägte die Kultur, die Geisteshaltung und das praktische Leben der Samurai. Der soziale Verhaltenskodex schwankte zwischen den Zeiten des Krieges und jenen des Friedens. Übungen zur Erlangung von extrem verfeinerten und kultivierten Umgangsformen waren in hohem Maße beliebt.

Die Last eines von Formalitäten und strengen Sitten geprägten Lebenswandels lag auf den Schultern der Samurai. Ähnlich, wie in Europa die Adeligen der Etikette des Duellierens verpflichtet waren, war das Leben der Samurai an das ehrenvolle Führen des Schwerts gebunden. Abgesehen von dieser formalen Analogie, wurden jedoch die Sieger im Krieg nicht durch Duelle bestimmt. Auch wenn das oft anders wahrgenommen wird, waren Schwerter meist nicht die Waffen der ersten Wahl auf dem Schlachtfeld. Die Generäle waren gehalten, sorgsam mit ihren menschlichen Ressourcen umzugehen und bevorzugten deshalb Waffentechniken, die zwischen ihren Soldaten und dem Feind für genügend Abstand sorgten. Ähnlich wie beim Duellieren waren die Kampfvorbereitungen in hohem Maße ritualisiert und von Formalitäten geprägt. Vor dem 13. Jahrhundert – dem Zeitpunkt, als die Infanterie wieder mehr Gewicht bekam – nutzten die Samurai während der militärischen Konflikte in erster Linie Bögen, Pfeile und Speere. Das Schwert wurde nur im finalen Stadium des Kampfes eingesetzt.

Pfeile ermöglichten einen gewissen Abstand und eine eher unpersönliche Art der Kriegsführung. Daher waren diese einfacheren und trotzdem effektiven Strategien die Techniken der ersten Wahl. Erst nachdem die Pfeile und Speere verbraucht waren, näherte sich die Samurai-Kavallerie dem Feind und schlug auf ihn von oben wie ein stählerner Blitz ein. Diese Taktik war bis zum Jahr 1274 gebräuchlich, als die mongolische Infanterie die Samurai-Armeen mit ungewohnten Taktiken angriff. Man geht davon aus, dass diese erschütternden Erfahrungen dazu beigetragen haben, das *katana* zu entwickeln. Dieser Schwerttyp wurde an der linken Körperseite, mit der Schneide nach oben zeigend, vorwiegend von den Fußsoldaten (*ashigaru*) getragen. Das Tragen des Schwerts an der linken Hüfte war verknüpft mit der Entwicklung entsprechender Kampftechniken. Obwohl es ein Instrument der sekundären Kriegsführung war, erforderte das Schwert ständiges Trainieren, um auf dem Schlachtfeld effektiv eingesetzt werden zu können.

Das japanische Schwert hat seine Wirksamkeit über Jahrhunderte unter Beweis gestellt. Es wurde sowohl in Duellen als auch auf dem Schlachtfeld eingesetzt, meist mit grausamen, zerstörerischen Resultaten. Es war so bedeutend, dass japanische Militärführer über ein Jahrtausend hinweg weder Aufwand noch Mühen scheuten, um es zu verfeinern. Als Inbegriff von Form, Funktion und edler Gesinnung wurde das japanische Schwert zu einer bis heute anerkannten Ikone.

Oben rechts: Das paarweise Tragen von Schwertern war auf die Kaste der Samurai beschränkt, es war ein Markenzeichen ihrer Identität.

Rechts: Auch in einer entspannten Situation hatte der wachsame Samurai sein Schwert immer in Reichweite.

TEIL I

EINFÜHRUNG

GRUNDLAGEN

Das japanische Schwert ist eine wunderschöne Waffe, der nichts hinsichtlich Eleganz und Festigkeit gleichkommt. Der Zauber des polierten Stahls, die elegante Krümmung der Klinge, das ansprechende Wellenmuster der Härtelinie, die lebhaften Gefügestrukturen und die exquisit verarbeiteten Beschläge beeindrucken selbst Außenstehende. Eine korrekte Schwertbeurteilung setzt jedoch grundlegende Kenntnisse voraus. Wir müssen lernen, die verschiedenen Schwerttypen zu unterscheiden sowie alle Teile des Schwerts hinsichtlich Qualität, Stil und Material einzuordnen und richtig zu benennen.

DIE KLINGENTYPEN

KEN/TSURUGI

Das *ken*, manchmal auch *tsurugi* genannt, ist ein antikes, chinesisches Schwert mit zweischneidiger, gerader Klinge. Es hat vor allem im Buddhismus eine rituelle Bedeutung, wird jedoch auch bei Shintozeremonien verwendet. Es gilt als die früheste Schwertart, die auf den japanischen Kontinent gelangte.

CHOKUTO

Obwohl ebenfalls chinesischen Ursprungs, wurde das *chokuto* bereits im antiken Japan hergestellt. Es wird deshalb auch manchmal als erstes „Japanschwert" betrachtet. Chokuto-Klingen sind gerade, mit nur einer Schneidkante. Sie sind noch aus Monostahl geschmiedet, also nicht zur Verbesserung der Festigkeit gefaltet oder aus verschiedenen Teilen zusammengesetzt. Die Variationen unterscheiden sich vor allem im Querschnitt. Das *kiriha-zukuri*-Design ist in erster Linie für das Hacken und Stoßen ausgelegt, während das *hira-zukuri* aufgrund seiner schrägen Spitze leichte Vorteile beim Schneiden aufweist. Wissenschaftler gehen davon aus, dass aus der Kombination der beiden Bauarten – zusammen mit einigen anderen Verbesserungen – das erste *tachi* hervorging.

TACHI

Das *tachi* war das erste authentische japanische Schwert von funktioneller Bedeutung. Durch seine gekrümmte Klinge war es in erster Linie für das Schneiden ausgelegt. Weiterhin zeichnet es sich durch eine differenzielle Härtung mit Härtelinie aus. Das vorwiegend als Reiterschwert dienende *tachi* trug man außen an der Rüstung mit der Schneide nach unten zeigend, so dass es einhändig gezogen und benutzt werden konnte. Seine innovative Technik, zusammen mit der großen Effektivität, machten das *tachi* zu einem Vorbild für alle späteren Entwicklungen. Scharf, widerstandsfähig und nicht brüchig, markiert das *tachi* den Beginn des „wahren japanischen Schwerts".

Links:
Der Autor stattete diese „müde" *koto*-Klinge (1532 n. Chr., Mino-den, signiert Katsu Michi) mit modernen Beschlägen aus, um es bei seinen täglichen *iaido*-Übungen zu benutzen.

Rechts:
Chokuto-Klingen aus dem kaiserlichen Schatzhaus Shosoin.

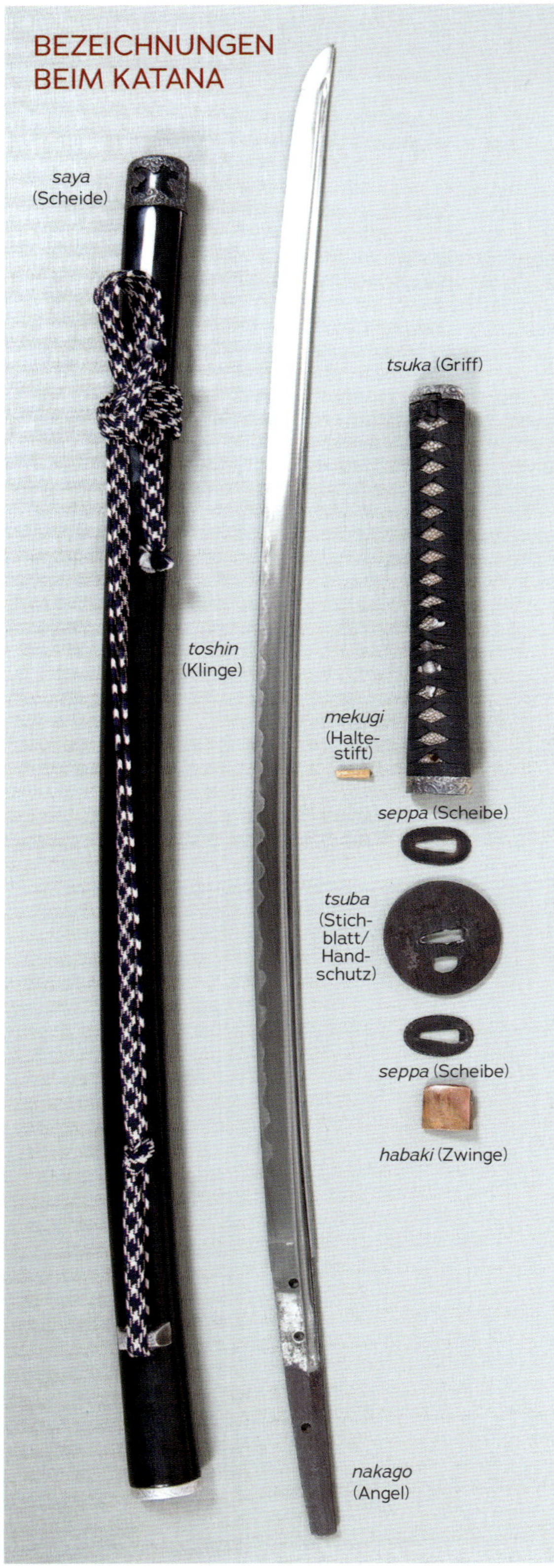

Dieses antike *ken* ist ein gerades, zweischneidiges Schwert nach chinesischem Muster.

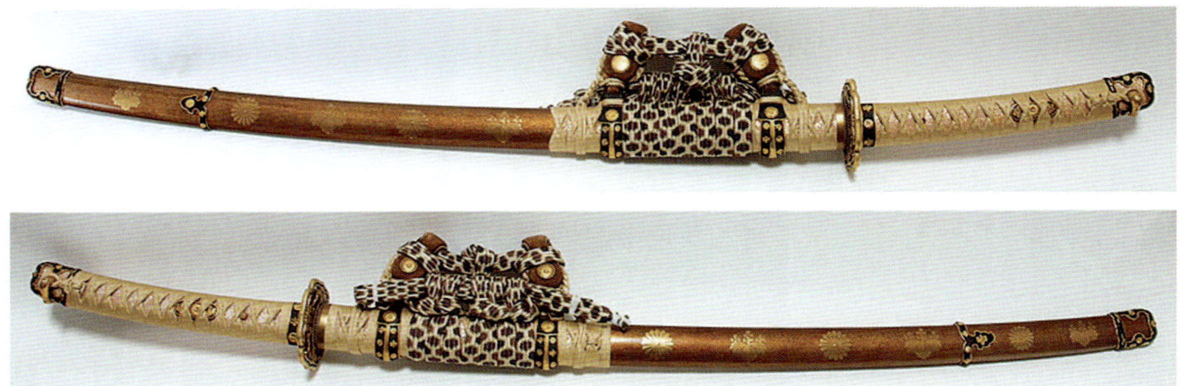

Leicht gekrümmt, scharf und widerstandsfähig, markiert das *tachi* den Beginn des „wahren japanischen Schwerts".

KATANA

Das *katana* ist, ebenso wie das *tachi*, gekrümmt und einseitig scharf. Das *katana* zeichnet sich durch eine relativ schwache Krümmung aus. Es wurde, mit der Schneide nach oben zeigend, in den Gürtel des Kriegers eingesteckt getragen. So konnte es auch im Alltag, ohne Rüstung, bequem mitgeführt werden. Das *katana* konnte schnell gezogen und für offensive oder defensive Aktionen sofort eingesetzt werden, während das *tachi* umständlicher zu handhaben war. Eine weitere Neuerung war, dass sich mit dem *katana* die Kampftechnik wieder zurück vom Pferderücken zum Fußsoldaten verlagerte. Das *katana* konnte ein- oder zweihändig geführt werden, auf dem Pferderücken oder zu Fuß, im Alltag oder auf dem Schlachtfeld, je nach Bedarf. Aufgrund seiner Vielseitigkeit wurde es schnell populär und entwickelt sich zur Standardwaffe der Krieger. Dank seiner funktionalen Überlegenheit und der damit verbundenen Wertschätzung entwickelte sich das *katana* zu einer symbolträchtigen Waffe, die später nur noch vom adeligen Samuraistand getragen werden durfte.

WAKIZASHI

Das *wakizashi* ist ein Kurzschwert. Seine Trageweise und das Design entsprechen dem *katana*. Jedoch ist der Griff des *wakizashi* kürzer, sodass man es nur einhändig benutzen kann. Aufgrund seiner kompakten Bauweise ist es sehr vielseitig einsetzbar, es diente jedoch vor allem als Zweitwaffe. Beispielsweise hätte ein Krieger, der bei einem Auswärtstermin gebeten worden wäre, sein Schwert an der Tür abzugeben, dennoch das *wakizashi* als seinen einzigen Schutz mit sich geführt. Es war deshalb sehr wichtig und wurde meist als Zweitschwert, zusammen mit dem *katana*, in der Gürtelmontierung einsatzbereit getragen.

TANTO

Das *tanto* ist ein sehr kurzes Schwert. Es diente als Gebrauchsmesser, Abwehrwaffe und für *seppuko*, die zeremonielle Selbstentleibung. *Tanto* variieren stark hinsichtlich der Maße und Klingenformen, sie sind jedoch selten länger als 30 Zentimeter. Abgesehen von der Länge weisen sie dieselbe handwerkliche Qualität wie ihre größeren Brüder auf und werden deshalb als Kunstobjekte ebenso wertgeschätzt. *Tanto* werden manchmal neugeborenen Kindern als Glücksbringer geschenkt und dann als *mamori-gatana* bezeichnet.

UNTERSCHEIDUNGSMERKMALE

Zur Beurteilung und Einordnung von Schwertern dienen verschiedene Maßangaben. Zusammen mit anderen Attributen können sie etwas über die Schule,

Dieses *daisho*-Paar, bestehend aus einem *katana* und einem *wakizashi*, wurde als Einheit getragen.

Das *tanto* hat eine kurze Gebrauchsklinge.

den Schmied, den Zustand und möglicherweise sogar etwas über den Wert des Schwerts aussagen.

LÄNGE

Die Länge des Schwerts, *nagasa* genannt, wird durch den Abstand zwischen der Klingenspitze (*kissaki*) und der *munemachi* (Absatz der Klinge zur Angel hin) definiert. Während diese Längenangabe sich auf die Länge der Schneide bezieht, wird die Gesamtlänge von der Spitze (*kissaki*) bis zum Ende der Angel (*nakago jiri*) gemessen.

STÄRKE

Die Stärke der Klinge, gemessen zwischen den seitlichen Kanten (*mune-kado*), wird *kasane* genannt. Schwerter werden oft pauschal als stark oder schwach beschrieben. Manchmal werden Klingen, die schon oft poliert wurden, als „müde" bezeichnet, da ihre Stärke aufgrund des Materialverlusts schon deutlich abgenommen hat. Im Gegensatz dazu werden Schwerter, die ihre originale *kasane* noch aufweisen, als „robust" oder „gesund" bezeichnet.

BREITE

Die Breite der Klinge wird an zwei Stellen, jeweils zwischen Schneidkante (*ha-saki*) und Rücken (*mune-saki*), gemessen. Das erste Maß, *sakihaba* genannt, wird an der Kante (*yokote*) beim Übergang zur Schwertspitze genommen. Das zweite Maß, genannt *motohaba*, wird am Übergang der Schneide zum Griff (*habaki-moto*), wo sich sonst das *habaki* befindet, genommen. Die Differenz dieser beiden Maße ist bezüglich der Konizität, *fumbari* genannt, aussagekräftig. Klingen mit starker *fumbari* sind an der Spitze deutlich schlanker als am Fuß.

KRÜMMUNG

Die Stärke der Krümmung des Schwerts wird *sori* genannt. Die *sori* ist das Maß zwischen dem tiefsten Punkt des *muni* und der imaginären *nagasa*-Verbindungslinie zwischen Spitze und Fuß.

Die *tachi*-Beschläge aus der Edo-Zeit sind meist ornamental, da die Schwerter eher zeremoniellen Zwecken dienten oder als Geschenke unter hochrangigen Samurai überreicht wurden. Man beachte die Liebe zum Detail bei den Metallarbeiten ebenso wie bei der Montierung und den Wicklungen.

TERMINOLOGIE DER TEILE DES SCHWERTS

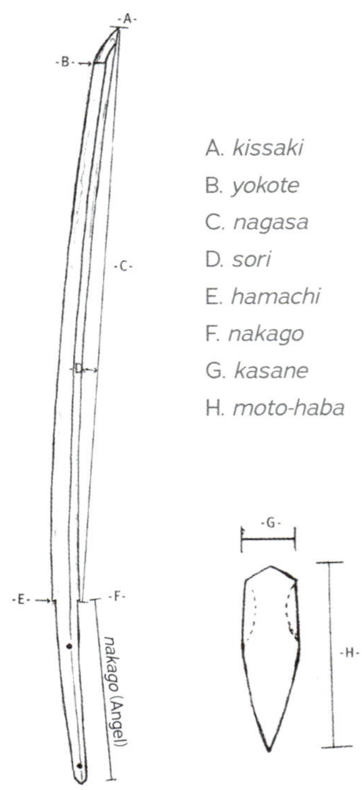

A. *kissaki*
B. *yokote*
C. *nagasa*
D. *sori*
E. *hamachi*
F. *nakago*
G. *kasane*
H. *moto-haba*

SCHWERTSPITZE

Die Klingenspitzen (*kissaki*) sind sehr unterschiedlich gestaltet, je nach Schule und Epoche. Obwohl die Ausführung der Spitze auch Auswirkungen auf die Eigenschaften hat, folgt das Design im wesentlichen der Schule des Meisters, seinem persönlichen Stil und den Trends der jeweiligen geschichtlichen Epoche. Grundsätzlich gibt es drei verschiedene *kissaki*-Arten, die unten dargestellt sind.

HÄRTELINIEN-TYPEN (HAMON)

Bei der Herstellung des japanischen Schwerts wird durch ein spezielles Härtungsverfahren eine wellige Linie erzeugt. Diese Linie, *hamon* genannt, kennzeichnet den Übergang zwischen der harten Schneide und dem weicheren Stahl des Klingenkörpers. Hier werden verschiedene Ausbildungsformen des *hamon* gezeigt. Sie wurden von dem *mukansa*-Grad-Schwertpolierer Kazunori Abe professionell gezeichnet. Diese Art Zeichnung, *oshigata* genannt, ist eine eigene Kunstform. Die hoch anspruchsvolle *oshigata* ermöglicht es, die typische *hamon*-Formation sofort ohne besondere Beleuchtungstechnik beurteilen zu können.

GERADE (SUGUHA)

Suguha-hamon verlaufen parallel zur Schneide. Die Variationen beschränken sich auf den Abstand zwischen *hamon* und der Schneide, nämlich *hoso-suguha* (schmal), *chu-suguha* (mittel) und *hiro-suguha* (breit).

IRREGULÄR (MIDAREBA)

Alle *hamon*-Typen außer *suguha* gelten als *midareba*. Aufgrund der großen Vielfalt irregulärer *hamon*-Typen gibt es dazu diverse Unterkategorien. So bezeichnet man mit *ko-midare* eine kleine Irregularität oder mit *o-midare* eine starke Irregularität des *hamon*-Verlaufs. Dieser *hamon*-Typ wurde von dem berühmten Masamune aus Sagami erstmals definiert und durch andere Schulen als dessen Markenzeichen japanweit bekannt gemacht. Einige Beispiele seien hier den Lesern vorgestellt, um sie mit der Kunst des *hamon* vertraut zu machen.

WELLEN (GUNOME)

Gunome hamon weisen ein relativ gleichmäßiges Wellenmuster auf.

IRREGULÄRE WELLEN (NOTAREBA)

Notare hamon ist durch Wellen gekennzeichnet, die sich ungleichmäßig zur Schneide hin und weg erstrecken.

NELKENMUSTER (CHOJI)

Choji, eine *hamon*-Ausbildung in Form von Gewürznelken, kommt in vielen Variationen vor. Diese *hamon* sind meist irregulär, die Muster können gleichmäßig wellig, ungleichmäßig wellig, klein oder groß ausgebildet sein.

BAMBUSVORHANG (SUDAREBA)

Sudareba hamon sieht aus wie ein Bambusvorhang, unterteilt durch ein gleichmäßiges Muster und vielen Längslinien, die parallel zur Schneidkante verlaufen.

FLECKIG (HITATSURA)

Hitatsura hamon besteht aus über die ganze Länge der Klinge verteilten Inseln und Flecken aus gehärtetem Stahl. Aufgrund des wilden, ungeordneten und archaischen Aussehens betrachten ihn viele Sammler als besonders attraktiv.

kurz

Der Winkel und die Ausgestaltung der *kissaki* variiert je nach Verwendung, individueller Präferenz und der jeweiligen Mode. Die drei grundsätzlichen Typen sind hier dargestellt.

mittel

lang

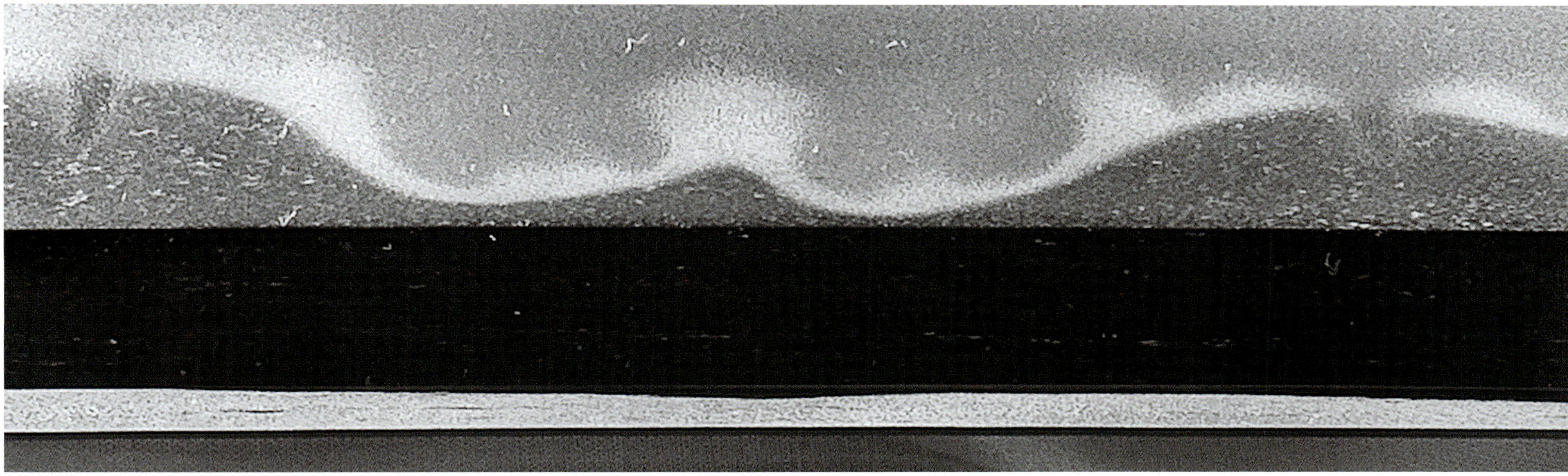

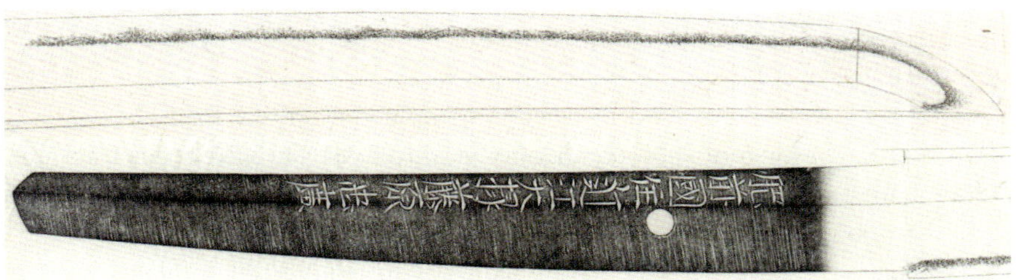

Gerade (*suguha*)

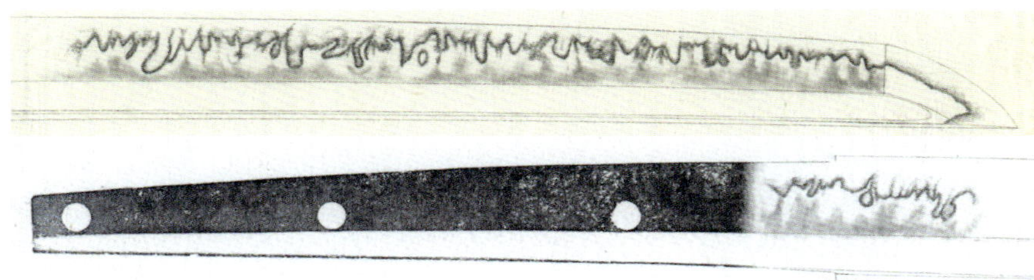

Nelkenmuster (*choji*)

Wellen (*gunome*)

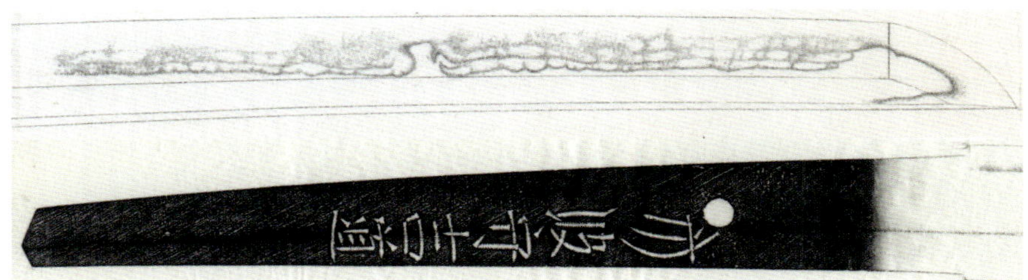

Bambusvorhang (*sudareba*)

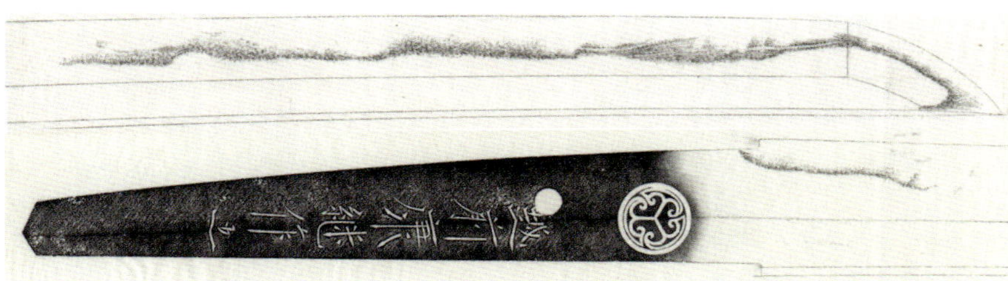

Irreguläre Wellen (*notareba*)

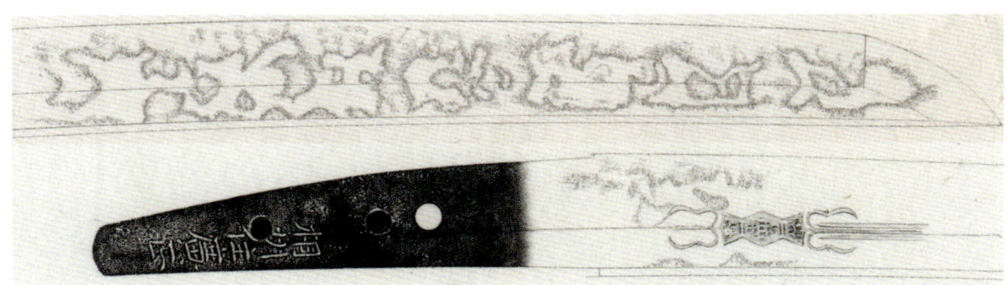

Fleckig (*hitatsura*)

Gerade Struktur (*masame*)

Holzmaserungs-Struktur (*mokume*)

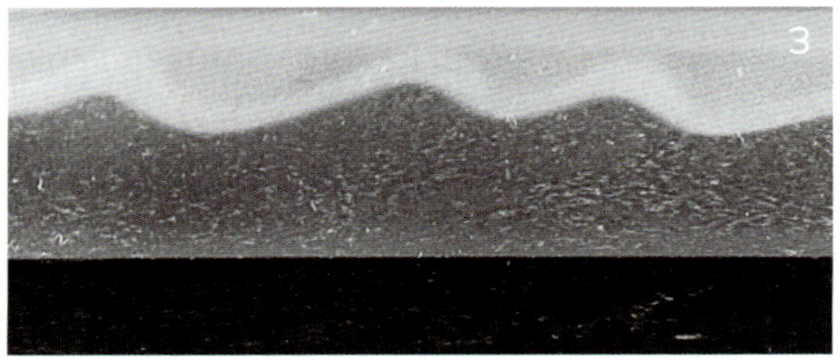

Brettstruktur (*itame*)

Lebhafte Wellenstruktur (*ayasugi*)

GEFÜGESTRUKTUREN (HADA)

Auf der Klinge sichtbare Stahlstrukturen werden im Japanischen *hada* genannt. Bei der Herstellung japanischer Schwerter werden Stähle verschiedener Härte kombiniert und gefaltet. Die Art und Weise, wie der Schmied den Stahl faltet und beim Schmieden streckt, um die Klinge zu formen, erzeugt im Stahlgefüge bestimmte Strukturen (auch Texturen genannt). Manche Klingen weisen nur eine Art von Gefügestruktur auf, meist liegt jedoch eine Mischung verschiedener Erscheinungsformen vor.

GERADE STRUKTUR (MASAME)

Masame sieht aus wie eine gerade verlaufende Holzmaserung, die sich längs parallel zur Schneidkante erstreckt.

HOLZMASERUNGS -STRUKTUR (MOKUME)

Klingen mit *mokume hada* weisen irreguläre, konzentrische Kreise und diese verbindende Wirbel auf. *Moku* steht für Holz oder Baum, während *me* Maserung heißt. *Mokume hada* sieht aus, als wären mehrere Triebe zusammengewachsen und als hätten sich die gemeinsamen Wachstumsringe durch Wirbel verbunden.

BRETTSTRUKTUR (ITAME)

Wenn man einen Stamm in Bretter aufschneidet, entsteht eine Mischung von welligen, parallelen Linien und konzentrischen Kreisen, was dem Strukturbild der *itame hada* entspricht. Es wirkt wie eine Kombination aus *masame* und *mokume hada*.

LEBHAFTE WELLENSTRUKTUR (AYASUGI)

Die *ayasugi hada* entspricht einer extrem welligen *masame hada*. Die Wellen sind meist homogen und gleichförmig. Die *ayasugi hada* ist typisch für die Gassan-Schwertschule, sie wird deshalb mitunter auch *gassan hada* genannt. Es ist davon auszugehen, dass diese Struktur durch Ausfeilen von Rillen im Schmiedestück vor dem Strecken erzeugt wird.

BETRACHTUNG UND HANDHABUNG

Ob man das Schwert einer anderen Person betrachtet oder das eigene reinigt, es ist immer wichtig, dabei einige grundsätzliche Richtlinien zu beachten. Schwerter werden aus Gründen der Sicherheit, aber auch der Etikette, nach strengen Regeln gehandhabt. Zeigen Sie niemals mit dem Schwert in Richtung einer anderen Person oder auch nur einer Sache. Machen Sie mit dem Schwert keine aggressiven Bewegungen und vermeiden Sie bei der Handhabung, dass die Schneide gegen jemand gerichtet ist. Man sollte eine Schwertschneide analog der Lauföffnung einer Schusswaffe wahrnehmen und die Klinge entsprechend defensiv handhaben. Zögern Sie bei Unsicherheit und Unwissenheit nicht, einen Experten zu fragen. Es ist besser als Dilettant zu gelten, anstatt als ein respektloser und potenziell gefährlicher Barbare.

Bevor man ein Schwert übergibt oder entgegen nimmt, sollte man den Ort von allem Überflüssigen befreit haben. Nur das Schwertreinigungsmaterial darf präsent sein. Dies zeugt von Vorsicht, aber auch von einer Wertschätzung gegenüber dem Schwert. Es gibt zwei Orte, an denen man ein Schwert halten darf: Am Griff und an dem nicht polierten Abschnitt der *nakago* (Angel). Berühren Sie niemals ein Schwert ohne zuvor um Erlaubnis zu bitten. Und warten Sie im Anschluss daran, bis Ihnen die Klinge übergeben wird.

Wenn man das Schwert in der Scheide übergibt, wird es waagerecht präsentiert, mit dem Griff auf der linken Seite (eine defensive Position) und unter sorgfältiger Beachtung, dass die Klinge nicht unerwartet aus der Scheide rutscht. Der Empfänger nimmt das Schwert beidhändig, je einer Hand an *tsuka* und *saya*, in einer kontrollierten Bewegung entgegen. Der Übergeber sollte es mit einer kleinen Verbeugung überreichen. Auch der Empfänger verbeugt sich und demonstriert damit seinen Respekt gegenüber dem Besitzer, dem Schwerthandwerker und dem Schwert selbst. Die Verbeugungen sollten etwa gleichzeitig erfolgen.

Handhaben Sie das Schwert immer langsam, bewusst und sorgfältig. Die Klinge sitzt in der Scheide manchmal eher locker. Wenn man sie dann an der Scheide aufrecht, mit dem Griff nach unten hält, könnte die Klinge unerwartet herausfallen. Das wäre eine unerhörte Verletzung der Etikette und der Sicherheit. Aus diesem Grund muss man das in der Scheide befindliche Schwert immer mit zwei Händen halten: eine am Griff und eine an der Scheide. Die Seite mit dem Griff sollte etwas höher gehalten werden, um ein Herausgleiten des Schwerts zu verhindern.

Die erste Stufe bei der Wertschätzung des Schwerts gilt der Montierung. Egal ob in einer hölzernen *shirasaya* (Aufbewahrungsscheide) oder kampffertig aufgerüstet als *koshirae*, die Montierung, die das Schwert bewahrt und schützt, verdient Respekt. In vielen Fällen kann der Wert der Montierung gleich oder höher sein als der der Klinge. Bewundern Sie die handwerkliche Qualität jedes einzelnen Beschlags, die farbliche Abstimmung und die Gesamterscheinung.

Beim Betrachten eines Schwerts beginnt man immer mit der Wertschätzung der Montierung. Dieses *wakizashi* beeindruckt durch eine reich beschnitzte Scheide, einen schönen, mit Rochenhaut belegten Griff und sorgfältig ausgeführte Metallbeschläge.

Beim nächsten Schritt, dem Ziehen des Schwerts, ist wiederum die Einwilligung des Besitzers erforderlich. Nach ausreichend langer Betrachtung der Montierung wenden Sie sich an den Gastgeber und bitten um diese Erlaubnis. Ein einfaches „Darf ich?" wird in der Regel genügen. Zum Ziehen des Schwerts hält man die Scheide fest in der linken Hand, sodass die Schneide nach oben zeigt und der Griff zu Ihnen hin. Achten Sie darauf, dass die Spitze oder Schneide nicht direkt auf jemand anderen zeigt. Lockern Sie zuerst den Sitz des Schwerts in der Scheide.

Dazu umklammern Sie mit der linken Hand das griffseitige Ende der *saya*, mit der rechten Hand die *tsuka*, und pressen Sie dann die beiden Daumen gegeneinander, sodass sich die *habaki* von der *koiguchi* wegschiebt. Ziehen Sie das Schwert mit der rechten Hand, mit der Klinge nach oben zeigend, in einer langsamen und sanften Bewegung. Achten Sie darauf, dass die Spitze nicht unkontrolliert aus der Scheide austritt. Nachdem das Schwert gezogen wurde, legen Sie die Scheide nach links ab, sodass die Klinge nun beidhändig gedreht und geführt werden kann.

In manchen Fällen wird der Übergebende das Schwert der Scheide entnehmen, es vom Öl befreien, um Ihnen dann die exponierte Klinge zu reichen. Der Besitzer wird Ihnen das Schwert, mit der Schneide zu ihm selbst hin zeigend, mit seiner linken Hand übergeben. Eine Übergabe mit der rechten Hand (der „Kampfhand") oder mit der Schneide zu Ihnen zeigend würde als Bedrohungsgeste gelten. Durch eine Übergabe mit der linken Hand wird dem Empfänger zugestanden, mit der rechten (sicheren) Hand die Kontrolle zu übernehmen.

Die linke Hand hält die Angel am Ende, sodass die Hand des Empfängers die Angel im vorderen Bereich greifen kann. Vorzugsweise nimmt man das Schwert mit zwei Händen an, indem man die linke Hand unter der *tsuka-gashira* platziert (falls der Griff noch befestigt ist), oder am *nakago jiri* (falls der Griff schon demontiert wurde). Diese Vorgehensweise zeugt von Expertise und Respekt. Beim Zurückgeben des Schwerts sollten Sie die gleiche Prozedur einhalten. Reichen Sie die Klinge mit der linken Hand am Ende der Angel platziert zurück, der Empfänger wird sie mit der rechten Hand annehmen.

Manchmal, um feine Gefügestrukturen zu betrachten, hält man in der linken Hand ein weiches Tuch oder Papier. Die Klinge liegt dann während der Betrachtung auf der Papierunterlage, wodurch man das Berühren der Klinge mit der Hand vermeidet. Die Betrachtung der Klinge beginnt mit einem Gesamtbild, um sich anschließend auf die Details zu konzentrieren. Betrachten Sie zuerst die Form der Klinge, die Länge, Breite, Krümmung. Vermeiden Sie das Sprechen oder Atmen in Klingennähe, was durch die Feuchtigkeit des Atems Rost verursachen könnte. Vermeiden Sie negative Kommentare über den Zustand des Schwerts, selbst die Erwähnung von offensichtlichen Fehlern gilt als unhöflich.

Einige Schwerter haben dekorative Gravuren oder seitliche Hohlkehlen. Würdigen Sie die handwerkliche Meisterschaft, die durch das Einstechen dieser Vertiefungen in die Metallflächen zum Ausdruck kommt. Ein weiterer Aspekt bei der Betrachtung der Seitenflächen sind die Gefügestrukturen. Genauso wie der *hamon*, so kann auch die kristalline Struktur des Schwerts bezaubernd sein. Nehmen Sie sich zu deren Betrachtung genügend Zeit. Einige Ausprägungen des Gefüges sind wellig, andere geradlinig. Die Struktur kann sehr deutlich hervortreten oder aber auch eher zurückhaltend sein, homogen oder lebhaft. Die Gefügeformationen sagen viel über das Können des Schmieds aus.

Bei der weiteren Beurteilung der Oberfläche und des Erscheinungsbilds steht vor allem der *hamon* im Fokus, die meist wellenförmige Linie, die durch das Härten der Schneidkante der Klinge verursacht wird. Erst durch die Expertise des Polierers tritt der feinkörnige Schnittstahl weißlich glänzend gegenüber dem grauen Stahl an den Seitenflanken deutlich hervor. Ohne diesen Poliervorgang, *hadori* genannt, würde der Schnittstahl gegenüber dem weichen Stahl an den Seitenflächen weniger kontrastreich und von geringerer „räumlicher Tiefe" sein.

Wenn man ein Schwert übergibt, das sich noch in der Scheide befindet, so wird es waagerecht präsentiert, mit dem Griff auf der linken Seite (eine Position, die als defensiv gilt). Durch eine sorgfältige, beidhändige Handhabung wird vermieden, dass die Klinge unversehens aus der Scheide gleitet.

Hier dient ein Stofftuch in der linken Hand als Auflage, um die Strukturen des *hamon* durch leichte Kippbewegungen besser beurteilen zu können.

Zur Beurteilung des *hamon* auf der *hadori*-Fläche braucht man gutes Licht, bevorzugt das Licht einer Glühbirne. Das restliche Raumlicht sollte etwas gedimmt werden. Richten Sie die Klinge unter der Lichtquelle so aus, dass sie etwa 20° nach unten geneigt ist und gehen Sie allmählich tiefer, sodass sich der Lichtkegel erweitert. Sobald das Licht vom *hamon* direkt in Ihre Augen reflektiert wird, tritt wie von Zauberhand plötzlich der „wahre *hamon*" innerhalb der *hadori*-Fläche hervor.

Durch kleine Korrekturen der Klingenstellung, langsames Heben, Senken oder Drehen, kann man sich einen optimalen Eindruck vom *hamon* verschaffen. Meist sind feine kristalline Ausprägungen (Martensite), die wie Diamanten glitzern, in der Übergangszone zwischen *hamon* und *ji* (dunkle Fläche hinter dem *hamon*) zu sehen. Diese Strukturen werden in zwei Typen, *nie* und *nioi*, unterteilt. *Nie* sind so klein, dass sie wie Diamantstaub wirken. Sobald man einzelne Partikel wahrnehmen kann, werden diese als *nioi* bezeichnet. *Nie* und *nioi* können an einzelnen Stellen konzentriert auftreten, doch im Idealfall erstreckt sich ihre Verteilung gleichmäßig über die gesamte Länge des *hamon*.

Nach der Betrachtung ist es wichtig, wiederum die Regeln für das Ablegen des Schwerts zu beachten. Schieben Sie die Klinge, nur am Klingenrücken (*mune*) anliegend, in die Scheide. Keinesfalls darf man die Klinge flachliegend in die Scheide zurückführen, da dies Kratzer an den Seitenwangen der Klinge verursachen könnte. Überreichen Sie das Schwert dem Besitzer in der gleichen Weise, wie Sie es empfangen haben: Griff links, Schneide zum Übergeber gerichtet, etwa auf Augenhöhe und mit einer leichten Verbeugung. Falls die Klinge im gezogenen Zustand übergeben wurde, wird sie mit der linken Hand, Schneide zu Ihnen gerichtet und mit einer Verbeugung zurückgegeben. Der Besitzer wird sehr wahrscheinlich die Klinge erneut ölen und sie dann in der Scheide in einer Stoffhülle aufbewahren. Vergessen Sie nicht, sich für die Ehre der Klingenbetrachtung zu bedanken.

Einige Schwerter weisen reliefartige Gravuren auf, wie zum Beispiel dieses Drachenmuster. Im Shingon-Buddhismus glaubt man an die Kraft dieser Glücksbringer.

PFLEGE UND REINIGUNG

Zur Pflege des japanischen Schwerts sind ein paar spezielle Utensilien und Grundkenntnisse notwendig. Man sollte sich dabei immer vergegenwärtigen, dass unabhängig vom Wert der Klinge das Schwert sowohl ein Kunstobjekt als auch eine tödliche Waffe ist. Als Kunstobjekt muss das Schwert regelmäßig gepflegt werden. Die routinemäßige Reinigung schützt es vor Rost und konserviert es für zukünftige Generationen. Eine durch falsche Behandlung erforderliche, erneute Politur würde mindestens 25 Euro pro Zentimeter Klingenlänge kosten. Die regelmäßige Pflege gewährleistet, dass eine neue Politur nur etwa alle 100 Jahre erforderlich ist.

Der Schwertfachhandel bietet Reinigungssätze unterschiedlicher Qualität an. Darin enthalten ist in der Regel ein Konservierungsöl, ein Öltuch mit Behälter, ein *uchiko*-Puderballen, sowie ein kleiner Hammer mit Austreiber und Reinigungspapier. Zusätzlich sollte man einige Kosmetiktücher falten und bereithalten. Diese preiswerten Tücher sind vorwiegend für die *iaito*-Übungsschwerter, die nicht aus hochwertigem Stahl hergestellt werden, gedacht. Ich empfehle nur Produkte zu verwenden, die der Qualität des Schwerts entsprechen. Beispielsweise kann minderwertiges *uchiko* eine Politur zerstören. Hochwertiges *uchiko*, wie es hervorragende Handwerker, wie der *mukansa*-Grad-Polierer Kazunori Abe verwenden, kann teuer sein, ist jedoch auf alle Fälle seinen Preis wert. Der Prozess läuft wie folgt ab:

Der Autor demonstriert die Reinigung eines japanischen Schwerts.

1. Entfernen Sie den *mekugi* mit dem kleinen Hammer und dem Austreiber.
2. Entfernen Sie *tsuka*, *seppa*, *tsuba* und *habaki* und legen Sie diese Teile seitlich auf einer sauberen Fläche ab.
3. Verwenden Sie ein weiches Papiertuch oder Kosmetiktuch, um altes Öl und Schmutz zu entfernen. Achten Sie darauf, dass bei der Verwendung von Kosmetiktüchern diese keine Parfüme oder aromatische Öle enthalten.
4. Klopfen Sie mit dem *uchiko*-Ballen auf die seitlichen Flächen und den Rücken der Klinge, um diese Flächen mit etwas Pulver zu bedecken.
5. Wischen Sie nun mit vorsichtigen Strichen, von der Angel zur Spitze hin, das *uchiko*-Pulver wieder ab. Wischen Sie niemals in die entgegengesetzte Richtung, da aufgrund der zunehmenden Klingenbreite in diesem Fall Verletzungsgefahr bestünde! Arbeiten Sie ohne Anpressdruck, nur mit dem Eigengewicht der von den Fingern unterstützten Klinge. Schritt 4 und 5 können bei Bedarf wiederholt werden. Versuchen Sie nicht, eventuell vorhandene Flecken durch heftiges Reiben mit dem *uchiko*-Pulver zu entfernen.

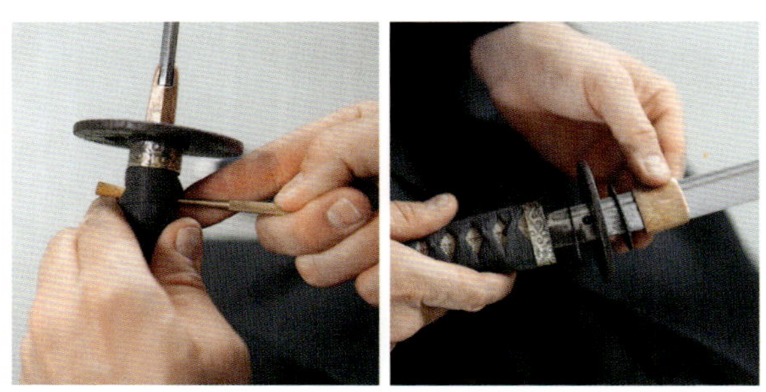

Durch Entfernen des Haltestifts können der Griff, die Distanzscheiben, der Handschutz und die Klingenzwinge abgezogen werden. Anschließend kann die Klinge gereinigt werden.

6. Inspizieren Sie nun die Oberfläche des Schwerts, um sicherzustellen, dass das Pulver vollständig entfernt wurde.
7. Geben Sie etwas Öl auf das Öltuch und benetzen Sie damit alle Oberflächen von der Angel bis zur *kissaki* mit wenig Anpressdruck. Auch hierbei arbeiten Sie nur in eine Richtung, also von der Angel zur Spitze hin.
8. Stecken Sie nun das *habaki*, *seppa*, *tsuba* und *tsuka* wieder auf die *nakago*. Die Teile werden zusammengefügt, indem man den Verbund leicht in die Fläche der rechten Hand klopft.
9. Führen Sie den *mekugi* wieder ein.
10. Geben Sie die Klinge zurück in die Scheide.

Hier sind mehrere kleine *kitae-ware* zu sehen.

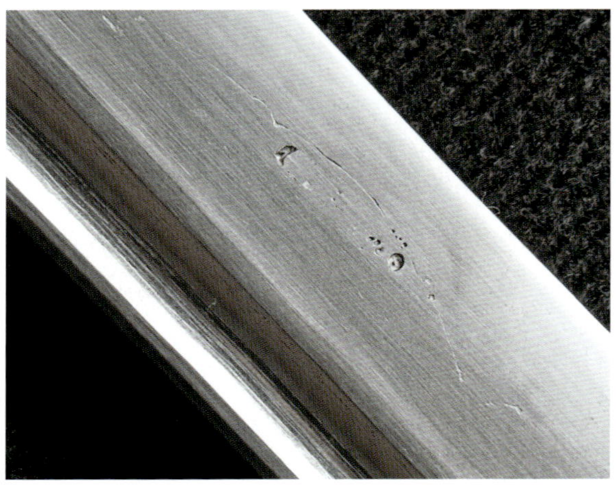

Eine Klinge mit *fukure* im *shintetsu*.

Hier sieht man *fukure* und *kitae-ware*.

QUALITÄT UND BEWERTUNG

Bei der Beurteilung der Qualität und des Werts eines Schwerts ist zu unterscheiden, ob dies aus der Sicht eines Experten oder Liebhabers erfolgt. Experten können nach etablierten Standards ein Schwert beurteilen und dessen Qualität und Wert einschätzen. Darüber hinaus kann natürlich jeder, der ein Schwert besitzt, dieses nach seinen subjektiven Gesichtspunkten selbst beurteilen. Schwerter sind in dieser Hinsicht mit Wein vergleichbar: Wenn er Ihnen schmeckt, ist er gut. Doch unabhängig vom persönlichen Geschmack gelten als Grundlage für Expertisen ein paar Standardkriterien und Klassifikationen für Schwerter.

Wenn man ein japanisches Schwert kauft, muss man sich bewusst sein, dass es sich um ein Kunstobjekt handelt, dessen wichtigstes Wertkriterium der Künstler selbst darstellt. Ein entscheidendes Kriterium für den Wert eines Schwerts ist die historische Bedeutung des Schmieds. War der Schmied ein Schüler eines berühmten Lehrers? Zeichnen sich seine Werke durch besondere Merkmale aus? Schuf er Klingen exklusiv für einen berühmten Kriegsherren? Konnte er andere berühmte Schüler inspirieren? Gehörte das Schwert zu einer bekannten Sammlung? Das sind beispielhafte Faktoren, die den Wert eines Schwerts beeinflussen. Die Schwertbeurteilung ist ein hoch spezialisiertes Fachgebiet. Für einen Laien ist es am besten, mit anerkannten Organisationen oder Fachleuten Kontakt aufzunehmen und sich unter deren Leitung so viel Wissen wie möglich anzueignen. Weiter unten werden Kriterien zur Wertermittlung aufgelistet.

Es gibt zahlreiche Fehler, die den Wert eines Schwerts mindern oder in schweren Fällen, *kizu* genannt, nahezu die Wertlosigkeit des Schwerts bedeuten können. Generell gelten Fehler, die vom Polierer beseitigt werden können, als akzeptabel, während alle anderen den Wert beeinträchtigen. Auch Schwerter mit *kizu* haben möglicherweise noch einen Nutzen als Studienobjekte. Beispielsweise schätze ich die links gezeigte Klinge sehr, obwohl sie offensichtliche mehrere Defekte hat. Sie war ein Geschenk, das mir mein *iaido*-Lehrer bei seinem Abschied überreichte.

Risse und Kerben treten oft entlang der Schneidkante auf. Wenn sie komplett durch den hamon laufen, man nennt diese Fehler dann *hagiri*, gelten sie als „fatal". Auch wenn durch häufiges Polieren die Schneidkante in den Bereich des *hamon* kommt, gilt die Klinge als nahezu wertlos.

Daneben gibt es viele Fehler, die nicht fatal sind. Beim Falten des Klingenstahl achtet der Schmied sehr auf das fehlerlose Verschweißen der Lagen. Jedoch können sich beim Einsetzen des (weichen) Kernstahls Lufteinschlüsse (Lunker) bilden. Sie sind meist nicht unmittelbar sichtbar und treten erst zu Tage, nachdem die Klinge wiederholt poliert wurde. Diese Fehler werden auf japanisch *fukure* genannt. Der Begriff *shintetsu* steht für das oberflächliche Auftreten des Kernstahls in Form von grauen Flecken, die keine besondere Gefügestruktur aufweisen. Risse entlang der Faltungslinien werden *kitae-ware* genannt. Manchmal verlieren Schwerter durch die Politur ihre *hamachi* (Kante am Übergang zur Angel). Dies kann ein Zeichen dafür sein, dass die Klinge „müde" ist, es handelt sich aber nicht immer um einen fatalen Fehler.

BEURTEILUNG

Der Prozess der Einordnung und Bewertung eines Schwerts wird *shinsa* genannt. Der Hauptzweck der *shinsa* ist die Bestimmung einiger wichtiger Charakteristika der Klinge. Die entsprechende Dokumentation mit der Beurteilung wird *origami* genannt.

Wesentliche Punkte sind: Die Beurteilung der Echtheit, der handwerklichen Qualität, des Zustands und die Bedeutung des Schwertschmieds. Dieser Beurteilungsservice wird von einigen Organisationen, von denen jede ihr eigenes System der Bewertung hat, angeboten. Beispielsweise enthält das *origami* der Nihon Token Hozon Kai (NTHK) folgende Punkte:

1. Die Schwertschule (*den*).
2. Das Datum des Gutachtens.
3. Die Organisation, die das *origami* durchführt (NTHK).
4. Die Registriernummer für das bewertete Schwert.
5. Die Klassifizierung (*katana*, *tanto* etc).
6. Die historische Ära, in der das Schwert hergestellt wurde.
7. Die Signatur des Schwerts (falls vorhanden) und die Authentizität. Schwerter, denen die Echtheit bestätigt wird, werden als „*shoshin*" eingestuft.
8. Die Maße der Klinge.

9. Bemerkungen: Zusätzliche Informationen wie zum Beispiel die Provinz, in der das Schwert hergestellt wurde. In dieser Sektion wird auch die Bewertung des Schwerts vermerkt. Ebenfalls befinden sich hier die Siegel der Gutachter.

Das NTHK legt anhand obiger Kriterien eine Punktebewertung fest. Die Bewertung entscheidet über die Klassifizierung. Die Bewertung und Klassifizierung sind die wesentlichen Faktoren für die Beurteilung des Werts eines Schwerts. Wie bereits erwähnt, können dabei noch andere Faktoren einfließen. Die Bewertung und Einstufung sind auch für den Marktwert maßgeblich. Die derzeitigen NTHK-Klassifizierungen sind:

60-69 Punkte: Echt – *shinteisho*
70-84 Punkte: Bedeutend, gute Qualität – *kanteisho*
85-94 Punkte: Sehr bedeutend, hohe Qualität – *yushu saku*
95-100 Punkte: Außerordentlich bedeutend, Spitzenqualität – *sai yushu saku*

Wie erwähnt, ist die NTHK nur eine von mehreren Organisationen, die professionelle Bewertungen anbieten. Außerhalb Japans noch bekannter ist die NBTHK (Nippon Bijutsu Token Hozon Kyokai), eine hoch angesehene Institution zur Erhaltung des japanischen Kunstschwerts. Sie geht nach ähnlichen Kriterien vor und legt die folgenden Klassifizierungen fest:

- Erhaltenswert – *hozon*
- Besonders erhaltenswert – *tokubetsu hozo*
- Bedeutend – *juyo token*
- Höchst bedeutend – *tokubetsu juyo token*

Viele Nichtjapaner haben schon von der Klassifizierung „Nationalschatz" gehört, die vom japanischen Kultusministerium vergeben wird. Diese wird nur Schwertern von besonderer kultureller Bedeutung verliehen beziehungsweise solchen, die von sehr berühmten Schmieden hergestellt wurden. Klingen dieser Klassifizierung unterliegen strengen Restriktionen und dürfen Japan nicht verlassen. Es gibt zwei Kategorien:

- Wichtiges Kulturgut – *juyo bunkazai* (früher *juyo bijutsuhin*)
- Nationalschatz – *kokuho*

HANDEL MIT HISTORISCHEN ODER MODERNEN SCHWERTERN

Schon immer hatte Japan lebhafte Handelsbeziehungen mit China und Korea. Im 16. Jahrhundert begann auch ein begrenzter Handelsaustausch mit portugiesischen und holländischen Kaufleuten und Missionaren. Obwohl vermutlich schon zu dieser Zeit Schwerter exportiert wurden, dauerte es bis zur Mitte des 19. Jahrhunderts, bis Japan weltweite Handelskontakte aufnahm. Im späten 19. Jahrhundert erodierte der Einfluss der Samurai als Folge der Veränderung der politischen Kräfte und einer zunehmenden Hinwendung zum Westen. Nicht nur die europäische Politik und Technologie rückten stärker in den Fokus des Interesses, auch westliche Bekleidung, Luxusgüter und Waffen galten unter der japanischen Elite zunehmend als begehrenswert. Im gleichem Zuge fiel die Qualität der für die kaiserliche Armee produzierten Schwerter rapide. Die Zeit der traditionellen Krieger und ihres Ethos war definitiv vorbei.

Mit dem Niedergang der Samuraiklasse ging auch die Nachfrage nach Schwertern zurück. Ebenso verloren die Werkzeuge und die Ausstattungen der Samurai im frühmodernen Japan an Wert und Beliebtheit. Mit der zunehmenden Hinwendung zur europäischen Technologie verloren die alten Künste in Japan an Wertschätzung. Im Handel mit fremden Ländern stellten Schwerter jedoch begehrte Tauschobjekte dar. In den 1860er Jahren wurden die ersten japanischen Schwerter exportiert, vorwiegend nach Europa sowie vereinzelt, meist zusammen mit emigrierenden Familien, in die USA. Ebenso wie sich exotische Samurai-

Dies ist ein Detail eines *iaito*-Schwerts. *Iaito*-Schwerter zeichnen sich meist durch schöne Beschläge und nickellegierte Klingen aus, die nur fürs Einzeltraining geschaffen werden und nicht schnitttauglich sind.

Geschichten über den Erdball verbreiteten, so stieg auch das Interesse an den furchtlosen Kriegern und ihren unvergleichlichen Waffen.

Als die Vereinigten Staaten in den Zweiten Weltkrieg eintraten, machten Geschichten über die Unerschrockenheit des japanischen Militärs die Runde. Einige Schwerter der Offiziere gingen im Kampf verloren, jedoch gelangten die meisten als Siegestrophäen in die Hände der Gegner. Zahllose Schwerter wurden konfisziert, als die Alliierten von Tür zu Tür gingen und die Herausgabe aller Waffen forderten. Dabei handelte es sich nicht nur um in Massenfertigung hergestellte, militärische Klingen, sondern auch um viele Meisterwerke und wertvolle Erbstücke.

Die Schwerter wurden in Lagerhäusern wie zum Beispiel dem Akabane-Arsenal in Tokio gehortet – eine Tragödie. Jedes Mitglied der alliierten Truppen konnte ein Schwert erhalten, wenn er nur danach fragte. Auf diesem Weg gelangten Tausende von Schwertern in die Hände von Nichtjapanern. Die Klingen reisten als Andenken mit den Männern nach Hause. Manche Wissenschaftler gehen davon aus, dass jedoch durch diese Ereignisse de facto viele japanische Klingen vor ihrer Vernichtung bewahrt wurden. Dennoch muss man es als ein dunkles Kapitel in der Geschichte des japanischen Schwerts beschreiben. Die Kunsthandwerker, die Schwerter schufen, mussten ihre Tätigkeit einstellen. Mit der wirtschaftlichen Depression in der Nachkriegszeit und dem Verbot Waffen zu produzieren, gingen die Techniken und Fähigkeiten zur Herstellung von Schwertern nahezu verloren.

Zwei Ereignissen im Jahr 1950 haben wir die Wiedergeburt des japanischen Schwerts zu verdanken: Es wurde die Gesellschaft zur Erhaltung des japanischen Kunstschwerts, bekannt unter der Abkürzung NBTHK, ins Leben gerufen. Sie begann im gleichen Jahr mit dem *shinsa*, der Begutachtung von Schwertern. Die NBTHK stellte dabei Schriftstücke (*origami*) aus, die nach der Meinung des Sachverständigen die Qualität und Wertigkeit des Schwerts dokumentierten. Zur Identifizierung und Wertermittlung der Schwerter wurden Kategorien und Klassifikationssysteme eingeführt. Ebenfalls im Jahre 1950 erließ die japanische Regierung eine Verordnung, die zur Registrierung aller Schusswaffen und Schwerter verpflichtete. Viele Menschen, die ihre Schwerter nicht verloren hatten oder in den Wirren der Nachkriegszeit sogar an Schwerter gelangten, nahmen die Gelegenheit wahr, sie zu registrieren und damit zu legalisieren. Im Anschluss daran stieg das Interesse an der Herkunft und der Güte der jeweiligen Klinge. Die Besitzer wandten sich an das Team des NBTHK, mit der Bitte um eine Beurteilung. Die Kombination aus der Registrierungspflicht und dem Experten-Beurteilungsangebot brachte frischen Wind in die japanische Schwertszene.

Obwohl die Wertschätzung für Schwerter allmählich wieder zurückkehrte, war die Schwertherstellung immer noch illegal. Das Schwert hatte lediglich eine Bedeutung als Sammlerstück. Glücklicherweise kam die japanische Regierung mit den Alliierten überein, das Handwerk der Schwertherstellung als bedroht einzustufen, ähnlich wie viele andere japanische Kunsthandwerke. Im Jahre 1953 gab die japanische Regierung ein Regelwerk zur Schwertherstellung heraus. Nach Antrag durften Schwertschmiede ihre Tätigkeit wieder aufnehmen. Das NBTHK unterstützte die Wiederauferstehung der Schwertherstellung in verschiedener Weise. Mithilfe der Organisation wurde ein neuer Schmelzofen für den *tatara*-Prozess zur Stahlgewinnung erstellt. Schwertschmiede konnten bei der NBTHK eine Lizenz beantragen, und schon bald lebte das Handwerk wieder auf. Im Jahre 1955 wurde der erste öffentliche Schwertschmiedewettbewerb abgehalten, der seitdem im jährlichen Turnus wiederholt wurde.

Die japanischen Schwertschmiede pflegen heute ihr Handwerk sowohl aus geschäftlichem Interesse als auch als Beitrag zur Erhaltung dieses wichtigen Kulturguts. Doch das Sammeln japanischer Schwerter erfuhr im 21. Jahrhundert vor allem durch den technischen Wandel einige Veränderungen. Dies kann man sowohl als Segen wie auch als Bürde sehen. Während das Internet die Kommunikation und den Verkauf von Schwertern erleichterte, ist es auch mit Herausforderungen verbunden.

Das Internet ist voll von Profiteuren, die ihren Vorteil darin suchen, wenig kundige oder naive Käufer in die Irre zu führen und damit die ganze Branche in Verruf zu bringen. Nachdem die Tage des zufälligen „Scheunenfundes" vorbei sind, glauben nun viele Leute, ein Schwert-Juwel als Schnäppchen bei Ebay erstehen zu können. Experten werden regelmäßig um die Beurteilung von alten „authentischen" Samurai-Schwertern gebeten, die die Besitzer zuvor im Internet zum Schnäppchenpreis erstanden. Die große Mehrzahl davon sind schlichtweg Fälschungen. Wenig kundige Käufer werden in die Irre geführt, beispielsweise durch eine „schöne Klingenstruktur", die de facto ein mit Säure geätztes Bild auf einem Stück Blech ist, oder „antike Beschläge", die meist schlechte Reproduktionen sind und nur auf alt getrimmt wurden. Mehr als je zuvor muss sich ein potenzieller Käufer gründlich informieren und mit großer Vorsicht agieren. Es gibt einige wichtige Schritte beim Kaufprozess, um Qualität und Verlässlichkeit sicherzustellen.

DAS SAMMELN JAPANISCHER SCHWERTER

Nun zu den guten Nachrichten: Die moderne Technologie hat die Kommunikation mit echten Fachleuten viel einfacher gemacht. Zudem sind heute viele westliche und japanische Autoritäten in der Lage, in Englisch oder anderen Sprachen zu kommunizieren. Es gibt diverse Foren und Clubs für jene, die am Sammeln, dem Kontakt mit Schwertexperten oder auch nur am Wissenszuwachs in bezug auf Schwerter Interesse haben. Man kann sich durch Newsletter auf dem Laufenden halten oder sich für den Einstieg in das Schwertsammeln fachlich beraten lassen.

Die NBTHK, die unter anderem auch eine europäischen Niederlassung betreibt (www.nbthk.net/european_branch_german), ist die Premium-Informationsquelle bei allen Fragen rund um das japanische Schwert. Sie veranstaltet auch regelmäßige Treffen, die überwiegend in Deutschland stattfinden. Zudem bieten sie Studienkurse, Vorträge sowie Hilfestellung bei Versand- und Restaurierungsfragen an. Wichtige weitere Webseiten sind www.nihonto.com sowie www.bushidojapaneseswords.com.

DER KAUF VON SCHWERTERN

Wenn Sie kein Japanisch sprechen, ist der Kauf von Schwertern direkt in Japan nicht ganz einfach. Ich kann Ihnen hier drei führende Geschäfte empfehlen, wo Ihnen bei Bedarf englischsprechende Experten beratend zur Seite stehen. Es handelt sich dabei um Fachgeschäfte der Premiumklasse, die einem erlesenen und zahlungskräftigen Klientel nur die feinsten Schwerter, Montierungen, Rüstungen und weitere Objekte anbieten. Zu diesen Einrichtungen gehört beispielsweise die Ginza Choshuya in Tokio (www.choshuya.co.jp). Als ich dort im Frühjahr 2009 zu Besuch war, hatte ich die Ehre Abe Kazunori, einen Polierer der Spitzenklasse zu treffen, der auch in diesem Buch vorgestellt wird. Dieses Geschäft ist ein Muss für jeden Schwertliebhaber, der sich in Tokio aufhält. In Premium-Geschäften wie diesen bezahlt man einen angemessenen Preis für exquisite Stücke – nicht mehr und nicht weniger.

Ein weiterer empfehlenswerter Ort für Sammler und solche, die es werden wollen, ist Aoi-Art (www.aoi-art.com). Der Besitzer spricht fließend Englisch und ist sehr hilfreich. Sein Geschäft ist klein und heimelig, bietet jedoch Tausende von Schwertern, Beschlägen und anderen Leckerbissen an. Man könnte sich in diesem Laden tagelang aufhalten, um die Klingen zu bewundern. Auch unter dem Gesichtspunkt, dass sich das Geschäft in der unmittelbaren Nachbarschaft des nationalen Schwertmuseums in Yoyogi befindet, gehört er zu den Pflichtbesuchen, wenn man sich in Tokio aufhält.

Viele Kampfkunst-Ausübende sind an Schwertern interessiert, sowohl an modernen als auch an historischen Klingen. Für jene, die nur ein Übungsschwert kaufen wollen, gibt es zahllose Bezugsquellen. Leider sind darunter viele, die nur mäßige Qualität anbieten. Zu jenen, die ich empfehlen würde, gehören vorwiegend japanische Hersteller, hier unter anderem die Firma Tozando (www.tozandoshop.com). Ich habe dort mehr als 100 Schwerter gekauft und sowohl hinsichtlich der Qualität als auch des Preises nur gute Erfahrungen gemacht. Wenn Sie an *budo*-Ausrüstung, Schwertern und reproduzierten Rüstungen Interesse haben, empfehle ich die Kontaktaufnahme mit Tozando. Man spricht dort fließend Englisch, ist sehr kundig und geht auf die Wünsche der Kunden individuell ein.

Wenn es um japanische Ausrüstungsgegenstände geht, können Sie davon ausgehen, dass niemand ein besseres Preis-Leistungs-Verhältnis als die Japaner selbst anbietet. Hinzu kommt, dass nicht nur die Produktqualität, sondern auch die Garantie und der Kundenservice den Einkauf in Japan lohnenswert machen. Geschäfte für Kampfkunst-Zubehör führen auch Schwerter verschiedener Qualität und Herstellungsepochen. Ich habe mit vielen dieser Anbieter während der letzten 20 Jahre zusammengearbeitet und hebe in Anbetracht dieser Erfahrung Tozando besonders hervor. Wenn Sie in Tokio sind, legen Sie in diesem Laden einen Stopp ein. Er befindet sich ganz in der Nähe des Tokyo Handicraft Center und, noch wichtiger, des Butokuden, eines historisch bedeutenden *dojo* hinter dem Heian-Schrein.

Abe Kazunori gibt dem Autor die Gelegenheit, ein von ihm poliertes Schwert im *juyo-token*-Grad zu betrachten.

Wie dieser kurze Blick auf die Organisationen und Läden zeigt, gibt es zahllose Möglichkeiten Schwerter zu erstehen – unabhängig davon, ob sie ein 800.000 Euro teures Museumsstück oder ein neues, handgeschmiedetes 8.000-Euro-Übungsschwert kaufen wollen. Schwerter sind Kunstobjekte, sie werden als solche gehandelt und unterliegen den Bewegungen der Märkte. Wenn das Angebot knapp und die Nachfrage groß ist, steigen die Preise – und umgekehrt.

DIE HERSTELLUNG DES JAPANISCHEN SCHWERTS

Das japanische Schwert stellt die Quintessenz des Kriegsinstruments dar. Wie keine andere Waffe hat es im Laufe der Entwicklung einen Reifegrad erreicht, der weltweit einzigartig ist. Tatsächlich experimentieren auch heute noch Schwertschmiede mit verschiedenen Techniken, um die raffinierten Merkmale mittelalterlicher japanischer Schwerter nachzuvollziehen. Fasziniert von ihrer Ausstrahlung haben zahllose Menschen die Wertschätzung für die *nihonto* zu ihrer Lebensaufgabe gemacht.

Die Komplexität, Funktionalität und visuelle Schönheit dieser Kunstwerke hat die verschiedensten Forschungsbereiche inspiriert. So wurden zahllose Bücher geschrieben über die kleinen, aber entscheidenden charakteristischen Merkmale, durch die sich die verschiedenen Schmiede und Schulen auszeichneten. Eine umfassende Darstellung aller relevanten handwerklichen Techniken überschreitet die Möglichkeiten des vorliegenden Werks, jedoch trägt eine kurze Einführung in die Herstellung der Schwerter Wesentliches zu ihrem Verständnis bei.

Die komplette Herstellung eines Schwerts ist nicht allein das Werk des Schwertschmieds. Der Prozess erfordert die Zusammenarbeit einiger unabhängiger und hochspezialisierter Handwerker. Jeder von ihnen hat eine langjährige Ausbildung absolviert. Die Lehre der Schwertschmiede dauert fünf bis zehn Jahre, bevor sie sich zur Erlangung einer Lizenz qualifizieren können. Die Lehrzeit des Polierers kann bis zu zehn Jahre betragen, je nach Schule und Meister, während der *habaki*-Macher bis zu acht Jahre Training bis zu seiner Selbstständigkeit benötigt. Aufgrund der profunden Ausbildung genießen diese Kunsthandwerker hohe Wertschätzung, und ihre Dienste werden in der Regel stark nachgefragt.

Kleine Schmuckbeigaben, die in den Griff mit eingewickelt werden, *menuki* genannt, sind ein weiteres Beispiel für den faszinierenden Detailreichtum des *nihonto*. Ihre Hersteller bemühen sich um eine technische Perfektion, deren Zusammenspiel von Gestaltung, Präzision und Liebe zum Detail den Betrachter in Entzückung versetzt.

Der Schwertschmied und seine Mitarbeiter mischen, veredeln, falten und schmieden den Stahl, um eine Klinge zu erzeugen. Dann übergibt der Schmied die Klinge dem Polierer, *togishi* genannt, der die Oberflächen glättet und die Konturen mit Hilfe von Wassersteinen verschiedener Körnungen hervorhebt. Nachdem die grundlegende Formgebung abgeschlossen ist, übergibt der Polierer die Klinge dem *habaki*-Macher. Nach deren Herstellung wird die Klinge dem Scheidenmacher übergeben, der eine maßgenaue Holzscheide anfertigt.

Danach geht die Klinge zurück zum Polierer für das *shiage-togi*, die letzten Polierschritte, die die charakteristische Zeichnung des *hamon* und die Struktur des Stahls zur Geltung bringen. Dafür verwendet er die allerfeinsten Steine. Erst nachdem der Schwertschmied die Klinge von seinen Kooperationspartnern zurückbekommen hat, signiert er sie auf der Angel mit seinem Namen.

Meister und Geselle beobachten das Werkstück in der Glut, bereit für den richtigen Moment der Bearbeitung.

Linke Seite:
Holzkohle erzeugt die gleichmäßige Hitze, die für die Herstellung des japanischen Schwerts erforderlich ist.

Meister-Schwertpolierer Abe bei der Prüfung der Klinge.

Dem Lehrling ist es erlaubt, je nach Neigung und Fähigkeit, bei der Arbeit des Meisters mitzuwirken. Seine Bemühungen werden durch den Wissenszugewinn und den Stolz auf die geleistete Arbeit belohnt. Dieses Kapitel spiegelt die Erkenntnisse aus den Treffen mit den Schwertmachern und Polierern während meiner Reisen in Japan wieder. In den Werkstätten und Häusern angesehener Handwerker empfangen zu werden, ist eine große Ehre. Zwei von ihnen haben besonders viel Zeit und Wissen in dieses Projekt eingebracht.

Der erste Handwerker, Kawachi Kunihira, ein Schwertmacher der 15. Generation, ist beheimatet in den Bergen der Präfektur Nara. Der zweite Handwerker, Abe Kazunori, ist Schwertpolierer in Tokio. Dieses Kapitel zeigt die Prozesse bei der Schwertherstellung, wie sie bei ihren täglichen Arbeiten anfallen.

Beide Handwerker tragen den Titel eines *mukansa*, oder „ehrwürdigen Meisters", der aufgrund einer bestimmten Anzahl von Auszeichnungen bei den jährlichen NBTHK-Wettbewerben verliehen wird. Beide haben bei berühmten Meistern in Japan gelernt und sind Träger privater und staatlicher Ehrenpreise. Trotz ihrer außergewöhnlichen Qualifikation würde aber jeder von ihnen ein Kompliment höflich zurückweisen. Sie würden versichern, dass die Arbeit an Schwertern ihre alleinige Pflicht ist. Sie sind keine Wundermänner, Schamanen oder Priester, sondern ganz einfach hart arbeitende Handwerker. Trotz ihrer Bescheidenheit muss man ihr Bemühen um Perfektion und den Erhalt traditioneller Handwerkstechniken hoch wertschätzen.

Das Entscheidende beim Schwertschmieden ist die Kunst, aus einem schwierigen Rohmaterial, das sich aus verschiedenen Stahlsorten zusammensetzt, eine hinsichtlich der inneren Struktur genial aufgebaute Klinge zu schaffen. Das fertige Schwert hat widerstandsfähige Mantelschichten, kombiniert mit einem weichen Kern, der die Bruchgefahr mindert. Gepriesen wegen ihrer rasiermesserscharfen Schneide, eleganten Krümmung und bezaubernden Gefügestrukturen, geht die Wertschätzung für das *nihonto* weit über die Metallurgie oder Waffentechnik hinaus. Dennoch sind es die raffinierte Verarbeitung des Stahls und der Kampfeinsatz, die das japanische Schwert so faszinierend machen.

HERSTELLUNG DES TRADITIONELL ERSCHMOLZENEN STAHLS

Historisch betrachtet wurden in Japan zwei Verfahren zur Herstellung von Eisen und Stahl angewendet. Diese Verfahren werden als *zuku-oshi* und *kera-oshi* bezeichnet. Das erste kommt dem Gusseisen-Prozess nahe, wie er in Hochtemperaturöfen abläuft, während das zweite eine Art Niedrigtemperatur-Schwammeisen erzeugt. Der Unterschied zwischen ihnen ist, dass sich beim *kera-oshi*-Prozess das Eisen nicht verflüssigt, sondern in einem Block zusammenbackt. Wenn es entnommen wird, sieht es schwammartig aus, daher der Name „Schwammeisen". Überraschenderweise geht man in Japan davon aus, dass der Hochtemperatur-*zuku-oshi*-Prozess im Mittelalter dominierte, während *kera-oshi* erst später zur Anwendung kam und auch heute noch praktiziert wird. Dies scheint konträr zur Entwicklung der Hüttentechnik in der westlichen Welt zu sein.

Heute wird der Schwertstahl *tamahagane* mittels des *kera-oshi-tatara*-Prozesses in Zusammenarbeit von Hitachi Metals, der japanischen Regierung und der NBTHK in Yokota, einer kleinen Stadt der Präfektur Schimane, erzeugt. Bei diesem Prozess wird Eisen, das in einem dunkelbraunen oder schwarzen Sand enthalten ist, in einem Lehmofen erschmolzen, wobei man Holzkohle als Brennstoff und Reduktionsmittel einsetzt. Das gewonnene Eisen verbindet sich mit Kohlenstoff zu Stählen verschiedener Gütegrade. Einige Schwertschmiede führen den *tatara*-Prozess in ihren eigenen Schmieden durch und stellen so das *tamahagane* selbst her. *Tamahagane* im kleinen Maßstab zu produzieren ist jedoch schwierig und eher selten. Heute wird das von der NBTHK traditionell hergestellte *tamahagane* von den meisten Schmieden eingesetzt, obwohl es sehr teuer ist. Man sollte auch noch erwähnen, dass einige Schmiede Stahl vewenden, der auf andere Weise hergestellt wurde als beim *tatara*-Verfahren.

Tamahagane ist nicht das einzige Rohmaterial, das bei der Schwertherstellung zur Verwendung kommt. Beispielsweise ist *oroshigane* ein Verfahren, bei dem der Schmied in seiner eigenen Werkstatt verschiedene Sorten Eisen, Stahl und Gusseisen vermengt, um daraus einen brauchbaren Werkstoff herzustellen. Schrott, wie gebrochene alte Wasserkessel, Tempelbeschläge

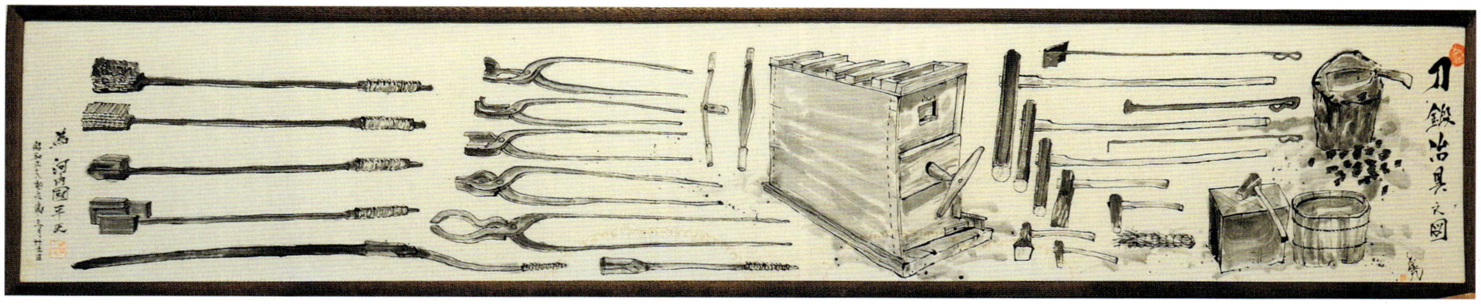

Die Abbildung zeigt Werkzeuge, die beim *tatara*-Prozess und beim Schmieden verwendet werden.

Eisenhaltiger Sand wird zu Eisenschwamm umgeschmolzen. Bruchstücke werden gestapelt und zu Blöcken verschmiedet.

Mit gleichmäßigen, rhythmischen Schlägen strecken die Lehrlinge den Stahl und falten ihn während des *tanren*-Prozesses.

Eisensand wird zu Schwammeisen verschmolzen.

Der Stahl wird durch die Faltungen feiner und widerstandsfähiger.

Meister Kawachi und seine Gehilfen haben eben eine Faltung durchgeführt, nun folgt die Feuerschweißung.

oder landwirtschaftliche Geräte können dabei mit eingesetzt werden. Abhängig von der Prozesssteuerung wird bei der Erschmelzung der Kohlenstoffgehalt erhöht oder verringert und ein einziger Block gewonnen. Das Endprodukt bezeichnet man ebenfalls als *oroshigane*, im Gegensatz zum *tamahagane*.

Bei beiden Prozessen ist es das Ziel, verschiedene sensible Einflussfaktoren optimal abzustimmen, um den für die Schwertherstellung geeigneten Kohlenstoffgehalt, die Kristallstruktur und andere Eigenschaften zu erzeugen. Einige Anteile des gewonnenen Blocks sind jedoch in jedem Fall Ausschuss, da sie zu viel oder zu wenig Kohlenstoff enthalten, ein schlechtes Gefüge oder andere Fehler aufweisen. Der Schmied entscheidet, ob Ausschuss eingeschmolzen und eventuell bei einem späteren *oroshigane* wieder eingesetzt wird.

Für die Planung und Steuerung des *tatara*-Prozesses sind neben den Schmieden vor allem spezialisierte Hüttenfachleute verantwortlich. Ohne deren Bemühungen und ihrem Erfahrungsschatz gäbe es für uns heute bei weitem nicht diese Vielfalt von *nihonto* zu bewundern.

VERFEINERN DES STAHLS DURCH FALTEN (TANREN)

Unter *tanren* versteht man die schmiedetechnischen Prozesse, um aus *tamahagane* einen Rohling für die Schwertklinge zu formen.

Im Rohzustand ist *tamahagane* nicht zum Schwertschmieden geeignet. Er entspricht auch nicht der Vorstellung, die der Leser in der Regel vom Stahl hat. Das Rohmaterial sieht wie ein glänzender, poröser Gesteinsbrocken aus. Das *tanren*-Schmieden gehört neben der Härtung zu den einzigartigen und entscheidenden Techniken, die nur von den traditionellen japanischen Schwertschmieden beherrscht werden. Es gibt dabei wiederum verschiedene Varianten, viele davon werden als Betriebsgeheimnisse gehütet.

Für die Vorbereitung des Rohmaterials nach dem sogenannten *mizu-beshi*-Verfahren wird der rohe *tamahagane* zu dünnen Platten ausgehämmert. Diese Platten werden anschließend gehärtet, wodurch sie sehr brüchig werden. Der Schmied zerbricht die spröden Platten dann in kleinere Stücke von ungefähr vier Zentimeter Größe. Diese werden nun nach Kohlenstoffgehalt und Gefügequalität sortiert.

Nun beginnt der eigentliche *tanren*-Prozess, der zur Verfeinerung des Stahls führt. Er ist vergleichbar mit der Herstellung von Blätterteig. Ziel ist es, die sortierten Bruchstücke jeweils zu einem soliden Stahlblock zu verbinden, der ganz bestimmte qualitative Eigenschaften aufweist. Beispielsweise ist Stahl mit einem höheren Kohlenstoffgehalt besser für die Mantelschichten des Schwerts geeignet. Stahl mit wenig Kohlenstoff eignet sich besser für den Kern der Klinge. Die Gruppierung erfolgt also nach Kohlenstoffgehalt, Kristallstruktur, Reinheit und Homogenität. Jede Stahlsorte hat demnach beim Fertigprodukt eine bestimmte Aufgabe.

Shingane, der weiche Kernstahl, nur vier bis sechs Mal gefaltet, sorgt dafür, dass das Schwert nicht bruchempfindlich wird. Stahl mit hohem Kohlenstoffgehalt hat ein sehr feines und hartes Gefüge. Dieser harte Stahl dient für den Mantel der Klinge, womit der weichere Stahl eingehüllt wird. Der Mantelstahl, *kawagane* genannt, wird zwischen 10 und 15 Mal gefaltet. Durch Feuerschweißung werden die beiden Stahlsorten fugenlos verbunden.

Tanren, der Prozess des Faltens und Verfeinerns des Schwertstahls, ist neben der Härtung, *yaki-ire* genannt, der entscheidende Arbeitsschritt bei der Herstellung einer Klinge. Es ist ein häufiges Missverständnis zu glauben, dass Schwertklingen Tausende von Male gefaltet wurden. In Wirklichkeit ist der Mantelstahl nur 10 bis 15 Mal gefaltet, wobei sich jedoch durch jede Faltung die Anzahl der Lagen verdoppelt. Das Endresultat ist also ein Mantelstahl, dessen Struktur (*jihada*) von etwa 1024 bis 32.768 Lagen (nicht etwa Faltungen) geprägt ist. Bei den meisten Klingen können die Lagen mit bloßem Auge erkannt werden, vorausgesetzt, die Klinge ist gut poliert. Leichte Unterschiede im Kohlenstoffgehalt des Mantelstahls machen die Schichten sichtbar. Die *jihada* weist oft ein faszinierendes und komplexes Muster auf.

Das Gefüge, *hada* genannt, kann vom Schwertschmied ebenfalls beeinflusst werden. Obwohl das Kristallgitter und die Korngröße von vielen Parametern abhängen, wie zum Beispiel vom Kohlenstoffgehalt, von Gitterfehlern oder Verunreinigungen, ist der Hauptfaktor die Richtung und die Anzahl der Faltungen beim Schmieden des Blocks.

Abschnitte von wieder erschmolzenem Eisen und Stahl werden für den *oroshigane*-Prozess gestapelt.

Nach jeder Feuerschweißung wird der Rohling erneut eingekerbt und gefaltet, wobei zahllose Stahllagen entstehen.

Das Falten des Stahls, entweder längs oder quer zur Richtung der Klinge, erzeugt jeweils eine unterschiedliche kristalline Struktur. Eine davon, *masame*, ähnelt einer in Längsrichtung gestreckten Holzmaserung. Eine häufige Gefügeausprägung ist das wirbelförmige *itame*. Sowohl *itame* als auch *masame* kommen in unterschiedlicher Ausprägung vor. Weitere mögliche Gefügevarianten sind *ayasugi* (wellig) und *mokume* (knotig).

Zwei der vielen Varianten, um Kern- und Mantelstahl zu kombinieren.

Der Mino-Schwertschmied Kanemichi setzt den Lufthammer ein, um den Stahl schnell, effizient und präzise zu bearbeiten.

ZUSAMMENFÜGEN DER STAHLKOMPONENTEN

Wie eben beschrieben, gelten die ersten Stufen für die Herstellung des Schwerts der Vorbereitung und dem Verfeinern der einzelnen Stahlkomponenten. Als nächstes, während des *tsukuri-komi*-Prozesses, werden diese Stahlblöcke, jeder mit unterschiedlichem Kohlenstoffgehalt, zusammengefügt. Für die Verbindung des harten Mantelstahls mit dem zähen Kernstahl gibt es verschiedene Varianten, einige Meister benutzen nur zwei Teile, andere bis zu fünf. Wir beschränken uns hier auf eine kurze Erklärung. Bei der *kobuse*-Methode wird der Mantelstahl zuerst in eine U-Form gebracht, die den weichen Kern einhüllt. Die beiden Komponenten werden feuerverschweißt, sodass ein Verbund aus zähem Kern und hartem Mantel entsteht, *kobuse-gitae* genannt. Dieser Aufbau ist charakteristisch für das japanische Schwert und definiert den Unterschied zu Waffen beispielsweise aus Toledo oder Damaskus.

Rohlinge, die aus vier oder fünf Stücken zusammengesetzt werden, sind eine weitere Option. Hier kombiniert man Material von niedriger, mittlerer und hoher Härte. Manche glauben, dass mit diesen aufwändigeren Kompositionen hochwertigere Klingen erzeugt werden können.

STRECKEN DES ROHLINGS

Assistiert durch seine Gehilfen als Zuschläger oder, wenn der Schmied allein arbeitet, mithilfe des maschinellen Hammers, wird der Rohling gehämmert und allmählich gestreckt. Der Schmied gibt mit seinem Handhammer den Takt vor und dreht den Rohling unter den Hammerschlägen der Gesellen. Die Arbeit ist geprägt durch ein gleichmäßiges und rhythmisches Zusammenspiel aller Beteiligter. Jeder Fehler, beispielsweise das Durchbrechen der *kawagane*-Schicht, könnte die Klinge ruinieren. Im stetigen und gleichmäßigen Takt fallen die Hämmer, um mit Präzision und Sorgfalt einen Schwertrohling, *sunobe* genannt, zu schaffen. Er hat ein rechteckiges Format, das sich zur Spitze hin leicht verjüngt. In dieser Phase ist der *sunobe* mit einem soliden, nahtlosen Stück Flachstahl vergleichbar.

SCHMIEDEN DER GROBKONTUR

Der Prozess des Ausformens des Grundkörpers zu einem profilierten Klingenrohling wird *hi-zukuri* genannt. Der Schmied geht dabei schrittweise vor, in Abschnitten von etwa zehn Zentimetern. Auch bei diesem Arbeitsprozess sind eventuelle Fehler später kaum korrigierbar. Nach Abschluss dieser Arbeiten liegt die Klinge in der für das japanische Schwert typischen Ausprägung vor, sie ist allerdings noch gerade.

Die Form und Geometrie der Klinge wird nun mit Wassersteinern, Feilen und aus gehärtetem Stahl

Den gestreckten Rohling, ein Flachstahl ohne Profil, bezeichnet man als *sunobe* (oben).

Im *hi-zukuri*-Prozess wird die Klinge angefast und grob in Form gebracht (unten).

Die rötliche Tonschlämme dient zur Wärmedämmung und als Oxidationsschutz beim Erhitzen und Abschrecken der Klinge. Als Anschauungsbeispiel sind an dieser Klinge drei verschiedene Auftragungsmuster zur Ausprägung unterschiedlicher Härtelinien gezeigt.

hergestellten Schabeisen weiter verfeinert. Obwohl die Schneidkante noch stumpf ist, zwei bis drei Millimeter stark, nähert sich das Schwert durch die Korrektur von Unregelmäßigkeiten allmählich seiner endgültigen Geometrie – eine Voraussetzung für die nächsten Arbeitsschritte. Wenn nun die Konturen stimmig sind, kann der Schmied mit der Herstellung der Krümmung und der Wärmebehandlung fortfahren: dem *yaki-ire*-Prozess.

HÄRTEN DES STAHLS

Wenn der Stahl über einen bestimmten Temperaturwert erhitzt und dann schnell abgeschreckt wird, haben die Kohlenstoffatome nicht genug Zeit, um die bei höheren Temperaturen vorhandene, spezielle Gitterstruktur zu verlassen. Durch das „Einfrieren" der Kohlenstoffatome wird das Kristallgitter verzerrt. Es werden Mikrospannungen im Gefüge erzeugt, die zur Härtung des Stahls führen. Bei der Schwertherstellung kommt dieses Phänomen selektiv, nur für die Härtung der Schneidkante, zur Anwendung. Den Prozess nennt man *yaki-ire*. Der Härteunterschied zwischen Schneide und Körper zeigt sich in der Härtelinie, dem *hamon*. Der Kohlenstoffgehalt des Stahls, zusammen mit der Abkühlungsrate, bestimmt den Grad der Härte. Je höher der C-Anteil und je schneller abgeschreckt wird, desto höher die Härte. Indem man also dafür sorgt, dass der Stahl an der Schneidkante schneller abkühlt als im restlichen Klingenquerschnitt, bekommt man einen selektiven Härteverlauf. Die Kante ist extrem hart, während die Flanken und der Rücken etwas weicher sind. Der ungehärtete, zähe Kern vermindert die Brüchigkeit der Klinge.

Die Schaffung der Härtelinie ist eine anspruchsvolle Aufgabe, die exakt durchgeführt werden muss. In seinem ästhetischen, fließenden Erscheinungsbild ist der *hamon* eines der charakteristischen Merkmale des *nihonto*. Über seine für die jeweiligen Schwertmeister typische Ausprägung und raffinierten Details wurden ganze Bücher verfasst. Zur Beschreibung dieser Effekte bedient man sich fantasievoller Paraphrasen aus der Natur, vom „Leuchten der Sterne im Nachthimmel" bis zum „esoterischen Zauber des Sonnenaufgangs".

Im gängigen Verfahren zur Herstellung des *hamon* streicht Kawachi Kunihira eine isolierende Lehmpaste auf die Klinge. Die Dicke des Auftrags bestimmt die Abkühlungsrate damit den erzielten Härtegrad. Die Paste wird deshalb am Rücken dick und nahe der Schneidkante dünn aufgetragen. Der Auftrag wird so variiert, dass am Schluss eine bestimmte Form des *hamon* erzeugt wird. Seine Ausprägung kann relativ gerade (*suguha*), halbkreis-wellenförmig (*gunobe*), langgezogen-wellenförmig (*notare*) oder nelkenknospenartig (*choji*) sein – um ein paar Muster zu nennen.

Nach dem Abschrecken der Klinge entfernt Kawachi Kunihira die Tonschicht und prüft den *hamon*.

Nachdem die Schlämme aufgebracht wurde, ist die Klinge bereit zum Erhitzen und Abschrecken. Meister Kawachi erhitzt die Klinge sehr sorgfältig. Die Glühfarbe zeigt die Temperatur an, deshalb wird vor dem Härten die Schmiede abgedunkelt. Jeder kleine Fehler kann bei diesem Prozess zur Zerstörung der Klinge führen. Deshalb verfolgt der Schmied mit geschultem Auge den Glühprozess ganz genau, um den perfekten Augenblick für das Abschrecken im Wassertrog wahrzunehmen.

In diesem Moment entnimmt Kawachi die glühende Klinge dem Feuer und stößt sie in das Wasser. Unter Zischen und Brodeln entsteht die gehärtete Schneide. Zugleich vollzieht das Schwert eine erstaunliche Formänderung. Zuerst, während die Schneidkante abkühlt, krümmt sich die Klinge in Richtung der Schneidkante – dem eigentlichen Wunsch entgegengesetzt. Dann jedoch, während sich der Körper der Klinge abkühlt und zusammenzieht, ändert sich die Krümmungsrichtung zum Rücken hin. Im Ergebnis hat die Klinge, die vorher gerade war, nun eine exponierte Schneidkante. Die anmutige und zugleich tödliche Krümmung des *nihonto* ist geboren. Nun wird die Klinge der Feinbearbeitung zugeführt.

FEINBEARBEITUNG

Kawachi Kunihira entfernt nun den Lehmauftrag. Mithilfe von Feilen und groben Schleifsteinen trägt er die Zunderschicht ab und beginnt das Schwert endgültig zu formen. Dabei nimmt er feine Korrekturen an den charakteristischen Linien und der Geometrie der Klinge vor. Sobald die Oberfläche glatter wird, tritt der *hamon* deutlicher hervor, um einen ersten Eindruck der für die Klinge charakteristischen Härtelinie zu vermitteln. Der *hamon* ist vergleichbar einem Fingerabdruck, keine zwei sind exakt gleich. Nach Abschluss der formgebenden Arbeiten entscheidet der Meister, ob die Klinge Hohlkehlen, dekorative Reliefs oder ein eingraviertes Gedicht bekommt.

Falls *hi* (Hohlkehlen) oder *horimono* (dekorative Gravuren) für die *shinogi-ji*, die Fläche zwischen der Gratlinie und dem Rücken, vorgesehen sind, so werden sie in dieser Phase eingebracht, bevor man die Klinge zum Polierer gibt.

Nach Auskunft von Kawachi Kunihira dienten *horimono* ursprünglich als religiöse Glücksbotschaften. Hohlkehlen haben sowohl eine praktische wie auch ästhetische Funktion. In den Abbildungen rechts sieht man, wie Meister Kawachi *inkan*-Motive in seine Klinge sticht. *Inkan* sind eigentlich Siegel, die in der Regel mit roter Farbe mittels eines Steinstempels aufgebracht werden und der Signatur dienen. Hohlkehlen dagegen sind hochfunktional. In verschiedenen Ausführungen machen sie die Klinge leichter und besser führbar, während zugleich ihre Biegesteifigkeit erhöht wird. Obwohl der Vergleich befremdlich scheint, ist der Effekt der gleiche wie bei einem L-Stahlprofil.

Der Schmied wartet mit der Signatur, bis das Produkt fertig ist und es seinen persönlichen Erwartungen entspricht. Bis dahin sind jedoch noch einige Arbeitsschritte erforderlich. Im jetzigen Zustand tritt der *hamon* noch nicht klar hervor. Für die weitere Verfeinerung übergibt der Schmied die Klinge nun an den Polierer.

DIE POLITUR

Ein professioneller, zertifizierter *mukansa*-Grad-*togishi*, wie Abe Kazunori, ist ein Handwerker von höchstem Niveau. Seine Arbeitszeit ist äußerst wertvoll. Der Polierer muss seine ganze Expertise einsetzen, um die richtige Vorgehensweise für jede einzelne Klinge festzulegen. Die Politur eines neuen Schwerts kann annähernd zwei Wochen dauern. Die Warteliste bei einem *mukansa*-Grad-*togishi* kann jahrelang sein.

Auch die Steine genießen höchste Wertschätzung. Steine für die Schwertpolitur sind äußerst kostbar. In früheren Zeiten waren sie hochgeschätzte Geschenke unter den Adeligen. Top-Polierer wie Abe Kazunori geben für ihre zahllosen Steine ein Vermögen aus. Jeder Stein interagiert mit dem Stahl unterschiedlich. Jedes Schwert erfordert einen etwas anderen Stein, um seine Schönheit bestmöglich zur Geltung zu bringen. Deshalb haben die meisten Schwertpolierer eine große Steinsammlung.

Der Prozess, um ein *nihonto* zu polieren, ist äußerst zeitaufwändig und erfordert nicht nur umfangreiches

Oben: Das Einstechen des *horimono* in die Klinge erfordert eine hohe Fertigkeit und ruhige Hand.

Mitte links: Der Arbeitsplatz des Polierers.

Mitte rechts: Dünne Blätter eines *narutaki* werden in kleine Stücke zerbrochen, die für die Politur auf die Fingerkuppen aufgelegt werden.

Unten: Beispiele von Poliersteinen.

Wissen, sondern auch hohen körperlichen Einsatz. Meister Abe hat mir erlaubt, Aufzeichnungen von unseren Interviews und seiner eigenen Dokumentation der Zusammenarbeit mit Paul Martin zu verwenden, um den Polierprozess möglichst genau wiederzugeben.

Bei der Politur eines Schwerts können zwei Hauptprozesse unterschieden werden. Der erste Prozess (*shitaji-togi*), die Grundpolitur, umfasst die Verfeinerung der Form durch die Bearbeitung auf verschiedenen, liegenden Blocksteinen. Beim zweiten Prozess, der Endpolitur (*shiagi-togi*), werden kleine Steine mit der Fingerkuppe über die Klinge geführt. Beide Prozesse können wiederum in verschiedene Unterschritte unterteilt werden, die jeweils spezielle Steine erfordern.

Die Grundpolitur hat drei Hauptaufgaben: a) das Formen der Klinge, b) das Verfeinern der Form, c) die Oberfläche für die Endpolitur vorzubereiten. Beim letzten Schritt erhält das Schwert seine endgültige Schärfe.

Bei der Grundpolitur kommen Steine mit grober Körnung zum Einsatz, deshalb ist hier besondere Vorsicht geboten, um die Geometrie des Schwerts nicht zu ruinieren. Ziele bei der Grundpolitur sind die Oberfläche zu ebnen, die Konturlinien korrekt auszuprägen und eine harmonische Gesamterscheinung des Schwerts herzustellen, ohne dabei zu viel Stahl abzutragen. Bei diesem Prozess wird auch die Schneidkante bereits vorgeschärft (siehe Fotosequenz unten). Steine für die Formgebung sind der *kongo-do* und der *binsui-do*, wobei letzterer häufiger verwendet wird.

Bei jedem Steinwechsel wird auch die Bearbeitungsrichtung etwas verändert, um einen gleichmäßigen Abtrag zu gewährleisten. Zu viel Druck oder Materialverlust an einer Stelle kann unwiederbringliche Schäden verursachen. Die Formgebung der Klinge ist abgeschlossen, sobald die Oberflächen geglättet und die Konturlinien geometrisch korrekt sind.

Die Steine für das weitere Glätten der Klingenoberfläche werden *kaisei*, *cho-nagura* und *koma-nagura* genannt. Bei diesem Prozess müssen alle Schleifspuren der vorherigen Bearbeitungsschritte komplett entfernt werden. Als Hilfsmittel markiert Meister Abe auf der zu bearbeitenden Klingenoberfläche zwei Stellen mit gemahlenem Hirschhorn, die ihm als visuelle Marker für die Kontaktflächen dienen. Während die Schleifrichtung immer leicht variiert, kommt bei diesem Prozess allmählich der *hamon* deutlicher zum Vorschein. Mit zunehmender Feinheit der Oberfläche kann der Polierer nun zum nächsten Schritt übergehen, wobei er *uchigumori*-Steine verwendet.

Dabei ist es das Ziel, die individuelle Qualität der Klinge zur Geltung zu bringen. Ab dieser Stufe bleibt die Form und die Schärfe der Klinge unverändert. Die *uchigumori*-Steine dienen dazu, die Kristallstruktur sichtbar zu machen, indem die Oberfläche weiter geglättet wird. Zwei Steine, die in diesem Prozess verwendet werden, sind der *hato* und der *jito*. *Hato* werden hauptsächlich zur Betonung des *hamon* eingesetzt, für den Rest der Klinge weniger. Abe Kazunori erklärt „die Klarheit der *nioi-guchi*, die Ausprägung und das Hervortreten der *ashi* der *hataraki* im *ha*, all das hängt von dem Gelingen des *hato*-Poliervorgangs ab."

Während also *hato* die Flächen entlang des *hamon* verbessern, dienen die *jito* dazu, das *jigane* hervorzuheben, also die Struktur über dem *hamon*. Wiederum erläutert Meister Abe, „da das *jigane* in allen Epochen und Schulen der Schwertherstellung unterschiedlich ausgeprägt ist, muss sich der Polierer bemühen, die charakteristischen Merkmale, die mit diesen Schulen verbunden sind, hervorzuheben." Die *jito*-Stufe ist die letzte, bei der die Klinge über den Stein geführt wird.

Nachdem der Polierer diese Arbeiten erledigt hat, geht die Klinge zum *koshirae/habaki*-Macher, ein weiterer kunstfertiger und hochspezialisierter Handwerker. Die *habaki* muss sehr spezifischen Anforderungen genügen. Sie soll nicht nur funktional sein, sondern auch ästhetisch. Sie dient als Zwinge dazu, das Schwert sicher in der Scheide zu fixieren, indem sie mit einer engen Passung am Ausschnitt anliegt. Zudem sorgt sie dafür, dass das Schwert nicht an der Innenwand der *saya* scheuert. Falls noch weitere Beschläge benötigt werden, würden diese wiederum von einem ande-

1

2

3

4

Die Bilder 1 bis 4 zeigen die Grundpolitur *(shitaji-togi)*, bei der die Form des Schwerts verfeinert wird, während man es über verschiedene Schleifsteine führt.

ren Handwerker hergestellt. Die Beschläge werden dann an den *saya*-Macher geliefert, der sie entsprechend dem Gesamtkonzept einbaut.

Der *saya*-Macher ist dafür verantwortlich, einen sicheren Aufbewahrungsort für das Schwert zu schaffen. Dazu muss die Scheide exakt passen, sodass sich die Klinge im Inneren nicht bewegen kann. Sie darf aber auch nicht zu dicht anliegen, da ansonsten die Politur darunter leiden würde. Schwertscheiden werden aus *honoki*-Holz gefertigt, eine japanische Art der Magnolie. Der Hauptgrund für die Verwendung von *honoki* ist, dass es weich ist und daher die Oberfläche der Klinge nicht verkratzt. Zudem lässt es sich leicht bearbeiten und enthält wenig Harz. All diese Vorzüge machen *honoki* zum besten Material, um das *nihonto* aufzubewahren und zu schützen.

Bei der Auswahl des Holzes für die *saya* vermeidet der Handwerker irreguläre, astige oder verwachsene Stücke. Zuerst wird die Außenform der *saya* aus einem langen Block herausgeschnitten. Dabei entsteht ein im Querschnitt rechteckiger, in Längsrichtung gekrümmter Rohling, aus dem *saya* und *tsuka* (Griff) herausgearbeitet werden. Der Rohling wird dann mittig geteilt, sodass zwei Hälften entstehen. Man benutzt nun die Schwertklinge, um deren Umrisslinie auf jeder Hälfte zu markieren.

Entsprechend der Umrisslinie trägt nun der *saya*-Macher mithilfe eines speziellen gekrümmten Stecheisens lange Späne ab, um einen der Klingenhälfte entsprechenden, konkaven Hohlraum zu schaffen. Er wiederholt diesen Prozess auf dem Holz-Gegenstück. Nach der Bearbeitung beider Hälften werden sie mit Reisleim verklebt, der durch seine relativ geringe Bindekraft bei Bedarf ein späteres Zerlegen für Reparaturen ermöglicht.

Derselbe Prozess wiederholt sich bei der *tsuka*, wobei diesmal eine engere Passung geschaffen wird. Nach dem Verkleben der *tsuka* wird das *mekugi-ana* (Zapfenloch) an einer Position gebohrt, die gewährleistet, dass der *mekugi* (Zapfen) die Schwertangel sicher in der *tsuka* fixiert. Nach dem Anpassen und Zusammenfügen aller Holzteile zeichnet der Handwerker Hilfslinien über die gesamte Länge von *tsuka* und *saya*. Sie dienen dazu, die Außenkontur von *tsuka* und *saya* zu formen. Im Falle einer *shirasaya*, die nur der Aufbewahrung dient, ist der Querschnitt oktagonal oder oval.

Die Bilder 5 bis 8 illustrieren den Prozess der Endpolitur *(shiage-togi)*, wobei die Klingenoberfläche akribisch mit sogenannten Fingersteinen bearbeitet wird.

Falls eine Montierung mit Zierbeschlägen (*koshirae*) gewünscht wird, kann der *saya*-Macher das beim Design berücksichtigen und in das fertige Produkt einbauen. Die *saya* wird oft noch lackiert und mit weiterem Zubehör verziert.

Für ein überzeugendes Endprodukt müssen alle Schwert-Beschlagteile für die Montierung sorgfältig ausgewählt werden. Allgemein gesprochen, folgt die *koshirae* einem bestimmten Thema, einem geschlossenen, künstlerischen Ausdruck. Schwerter, die mit Bestandteilen ergänzt wurden, die nicht dem Designthema folgen, gelten als wenig ansprechend. Alle Einzelaspekte, beginnend beim *same* (Bauchhaut des Rochens) bis zur Bewicklung des Griffs oder der *tsuka*, tragen entscheidend zu einem kunsthandwerklich vollendeten Gesamtbild bei. Ob *shirasaya* oder Vollausstattung, anschließend wird die Klinge dem Polierer für die finalen Politurschritte zurückgegeben.

Shiage-togi: Von nun an führt der Polierer kleine, auf der Fingerkuppe platzierte Steine über die Klingenoberfläche, oder er verwendet Polierwerkzeuge. Dabei kommt die künstlerische Qualität des Werks allmählich zur Geltung. Die Auswahl der Steine und ihre Anwendung ist sorgfältig auf die jeweilige Klinge abzustimmen. Fehler würden es erforderlich machen, einige Stufen im Polierprozess zurückzugehen, um die Oberfläche neu aufzubauen. Man unterscheidet folgende Teilschritte:

a) Die Arbeit mit *jizuya*-Steinen
b) Den Auftrag von *nugui*
c) *Hadori*
d) *Migaki* (Nadelpolitur)
e) Endpolitur der Spitze mit *sujikiri* und *narume*.

Typisch für den *jizuya*-Prozess ist die Anwendung der Fingersteine. Der Meister verwendet dazu papier-

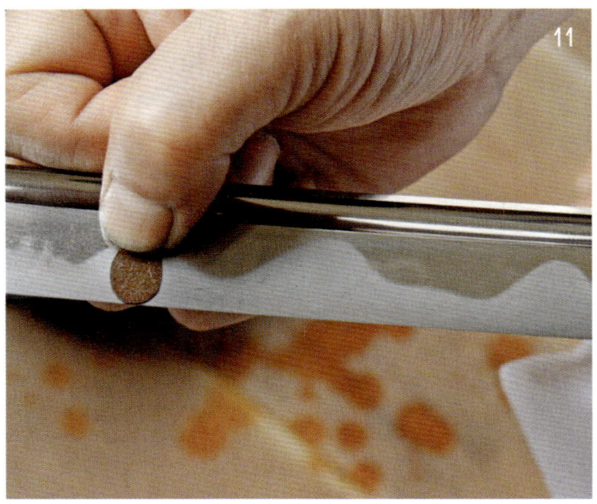

Die Bilder 9 bis 14 zeigen die letzten, kritischen Schritte bei der Politur der Klinge. Dabei wird kunstfertig die Härtelinie betont, mit dem Polierstahl der Glanz erhöht und die Spitze klar abgesetzt.

dünne *narutaki*-Abschnitte und zerteilt diese in winzige Plättchen (siehe Foto 5 , vorherige Seite). Aufgelegt auf seine Daumenkuppe bearbeitet er damit systematisch die *hiraji*-Fläche.

Meister Abe erklärt: „Die Klarheit der *jigane* und die Feinheit der *hada* hängt ab von der Qualität, der Härte und Stärke der *age-jizuya*, die man verwendet. Die einzigartige Charakeristik der *hada* herauszuarbeiten, ist für das Ergebnis der Politur von größter Bedeutung. Der Polierer muss jedoch auch wissen, wann er aufhören muss, um eine Überbetonung der *hada* zu vermeiden." Er deutet an, dass es eines tiefen Wissens und langjähriger Erfahrung bedarf, um eine schöne *hada* freizulegen.

Der nächste Arbeitsschritt ist das Aufbringen einer Mischung aus Eisenoxid und Nelkenöl, *nugui* genannt. Diese Mixtur wird tröpfchenweise auf die Klinge appliziert und dann mit einem Baumwollbausch eingerieben (siehe Foto 8, vorherige Seite). Sie dient dazu, der *jigane* ein homogenes Erscheinungsbild und dem Stahl die richtige Tönung zu verleihen. Zur Beurteilung der Intensität der *nugui*-Behandlung ist die Schule, der Entstehungsort und die Art des Schwerts zu berücksichtigen. *Nugui* hellt die Klinge nicht auf, deshalb muss man mit dem rechten Gespür an diese Oberflächenbehandlung herangehen.

Die *hamon*-Wellen werden durch den Polierer akzentuiert. Er muss entscheiden, wie er dabei vorgeht. Das Aufhellen des Bereichs unter dem *hamon* nennt man *hadori*. Dabei werden auch die *nioi* und *nie* genannten Gefügestrukturen betont, sodass sie klar und markant hervortreten. Abe Kazunori dazu: „Jeder *hamon* hat eine eigene Schwingung und Melodie, die für den jeweiligen Schmied charakteristisch sind."

Bevor der *hadori*-Prozess ausgeführt wird, greift Meister Abe zu einer beim Schwertpolieren eher ungewöhnlichen Maßnahme: Mit einer aus Hirschhornpulver angerührten Mixtur bemalt er die durch die *hadori*-Linie begrenzte Fläche (siehe Foto 9). Diese spezielle Technik hat er in der Ono-Schwert-Polierschule gelernt, eine Institution des „Lebenden Nationalschatzes" Ono Kokei. Diese Markierung dient dazu, die Wirkung der *hadori* vorweg zu beurteilen und eventuelle Korrekturen bei der Steinwahl oder der Form vorzunehmen. Dabei ist immer das Ziel im Auge zu behalten, eine elegante Kontur zu erzeugen, die harmonisch und der Arbeit des Schmieds würdig ist.

Wie auf den Fotos 10 und 11 zu sehen ist, beginnt Meister Abe mit mittelgroßen Daumensteinen, um die *hamon*-Fläche vorzubereiten. Der Aufbau des *hamon* ist sehr komplex. Bei genauer Betrachtung des *hadori*-Gefüges sieht der *hamon* wie eine wolkige Formation aus, eine Erscheinung, die als *hataraki* bezeichnet wird. Mit dem *hadori*-Prozess ist ein Großteil der Klingenpolitur abgeschlossen. Nun steht nur noch die Politur der *shinogi-ji* und der *mune* an, um ihnen einen Spiegelglanz zu verleihen.

Diese Flächen werden ähnlich der *hiraji*, der Fläche zwischen Grat und Schneide bearbeitet, jedoch ergänzt durch einen zusätzlichen Poliergang, den *migaki*. Dabei wird unter hohem Druck mittels einer gehärteten Stahlnadel die Oberfläche geglättet und verdichtet (Foto 12). Als Schmiermittel verwendet man bei diesem Vorgang *ibota*-Puder, eine wachsartige Substanz, die aus den Exkrementen eines Insekts gewonnen wird.

Die Spitze wird zuletzt poliert. Die diesbezüglichen Arbeitsschritte nennt man *sujikiri* und *narume*. Beim *sujikiri* wird die Spitze entlang der *yokote*-Linie abgesetzt. Die Fotos 13 und 14 zeigen, wie Meister Abe den *hazuya*-Stein mit Hilfe eines Anpressholzes entlang eines Anschlags führt.

Für den letzten Schritt verwendet man eine federnde Holzunterlage, *narume dai* genannt. Der Polierer führt die Klinge senkrecht über den darauf liegenden *hazuya*-Stein. Nun sollte die *kissaki* einen matten Glanz haben, im Gegensatz zum Hochglanz der *hiraji*.

Danach kann die fertige Klinge dem Schmied für die Signatur übergeben werden. Das Endresultat ist ein bemerkenswert kräftiges, funktionelles und ästhetisches Schwert, das die Besitzerfamilie über Generationen erfreuen wird. Die Klinge trägt den Geist, Schweiß und das Genie derer in sich, die sie geschaffen haben.

In seiner zurückhaltenden Schönheit verkörpert die Klinge gewissermaßen die Geisteshaltung des Schmieds. Es strahlt nicht nur durch sein Äußeres, sondern auch durch die inneren Werte. Abe Kazunori drückt es so aus: „Das *nihonto* ist ein Kunstwerk, das über denen aus Toledo und Damaskus steht … in seiner makellosen Struktur, bezaubernden Lichtreflexion und unerreichten Schnittschärfe, die Geschichtsereignisse und Schicksale entschied, nicht zuletzt in der Krümmung seines Rückens, in dem Eleganz und Stärke zusammenfinden."

Oben und unten: *Habaki*, ob historisch oder modern, tragen meist dekorative Verzierungen.

SPIRITUALITÄT IM SCHWERT-HANDWERK

Das Thema der Spiritualität in der Schwertherstellung ist ein sehr persönliches. So wie jede Person, die ein Schwert betrachtet, eine eigene Vorstellung von dessen Symbolgehalt hat, so gilt dies auch für den Handwerker. Letztendlich ist die Beziehung des Handwerkers und seiner Geisteshaltung zu dessen Arbeit genau das: eine sehr persönliche Angelegenheit.

Dennoch haben wir es mit vielen faszinierenden Symbolen zu tun. Wie sollen wir diese interpretieren? Man kann argumentieren, dass für die Einschätzung dieser sichtbaren Zeichen der eigene Standpunkt genügt. Trotzdem ist die Diskussion der Symbolik in der Schwertherstellung eine nützliche Voraussetzung, bevor wir uns später die Schwerter unter den Gesichtspunkten der Geschichte, der Ikonographie, der Metallurgie und moderner Übungspraktiken genauer anschauen. Um die Bedeutung der Klingen in der Krieger-Kultur einschätzen zu können, braucht man nur die berühmten *suken horimono* betrachten, symbolische Schwert-Darstellungen, die in die Klinge eingraviert wurden. So mächtig war die soziologische und spirituelle Bedeutung dieses „gottgegebenen" Werkzeugs, dass die Samurai sogar symbolisch Schwerter in ihre eigenen Klingen eingravieren ließen. Diese Bilder sind bleibende Zeichen für die hohe Wertschätzung und die Geisteshaltung der Samurai. Wie wir in späteren Kapiteln sehen, war das Schwert nicht das einzige Symbol, dessen sich die Samurai bedienten. Der Glanz der Klinge reflektiert nicht nur die Tugend der Samurai, sondern auch ihre Achtung vor den Göttern.

Entsprechend der japanischen Shinto-Religion wohnt jedem Berg, jedem Tier oder Baum ein *kami* (Geist) inne. Die Schöpfungsgeschichte ist Grundlage dieses Glaubens. Unter diesem Gesichtspunkt huldigten die Samurai auch ihren Waffen. Das Schwert, von den Göttern geboren und dann der Menschheit übergeben, steht für das Wesen des gesamten Universums. Als Waffe des Ursprungs ist es sowohl in unserer Welt als auch in der spirituellen Welt der Shinto-Götter zu Hause. Schwertschmiede drücken gegenüber den Klingen ihren Respekt und ihre Anerkennung auf vielfältige Weise aus und berücksichtigen bei ihrer Arbeit kosmologische Prinzipien der Balance und der Güte. Das Schwert selbst kann man als einen Lehrer

Dieser *kozuka* -Griff gehörte zu einem kleinen Beimesser, das parallel neben dem Schwert in der Scheide getragen wurde.

Tsuba haben Durchbrüche, die ein unbehindertes Ziehen des *kozuka* erlauben.

Menuki sind kleine Schmuckelemente zum Einflechten in die Griffwicklung. Manche haben keine spirituelle Aussage, andere dienen als buddhistische oder shintoistische Glücksbringer.

der Tugend bezeichnen – einen Begleiter, der durch seine Prinzipien den Samurai geführt hat, um der Wahrheit näher zu kommen.

Der Shintoismus hat viele Bereiche der japanischen Kultur durchdrungen, von seinen Ursprüngen bis heute. Das ist auch ablesbar an den Praktiken rund um das japanische Schwert. Einige moderne Schwertschmiede, wie etwa Gassan Sadatoshi, der Kopf der Gassan-Schule, unterziehen sich religiösen Praktiken wie beispielsweise Gebeten, Reinigungsritualen oder Opfergaben für verstorbene Angehörige und Götter, bevor sie ihr Handwerk ausüben. Sie glauben, dass durch ihre Arbeit dem Schwert eine Seele verliehen wird – in dem Augenblick, wenn sich der *hamon* ausbildet. Wenn sich die entschlackenden Kräfte des Feuers mit der reinigenden Wirkung des Wassers verbünden, wird die Seele des Schwerts geboren. Das Schwert taucht aus dem Wasser in einer neuen Erscheinungsform auf – gekrümmt und vollendet.

Gassan Sadatoshi, ein Schmied im *mukansa*-Grad und Sohn des lebenden Nationalschatzes Gassan Sadaichi, meint dazu: „Wenn es der Schwertschmied versäumt, sich und seine Schmiede zu reinigen, können teuflische *kami* sowohl in die Klinge als auch in den Schmied eindringen. So kann ein verwunschenes oder teuflisches Schwert entstehen, das nur zum Töten geeignet ist. Wenn jedoch auf der anderen Seite der Schmied rechten Herzens ist und sich und seine Werkstatt reinigt, kann er Klingen herstellen, die höchsten moralischen Ansprüchen genügen."

Von den frühesten Ursprüngen an wurde das Schwert für beide Funktionen und philosophische Haltungen geschaffen, sowohl um Leben zu nehmen als auch, um Leben zu schenken. Andere Handwerker vertreten oft vollkommen unterschiedliche Standpunkte, was die spirituellen Aspekte des Schwertschmiedens betrifft. Obwohl sein Schmiede-Kollege Kawachi auch im Rang eines *mukansa* steht und unter zwei lebenden Nationalschätzen (Miyairi Akihira und Sumitani Masamine) gelernt hat, betrachtet er sich selbst mehr als Handwerker und nicht so sehr als Mystiker. Kawachi glaubt natürlich auch, dass die Arbeit so gut wie möglich sein muss, sowohl was die Form als auch die Funktion betrifft. Ebenso ist er davon überzeugt, dass das Schwert eine wichtige symbolische Funktion in der japanischen Ethik einnimmt. Jedoch betrachtet er sein Handwerk vorwiegend unter dem Gesichtspunkt der Funktionalität. Seine Philosophie ist die der Einfachheit – des harten Arbeitens und des Erreichens von Größe nicht durch rituelle Zeremonien, sondern durch die richtige Kombination von Feuer, Wasser, Holz, Eisen, Schweiß und Hingebung. Für Kawachi Kunihira ist dies der Weg, um dem Geist des Schwerts gerecht zu werden. Seine bescheidene, am Boden der Tatsachen orientierte Beziehung mit dem Schwerthandwerk drückt seine persönliche Geisteshaltung aus. Für uns westlich geprägte Interessierte ist die Philosophie von Kawachi – eine unkomplizierte, ernsthafte und sich auf das Wesentliche konzentrierende Einfachheit – leichter zugänglich als die komplexe und von Ritualen geprägte Haltung anderer Handwerker.

Es steht außer Frage, dass die Auseinandersetzung mit den verschiedenen Auffassungen der Handwerker auch inspirierend ist. Das Schwert ist nicht nur Kunstwerk, sondern auch ein Produkt der Zusammenarbeit aller Beteiligter, um eine Klinge mit spiritueller Bedeutung zu schaffen. Der Stahl ist mehr als Stahl, die Beschläge sind mehr als Beschläge, sogar die Symbolik ist mehr als nur symbolisch. Dies ist alles Ausdruck einer Kultur, die eng verbunden ist mit einem Objekt, das sowohl Werkzeug als auch Symbol ist. So ein Meisterwerk in den Händen zu halten, ist eine Ehrfurcht einflößende Erfahrung. Man glaubt zu spüren, dass der kalte Stahl durch die ihm innewohnende Energie vibriert. Vom Schweiß des Handwerkers bis zum Geist der Götter verkörpert das Schwert tatsächlich die Kultur Japans.

Diese *tsuba* symbolisiert ein shintoistisches Tor. Beim Durchschreiten des *torii* erfährt man eine Reinigung. Vielleicht hat der Samurai, der dieses Zubehör besaß, geglaubt, dass seine Klinge durch das Aufstecken der *tsuba* gereinigt werde.

Das Holzkohlenfeuer erfüllt das japanische Schwert mit Leben und reinigt es.

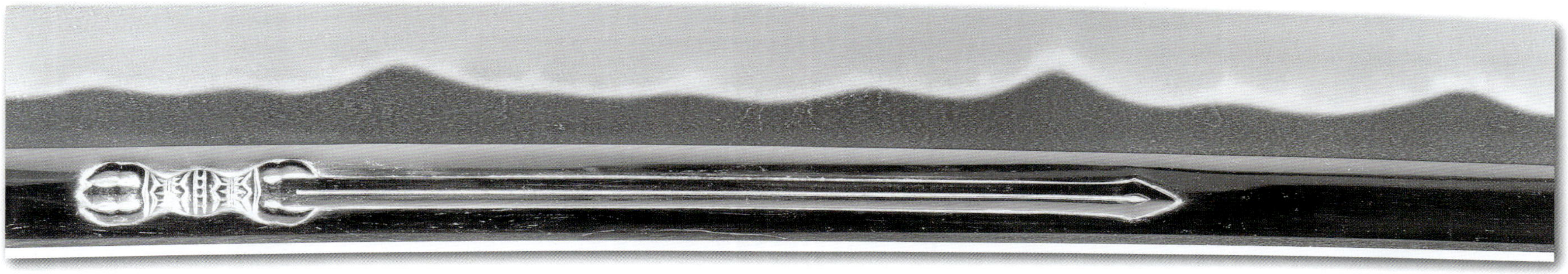

Die *suken horimono* dieser Klinge zeigt ein gerades, zweischneidiges Schwert mit einem *vajra*-Griff (auf Sanskrit „Blitzstrahl").

EINE KURZE GESCHICHTE DES JAPANISCHEN SCHWERTS UND DER BEDEUTUNG DER POLITUR

Obwohl es seit dem Beginn der Menschheitsgeschichte zahllose Waffengattungen gab, wurde keine so gut bewahrt wie das japanische Schwert – seinem Wesen nach ein aus rostendem Stahl geschaffenes, tödliches Werkzeug und dennoch von faszinierender Schönheit.

Wenn man bedenkt, dass Stahl sehr leicht rostet, ist es überraschend, dass so viele exzellente Klingen bis heute dank der Passion von privaten und religiösen Sammlern und adeligen Familien über Generationen weitergegeben wurden und im guten Zustand erhalten blieben. Bereits in der Muromachi-Periode (1332 – 1573) wurden Schwerter erstmals von Sachverständigen nach ihrer ästhetischen Qualität beurteilt. Etwa von dieser Zeit an haben sich auch die Poliertechniken stetig weiterentwickelt. In der frühen Edo-Periode gründete Kōetsu Hon'ami sein Familienunternehmen als Schwertpolierer und Sachverständiger. Die Hon'ami nahmen auf diesem Gebiet bald eine führende Stellung ein, was dazu führte, dass die Shogune und andere Adelige sie als Polierer und Gutachter im höchsten Maße schätzten. Die Hon'ami-Schule hat ihr Fachwissen über Generationen angehäuft und weitergetragen, was mit dazu beitrug, dass das japanische Schwert seinen herausragenden Qualitätsstatus erlangte.

Diese Entwicklung erlebte allerdings durch die Niederlage Japans 1945, am Ende des Zweiten Weltkriegs, einen Einschnitt. Die Alliierten verabschiedeten damals ein Gesetz, das vorsah, alle sich im Besitz des japanischen Volkes befindlichen Waffen zu konfiszieren. Dieser Erlass schloss auch Schwerter ein. Sato Kanzan, Honma Kunzan und andere führende Wissenschaftler appellierten daraufhin so lange an das Hauptquartier der Alliierten, bis dieser Befehl zurückgezogen wurde. In vielen Fällen war es jedoch zu spät. Einige Meisterstücke verschwanden für immer, viele wurden eingeschmolzen oder einfach ins Meer geworfen. Diese Episode ist in dem Buch *„A Guide to Appreciating Japanese Swords by Kanzan Sato"* dokumentiert.

Wir sind Sato und Dr. Honma zu großem Dank verpflichtet für ihre Bemühungen, die Bedeutung des japanischen Schwerts gegenüber den Alliierten vermittelt zu haben. Ebenso General Douglas MacArthur für das Zugeständnis, die japanische Tradition der kaiserlichen Thronfolge nicht zu brechen. Nach dem Rückzug der Alliierten griffen viele Schwertschmiede ihr Handwerk wieder auf, oft mit den Meisterwerken der Kamakura-Periode im Fokus.

In vielen anderen Kulturen gelten Waffen lediglich als Werkzeuge. Wir Japaner glauben, dass in jedem Ding eine Seele ruht, egal ob es ein Werkzeug oder eine Waffe ist. So kam es, dass japanische Schwerter als heilige Objekte verehrt wurden. Diese Geisteshaltung soll durch eine kleine Anekdote um den japanischen Baseballspieler Ichiro verdeutlicht werden. Einer seiner Teamkameraden von den Seattle Mariners setzte sich auf dessen Fang-Handschuh (*mitt*). Erzürnt über die Respektlosigkeit seines Teamkameraden gegenüber seinem Handschuh beschimpfte ihn Ichiro aufs Heftigste!

Der Schmied und alle mit ihm verbundenen Handwerker, genauso wie der Besitzer des Schwerts, haben das Gefühl, dass sie in die Klinge ihre Geisteshaltung eingebracht haben. Deshalb betrachtet man das Schwert als ein spirituelles Objekt von hoher künstlerischer

Güte. Ich denke, die Beziehung zwischen dem Schwertschmied und dem Polierer kann mit der zwischen dem Komponisten und dem Musiker verglichen werden. Entsprechend dieser Analogie versuche ich, das Können und die Bedeutung des Schwertpolierers zu erläutern. Ich glaube, japanische Schwerter haben oft einen so starken Charakter, dass sie einen bleibenden Eindruck hinterlassen, ähnlich wie beim Genuss von gehobener Unterhaltung oder Musik, wie *kabuki*, *no* oder *rakugo*. Andere Beispiele wären traditionelle japanische Musik, wie *koto*, traditionelle Flöte, *shamisen*, oder ihre westlichen Entsprechungen, das Ballett, die klassische Musik, die Oper und ähnliches. Obwohl diese Meisterwerke in vergangenen Epochen komponiert wurden, haben großartige Interpreten sie zu allen Zeiten immer wieder aufgeführt. Sicher wurden die gleichen Werke je nach Künstler in unterschiedlicher Qualität wiedergegeben, dennoch ist es ihre innewohnende Schönheit, die uns bewegt. Analog betrachte ich den Schwertschmied als Komponisten und den Polierer als den Ausführenden. Die endgültige Ausprägung der *jigane* (des Stahls, der für die *hada* verantwortlich ist) entspricht dem Klangbild des Interpreten, und die *hadori* (eine Technik, um den *hamon* hervorzuheben) entspricht der melodischen Grundschwingung, die dem Rhythmus der Komposition folgt.

Es sind wir Polierer, die das technische Können und das Wesen der Werke der Schwertschmiede hervorheben müssen und für zukünftige Generationen bewahren müssen. Jedoch gilt es nicht nur, die charakteristischen Merkmale des Schwerts herauszuarbeiten, man muss auch insgesamt die Schönheit der Klinge zur Geltung bringen. Dabei arbeite ich mit demselben ästhetischen Ansatz, den man beispielsweise bei der Teezeremonie, beim Blumenarrangement und beim Feuerzeremoniell findet. Dies ist zum Teil tradiertes Wissen. Es ist Aufgabe des Polierers, diese von den vergangenen Generationen übernommenen Traditionen weiterzugeben und das Können und die Technik in der Anwendung einfacher, natürlicher Werkzeuge auf die folgenden Generationen zu übertragen.

Diese natürlichen Werkzeuge sind die Schleifsteine. Aufgrund seiner Topographie umfasst die mineralische Vielfalt Japans alle für die Schwertpolitur erforderlichen Körnungen. Einige dieser Steine werden in den Bergen nahe Kyoto gewonnen. Man geht davon aus, dass diese Steine am Meeresgrund bei den Inseln im Süden des japanischen Archipels, nahe der philippinischen tektonischen Platte entstanden sind. Im Laufe von Milliarden von Jahren wurden sie an die Oberfläche gepresst, um schließlich die Berge von Kyoto zu bilden. Diese Steine haben ein außergewöhnlich feines Korn. Es ist mit moderner Technik noch nicht gelungen, Steine herzustellen, die eine ähnliche, die Schönheit des Stahls betonende Wirkung haben, wie die natürlichen Steine. Für die letzten Polierschritte sind sie besonders wichtig, da sie das *jigane* zur vollen Entfaltung bringen. Viele Meister-Polierer bemühen sich, eine Oberfläche zu erzielen, die man als *uruoi* bezeichnet. Dies bedeutet glänzend. Dabei kommt besonders die natürliche Schönheit des Stahls zur Geltung, er wirkt frisch und geradezu lebendig. Da wir Menschen natürliche Wesen sind, ist es naheliegend, dass wir diese Schönheit als besonders ansprechend empfinden. Eine ähnliche Wertschätzung der Natur findet man auch in der japanischen Töpferei. Viele Stücke werden dafür bewundert, dass sie beim Brennen ihre Gestalt verändern. So sind oft Keramiken, die beim Brennprozess asymmetrisch werden, besonders begehrt. Dasselbe Konzept gilt für die japanischen Schwerter. Sie sind zwar künstlich hergestellte Objekte, aber die Ausprägung der *hada* und des *hamon*, die beim Härten entstehen, sind keine 100-prozentig kontrollierbaren Effekte. Es ist dieses nicht vollständig beherrschbare Element natürlichen Ursprungs, das Schwertliebhaber tief bewegt.

Gelegentlich treffe ich auf Schwerter, die ich in der Anfangsphase meines Berufslebens poliert habe. Von einigen bin ich enttäuscht, aber es gibt auch andere, die mich beeindrucken. Obwohl mein Können noch rudimentär war, freut es mich umso mehr, wie fleißig ich ganz offensichtlich an diesen Stücken gearbeitet habe. Diese Evidenz zeigt, dass der Geist des Polierers in sein Werk eingeflossen ist. Als ich jung war, habe ich den Meister-Polierer Hiroshi Ono getroffen. Er hat mich angewiesen: „Arbeite an deinem Charakter." Obwohl das Können und die Werkzeuge sehr wichtig sind, ist es damit nicht getan. Ich denke, mit seinem Rat wollte er nichts weiter sagen, als dass der Polierer von noblem Charakter sein soll, was sich auch im fertigen Schwert widerspiegelt. Ich hatte nie die Überzeugung, dass meine Werke perfekt sind. Jedoch möchte ich das Gespür und das Können unserer Vorfahren einem Nachfolger vermitteln und dadurch für zukünftige Generationen bewahren.

Abe Kazunori
(Meister-Schwertpolierer)

TEIL II

GESCHICHTE UND KULTUR

DIE FRÜHEN JAPANISCHEN SCHWERTER

Die Entstehung des japanischen Schwerthandwerks ist ein faszinierendes Forschungsgebiet, das viele andere Bereiche befruchtet hat. Für dessen Verständnis ist es wichtig, die zugrunde liegenden soziologischen, spirituellen und metallurgischen Bedingungen zu betrachten. Dazu gehören auch die Legenden und zauberhaften Geschichten, die uns vom prähistorischen Japan überliefert sind.

In diesem Kapitel beleuchten wir die unterschiedlichen kulturellen Einflüsse, die das Leben der frühen Japaner geprägt haben, um das Verständnis für die Spiritualität des Schwerts im Zusammenhang mit dessen Evolution zu schärfen. Eine Galerie beispielhafter, historischer Klingen rundet dieses und die weiteren Kapitel ab und trägt dazu bei, die technischen und künstlerischen Unterschiede in den verschiedenen Entwicklungsphasen der japanischen Schwerter klarer zu erkennen.

Dieses Kapitel befasst sich mit der japanischen Frühzeit, dem Volksglauben und der Rolle des Schwerts im frühen Japan. Wenn wir die früheste Religion Japans – den Shintoismus (kurz „Shinto“) – betrachten, ist es wichtig zu erkennen, dass sich dessen heutige Ausprägung von der ursprünglichen Form unterscheidet. Der Glaube variierte stark je nach Region, und die einheitlichen Shinto-Schreine, wie wir sie heute sehen, spiegeln die frühen spirituellen Praktiken nur vage wieder. Dennoch vermittelt die Shinto-Schöpfungsgeschichte den frühesten Einblick in das jenseitige Denken der Japaner.

Hier begegnen wir den ersten schwerttragenden Gottheiten Japans. Sie haben die philosophische Vorstellungswelt der sich herausbildenden Kriegsherren geprägt. Wir betrachten auch die enge Beziehung zwischen Shinto und dem Schwerthandwerk. Die Schmiede ist beispielhaft für die Symbiose von Form und Funktion. Jedoch sind hinter den Werkzeugen, der Esse, den Schleifsteinen und der Holzkohle auch Hinweise auf die wichtige Rolle der Shinto-Religion bei diesem Handwerk verborgen. Leider sind nur wenige Klingen aus der japanischen Frühzeit erhalten. Aber der Grundstein wurde gelegt, auf den über ein Jahrtausend lang die Generationen aufbauen und eine Verbindung zwischen dem Jenseits und dem Schwert herstellen konnten.

Viele magische und spirituelle Legenden entspringen dem Schwert und den Kriegern, die es geführt haben. Diese Geschichten über Klingen und Kämpfer sind fester Bestandteil der japanischen Frühgeschichte. Japan hat eine bewegte Geschichte, die durch politische Umstürze und soziale Aufstände gekennzeichnet ist. So gesehen kann die Kulturgeschichte Japans nicht getrennt werden vom Studium des Schwerts. Technische und metallurgische Fortschritte wurden auf dem Schlachtfeld unmittelbar einem Test unterzogen. Der Bedarf für diese Werkzeuge der Kriegsführung war immanent und eine treibende Kraft ihrer Weiterentwicklung.

Nach einer kurzen Diskussion des soziologischen Hintergrunds konzentriert sich dieses Kapitel auf die hauptsächlichen Perioden der japanischen Geschichte in Verbindung mit der Entwicklung des Schwerts. Es ist wichtig zu verstehen, wie die politischen und sozialen Faktoren nicht nur die Gestaltung der Klingen beeinflusst haben, sondern auch, wie wir in späteren Kapiteln sehen, die Geisteshaltung der Schwertträger.

Linke Seite: Dieser Holzschnitt zeigt einen Samurai bei der Verteidigung gegenüber einem frontalen Angreifer. Er benutzt dabei das längere von den beiden in seinem *daisho* vorgehaltenen Schwertern (*katana*).

Vorherige Doppelseite:
Ein Detail aus „Fujiwara no yasumasa spielt die Flöte bei Mondlicht“, ein Gemälde von Yoshitoshi, das bei der Ausstellung „fortschrittlicher Malerei“ im Herbst 1892 gezeigt wurde (Copyright Arendie und Hank Herwig).

DIE JOMON-PERIODE
(10.000 – 300 v. Chr.)

Man geht davon aus, dass die frühesten Bewohner Japans über eine Landbrücke, die die japanischen Inseln mit dem Festland verband, eingewandert sind. Da das chinesische Schriftsystem erst im fünften Jahrhundert nach Christus eingeführt wurde, gibt es von dieser frühen Zeit und deren Kultur keine schriftlichen Aufzeichnungen und nur wenige faktische Überlieferungen. Die Jomon-Periode ist nach einer Töpfereitechnik benannt, die im Neolithikum, vor etwa 6.000 Jahren, erstmals in Erscheinung trat und durch ein Schnurmuster gekennzeichnet ist. Aus dieser Epoche sind jedoch auch noch andere Keramikstile bekannt, was auf die Existenz mehrerer, unabhängiger Völker auf den Inseln hindeutet. Die Überreste dieser Tonscherben gehören zu den ältesten keramischen Funden überhaupt. Die Jomon benutzten etwa ab dem 5. Jahrtausend v. Chr. archaische Werkzeuge für das Jagen, Fischen und die Landwirtschaft. In Grabstätten haben Archäologen neben einzelnen Skelettresten auch eiserne Messerklingen und Beilköpfe gefunden.

DIE YAYOI-PERIODE
(400 v. Chr. – 300 n. Chr.)

Die Völker der Yayoi-Periode unterscheiden sich in vielfacher Hinsicht von den vorhergehenden Jomon-Völkern. Yayoi errichteten bereits ständig bewohnte Dörfer auf der gesamten südlichen Kyushu- und nördlichen Honshu-Insel. Die Yayoi-Kultur kam durch den Anbau von Reis in flachen, wasserbedeckten Feldern oder Marschland zur Blüte. In der Yayoi-Periode tauchen auch erstmals Schwerter auf den japanischen Inseln auf.

DIE KOFUN-PERIODE
(250 – 538 n. Chr.)

Die Bezeichnung *kofun* bezieht sich auf die Hügelgräber, die von den Völkern dieser Epoche geschaffen wurden. Diese Zeitspanne, die der Einführung des Buddhismus in Japan vorausgeht, ist durch das Hervortreten eines animistischen Glaubens gekennzeichnet, der davon ausgeht, dass alles Sichtbare von göttlichen Geistern durchdrungen ist. Aus dieser Epoche stammen auch die ersten, auf dem japanischen Archipel nachgewiesenen Stahlschwerter (300 – 710 n. Chr.). Sie gehörten zum Fundus von Grabbeigaben, wurden jedoch sicherlich für den Kampf geschaffen. Es ist bekannt, dass die chinesischen Schmiedetechniken zur Herstellung von Klingen über die koreanische Halbinsel nach Japan gekommen sind. Angetrieben durch häufige kriegerische Auseinandersetzungen, bestand eine ständig wachsende Nachfrage nach der Entwicklung neuer militärischer Werkzeuge.

Die Krieger der Kofun-Periode waren keine Samurai. Vielmehr bildeten sie sich aus der Elite der frühen Stammesbevölkerung heraus. Ähnlich anderen stämmebasierten, gesellschaftlichen Strukturen bestanden die Clans der frühen japanischen Geschichte aus verzweigten familiären Gemeinschaften. Das Recht der Führerschaft wurde in der Regel vererbt. Als einige Familien mächtiger als andere wurden, entwickelte sich ein Wettbewerb um Vormachtstellung, Einfluss und Reichtum. Dies stärkte bei den einzelnen Clans den Zusammenhalt und die sozialen Strukturen. Jene, die für die Kriegsführung genügend Mittel hatten, setzen sich durch und übernahmen die Vorherrschaft. Durch den Machtzuwachs erstarkte Familien übernahmen andere Stämme und ihre Territorien. Das war die Geburtsstunde der Kriegsherren des frühen Japans. Darauf aufbauend entwickelte sich im Laufe der Jahrhunderte ein Verhaltenskodex, der eine Grundlage der japanischen Gesellschaft bildete.

Loyalität und Unterwürfigkeit galten als die herausragenden Tugenden dieser frühen Gesellschaften. Sie waren insofern eine Notwendigkeit, da sich die Kriegsherren ständig durch Verrat oder Umsturz bedroht fühlten. Es lag im ureigensten Interesse der Anführer, jene Krieger zu belohnen, denen man zutraute, dass sie auf dem Schlachtfeld mit Mut und Einsatzfreude kämpften. Genauso ziemte es sich für Clan-Mitglieder, sich so zu verhalten, dass es der Ehre und dem Vorteil des Clans diente.

Von da an konzentrierte sich die Loyalität und Einsatzbereitschaft auf das Kriegswesen und damit auf den Schutz des Besitztums des Kriegsherren. Obwohl die Funktion der Soldaten demnach vorwiegend praktischer Natur war, bildete sich jedoch bereits in dieser frühen Zeit das Ethos des japanischen Kriegers heraus. Es wurde der Grundstein gelegt für ein hoch entwickeltes soziologisches Gebilde, das als eine der

Umfriedung von Grabstätten aus der Kofun-Zeit.

kompliziertesten auf Ehre basierenden Kulturen der Welt gelten kann.

Interessanterweise war eine der wichtigsten Führungspersönlichkeiten dieser Zeit eine Frau. Eine edle Gesinnung und das Vermeiden von Krieg galten als hochgeschätzte Eigenschaften unter Anführern: Der mächtige Yamato-Clan verdankt ihrer Königin Pimiko eine lange Periode des Friedens. Sie war eine Hohepriesterin, die durch einen von ihr vermittelten Friedensschluss an die Macht kam. Man vermutet, dass sie auch Mystikerin war, die magische Rituale anwendete, um ihre politischen Ziele zu erreichen. Nachdem der Yamato-Clan sich gegenüber anderen Familien durchgesetzt hatte, nahm er auch in späteren Epochen eine führende Stellung ein.

DAS SCHWERT DER GÖTTER

Wie erwähnt ist die ursprüngliche Religion Japans der Shintoismus, der „Weg der Götter". Der Shintoismus ist eine Ausprägung des Animismus, einer Glaubensrichtung, die davon ausgeht, dass allen Dingen ein bestimmter Geist zu eigen ist. Der Shinto lehrt, dass alle Erscheinungsformen des Universums entweder Gottheiten oder deren Geister beinhalten, die *kami* genannt werden.

Die Shinto-Rituale konzentrieren sich auf Selbstreinigung, Verehrung der Verstorbenen und der Natur sowie der Vergöttlichung des Kaisers. Die Regeln sind meist einfach und bescheiden, wie beispielsweise die Verehrung alltäglicher Dinge sowie besonders schöner Naturerscheinungen. Die „primitive" Struktur dieses Glaubens kann man auch an der ursprünglichen Bedeutung des Wortes *kami* ablesen, was etwa mit „Die über mir sind" zu übersetzen wäre. Im Zusammenhang mit Shinto tauchen auch die ersten japanischen Schriftzeichen auf, die das Schwert als Symbol beinhalten.

Interessant ist auch, dass man entsprechend dem Shintoglauben durchaus „weltliche" *kami* spüren kann, diese jedoch nicht sieht oder hört. Jene, die schon einmal ein original antikes Schwert in der Hand hielten, werden zugestehen, dass von der Klinge eine fühlbare Energie ausging, obwohl es kein animistisches Objekt ist. Manche sind der Überzeugung, dass das Samurai-Schwert eine fühlbare Kraft hat, die den Besitzer anregt und gleichsam auf ihn übergeht. Die Klinge ist ein irritierendes und mysteriöses Objekt. Im Kontext des Shinto und der japanischen Kultur manifestieren sich die *kami* im Schwert. Shinto-Gläubige sehen das als Beweis dafür an, dass dem Schwert eine mächtige Bedeutung zukommt, sowohl als Metapher wie auch als Werkzeug.

Der Übergang des Schwerts von einem magischen Symbol hin zu einem funktionalen Werkzeug zur Kriegsführung ist die erste Stufe der Evolution des japanischen Schwerts. Obwohl der Zweck des Schwerts sich schon in dieser frühen Phase verändert hat, haben sich die magischen Kräfte der Klinge im Bewusstsein der Krieger fest verwurzelt. Der Gebrauch der Klinge war von jener Epoche an umgeben von einem Nebel des Mystizismus, der Magie und der spirituellen Welt. Wissenschaftliche Erkenntnisse bestätigen die Weiterführung dieser magischen Komponente von den frühen Bronze- zu den späteren Stahlklingen. Strate-

Diese *haniwa*-Figur stellt vermutlich einen mit Rüstung und Waffen ausgestatteten Krieger aus der Kofun-Periode dar. *Haniwa*-Figuren wurden in den Königsgräbern aus der Kofun-Zeit gefunden. Man geht davon aus, dass sie die Verstorbenen im Jenseits begleiten sollten.

Helm und Rüstung aus Eisen mit Bronze-Ornamenten, Kofun-Periode, 5. Jahrhundert.

Auch heute noch gehören shintoistische Rituale zur japanischen Kultur.

gische Beschreibungen, wie sie im *nihongi*, einem der frühesten japanischen Dokumente in Bezug auf das Schwert (später genauer beschrieben) dargestellt werden, zeigen beispielhaft den Einfluss der Götter auf die Kämpfe der Menschen.

Die chinesische Bezeichnung *jimmu* („Himmlischer Held") wurde dem ersten Anführer des japanischen Volkes verliehen. Sein japanischer Name war Kamu-Yamato Ihare-biko. Aus zeitgenössischen Dokumenten geht hervor, dass er der Sohn von Tama-yori-hime, der Tochter des Meeresgottes, war. Aus diesem Grund wurden der Legende nach seine Taten auf dem Schlachtfeld von lokalen Gottheiten unterstützt, die ihn als Nachkommen der alles überragenden Göttin Amaterasu-wo-no-Omikami anerkannten. Er unterwarf das Gebiet der Yamato und baute dort einen Palast in Kashiha-hara.

Der Überlieferung nach beginnt die Geschichte des japanischen Volkes an dem Tag, als Kamu-Yamato Ihare-biko den Titel eines *tenno* („Himmlischer Herrscher") annahm. Seitdem verblieb die Linie der Yamato-Familie und ihrer Nachkommen ununterbrochen im kaiserlichen Status. Ihre beständige Macht und Autorität wurde als Zeichen ihrer Göttlichkeit interpretiert.

Man glaubt, dass der Yamato-Clan im Kampf von den Göttern begünstigt wurde. Durch göttliche Eingebung wurde ihnen aufgetragen, im Schlachtfeld immer mit der Sonne im Rücken anzugreifen. Diesen taktischen Vorteil verdankten sie der Unterstützung durch die Sonnengöttin Amaterasu. Wenn man die alles überstrahlende Sonnengöttin hinter sich hat, würden die Feinde von ihrer Schönheit geblendet und konnten deshalb leicht überwältigt werden. Mit der Sonne im Rücken anzugreifen, war natürlich auch aus rein praktischen Gründen von Vorteil, da man von den Feinden nicht so gut wahrgenommen werden konnte. Hier zeigt sich wieder die Überlagerung von praktischen und spirituellen Einflussfaktoren im Denken des Kriegers.

Seit Beginn der japanischen Volkskunst nahm das Schwert eine bedeutende Rolle ein. Da das Schwert ein vorrangiges Symbol in der Shinto-Mythologie darstellte, hat es auch in den Herzen der Samurai einen wichtigen Platz eingenommen. Wie in vielen anderen frühen Religionen, so begreift auch der Shintoismus die Welt als ein Wechselspiel zwischen berührbarer und transzendentaler Natur. Die mythologischen Überlieferungen des Shinto beschreiben detailliert, wie die Götter, Japan und das japanische Volk geschaffen wurden. Im vorliegenden Text wollen wir uns darauf beschränken, den Glauben und die Ikonographie in Bezug auf das Schwert zu betrachten.

DIE FUNKTION DES SCHWERTS ALS KAISERLICHE IKONE

Entsprechend den mythologischen Überlieferungen bilden das heilige „Grasschneider-Schwert" zusammen mit einem Spiegel und einem Halsschmuck die Insignien der kaiserlichen Familie. Diese symbolischen und magischen Schätze wurden Takami Musubi von seiner Großmutter Amaterasu übergeben. Sie schickte ihren Enkel auf die Erde, begleitet von 60 Millionen Gottheiten, die auf die Befolgung von Amaterasus himmlische Weisungen achteten. Man geht davon aus, dass die kaiserlichen Schätze über die Generationen hinweg weitergegeben wurden, um die Kaiser an ihre göttliche Herkunft zu erinnern und um sie an ein tugendvolles Leben zu ermahnen.

Amaterasu sprach „wenn du, mein Enkel in diesen Spiegel schaust, dann wird es so sein, als würdest du mich betrachten. Behalte ihn bei dir als deinen heiligen Spiegel." Dann übergab sie ihm den Spiegel und das „Schwert der den Himmel verdunkelnden Wolken" und sprach „erhelle die Welt mit diesem Spiegel; herrsche über die Welt mit der zauberhaften Pracht dieser Juwelen, bestrafe jene, die nicht gehorchen, durch das Schwingen dieses heiligen Schwerts."

Jede einzelne der kaiserlichen Ikonen repräsentiert also positive Attribute eines guten Führers, und die Anweisungen der Göttin sind Leitlinien für die richtigen Regierungsmethoden. Ihre Gaben dienen als Symbole sowohl für den Kaiser als auch für seine Untertanen.

Der Spiegel entbehrt jedes Selbstzwecks, vielmehr reflektiert er die Dinge und zeigt dadurch ihre wahren Qualitäten. Er ist die Quelle jeder Tugend. Die Bedeutung der Juwelen liegt in ihrer Sanftheit und Bescheidenheit, sie sind die Quelle der Leidenschaft. Der Wert des Schwerts liegt in seiner Kraft und Entschlossenheit. Es ist die Quelle der Weisheit. Nur wenn sich diese drei Qualitäten in der Person des Führers vereinen, wird er in der Lage sein, das Land zu leiten. Zusammengenommen symbolisieren die Thronschätze die gottgegebene Autorität des Kaisers und stärken seine

Position durch die Weisheit der auf der Erde manifestierten Götter. Entsprechend der Metaphorik der Shinto-Legenden hat das Schwert also eher die Funktion eines Symbols als die eines Werkzeugs.

Das Schwert, als Werkzeug verwendet, kann nur zerteilen. In seiner Funktion als Symbol jedoch kann es auch zusammenfügen – eine Einheit schaffen, indem es eine soziale Ordnung herstellt. Oder anders ausgedrückt, kann das Schwert zielführend wirken, indem es den Schwertführer an seine Pflichten ermahnt. Moderne Shinto-Rituale untermauern diese übertragene Bedeutung des Schwerts.

So sind beispielsweise in den zeremoniellen Bewegungsmodus der Shinto-Priester Schnitt-Bewegungen eingebaut. Shinto-Priester machen *harai*-Schwünge, die auf dem Bewegungsmuster des *tsurugi*, eines zweischneidigen Schwerts, wie man es häufig in der Shinto-Mythologie vorfindet, beruhen. Diese *harai*-Bewegung ist direkt dem Lehrbuch der Schwertkampftechniken entliehen. Die Verbindung aus Schwertkunst und Religion ist ein gutes Beispiel für deren wechselseitige, konstruktive Beeinflussung. Diese tradierten soziologischen Faktoren wurden von den Kriegern gewiss wahrgenommen und haben einen bleibenden Eindruck bei Ihnen hinterlassen.

SHINTO-LEGENDEN DER SCHWERTTRAGENDEN GÖTTER

Die frühesten schriftlichen Aufzeichnungen der japanischen Geschichte findet man in zwei Büchern: dem *Kojiki* („Aufzeichnung“ alter Geschehnisse), niedergeschrieben 712 n. Chr., und dem *Nihon Shoki* („Chronik“ von Japan), 720 n. Chr. In diesen Aufzeichnungen wurde festgehalten, was zuvor nur mündlich weitergegeben wurde. Diese Dokumente erzählen Japans Schöpfungsgeschichte und erklären die göttliche Ordnung des Kosmos. Der Inhalt dieser Chroniken regt an, das Schwert als von den Göttern gegeben wertzuschätzen, genauso wie jedes andere Objekt. Wenn man ein so mächtiges Werkzeug wie das Schwert in den Händen hält, ist es leicht zu verstehen, warum entsprechend dem Shinto-Glauben die Klinge eine Heimstatt der *kami* (Erdgötter) ist. Die Geschichten der frühen Texte geben solche wahrheitsuchenden Inhalte wieder. Wenn man die *Nihon Shoki* liest, spürt man eine bewegende Eloquenz und wird zu einem tieferen Verständnis der Legende hingeführt.

SUSA-NO-O-NO-MIKOTO

In der *Nihon Shoki* verdächtigt die alles überragende Sonnengöttin Amaterasu ihren Bruder Susa-no-O-no-Mikoto (kurz Susanoo) der Heimtücke ihr gegenüber. Daraufhin schultert sie zwei Köcher, von denen einer 500, der andere 1000 Pfeile enthielt.

„Das Ende ihres Bogens emporschleudernd, umfasste sie das Schwertheft, stampfte auf den harten Boden des Schlosshofs und versenkte ihren Oberschenkel in der Mulde, als wäre es Pulverschnee.“

In Anbetracht dieses Wutausbruchs schlägt Susanoo eine versöhnliche Gangart ein. Um seine Unschuld zu beweisen bietet er an, männliche Nachkommen mit ihr zu zeugen.

„Danach forderte Amaterasu Susanoo auf, ihr sein zehn Handbreit langes Schwert zu übergeben. Sie brach es in drei Stücke, die sie in der heiligen Quelle des Himmels wusch. Dann zerkaute sie die Teile mit mahlendem Geräusch und pustete sie aus. Vom Nebel ihres Atems wurden Göttinnen geboren, insgesamt drei Töchter.“

Bei diesem Ereignis wird das Schwert also zerbrochen, um Götter ins Leben zu rufen. Die drei Töchter stellten unter Beweis, dass die Intentionen von Susanoo bösartig waren. Das Schwert ist also das Mittel, mit dem die Wahrheit gefunden werden kann – eine harte Lektion für Susanoo, aber noch mehr für den Leser, der das Schwert als Symbol der Wahrheit wahrnimmt.

Das nächste Kapitel in dieser Mythologie berichtet, wie Susanoo seinen guten Ruf unter den Göttern wiederherstellt. Aufgrund seines Fehlverhaltens verbannt ihn der göttliche Rat zu einem Leben in den Niederungen, weit unter den himmlischen Sphären und auch noch unter dem „zentralen, tiefgelegenen

Links: Die Sonne, die Hauptgöttin im Shinto-Glauben, scheint durch das riesige Torii (Eingangstor) am Heian-Schrein in Kyoto. Rechts: Torii im japanischen Meer.

Kana-yama-hiko-no-Mikoto ist der Gott des Eisens. Er hat eine Abneigung gegenüber Frauen, da er Menstruations-Blut mit „Unreinheit" in Verbindung bringt.

Schilfland" (Japan). Auf der Reise nach unten hört er weinende Stimmen und hält inne, um den Erdgeistern beizustehen.

Der Erdgott erklärt ihm, dass eine achtköpfige Schlange sieben seiner Töchter gefressen hat, nur Kushi-nada-hime, die wundersame Inada-Prinzessin, sei übrig geblieben. Aus Angst, dass sie wohl ebenfalls gefressen werde, wenn sie allein zurückbleibt, vertrauen die Eltern Susanoo ihre Tochter an. Er schützt sie, indem er sie in einen Kamm verwandelt, den er unter seinem Haar verbirgt. Dann errichtet Susanoo eine raffinierte Falle, um das Monster zu fangen: Zusammen mit den älteren Erdgeistern stellt er Sakefässer auf, um die acht Köpfe zum Trinken anzulocken.

„Schließlich tauchte die Schlange tatsächlich auf. Sie hatte acht Köpfe und einen achtfach geteilten Schwanz. Ihre Augen waren rot wie Winterkirschen, und auf ihrem Rücken wuchsen Nadelbäume und Zypressen. Beim Kriechen überspannte ihr Körper acht Berge und acht Täler. Nachdem sie ein Fass ausgetrunken hatte, war sie berauscht und schlief ein. Susanoo zog sein Schwert und zerteilte die Schlange in kleine Stücke. Als er zum Schwanz kam, traf er mit der Schneide auf einen harten Widerstand. Er schlitzte daher den Schwanz auf und untersuchte ihn. Darin verborgen war ein Schwert. Dies ist das Schwert, das Kusa-nagi no tsurugi genannt wird (das „Grasschneider-Schwert").

In einer anderen Schrift heißt es, dass der originale Name *Ama no Mura-kumo no Tsurugi* sei („Das Schwert, um Wolken am Himmel zu sammeln"). Jedenfalls entschied Susanoo, das Schwert nicht zu behalten, sondern es Amaterasu zu übergeben. Man muss bedenken, dass zu jener Zeit, als diese Legenden geschrieben wurden, die mächtigen Clans einem Verhaltenskodex unterlagen, bei dem die Bewahrung der Ehre an allerhöchster Stelle stand.

Obwohl Susanoo einen Teil seiner Ehre wiedergewann, indem er den Erdgöttern diente und das erbeutete Schwert Amaterasu übergab, musste er dennoch in Verbannung verbleiben. Er wurde jedoch entsprechend den ethischen und sozialen Leitlinien des Clans belohnt. Durch die Tötung der Schlange rettete er Kushi-nada-hime, die wundersame Inada-Prinzessin, die daraufhin seine Braut wurde. Zusammen ließen sie sich an einem unberührten Platz nieder. In dieser sicheren Umgebung schuf Susanoo ein tiefsinniges Gedicht. Obwohl es humorvoll erscheint, gibt es bei genauerer Betrachtung seine Überlegungen zu den immer wiederkehrenden Erschwernissen des Lebens wieder. Obwohl Susanoo siegreich war und Frieden geschaffen hat, blieb er dennoch in die Unterwelt verbannt. Das Gedicht lautet wie folgt:

Ya-kumo tatsu
Idzu-mo yaegaki:
Tsuma-gome ni
Yaegaki tsukuru-
Sono yaegaki wo!

Die Wolken sammeln sich
An allen Seiten eines achtfachen Zauns
Um die sich liebenden Paare zu umschließen,
Bilden Sie einen achtfachen Zaun
Ach! Dieser achtfache Zaun!

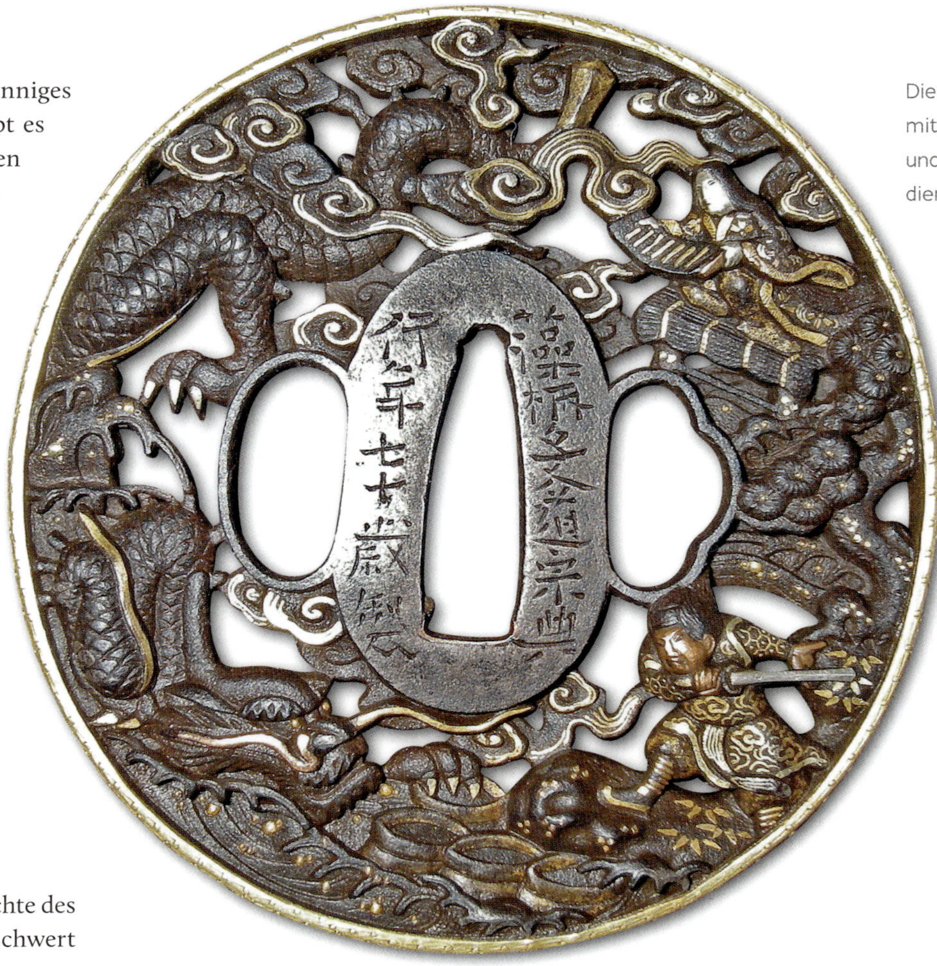

Diese *tsuba* zeigt Susanoo, wie er mit seinem Schwert den Drachen tötet, und die Sakefässer, die ihm dabei dienlich sind.

TAKE-MIKA-TSUCHI-NO-KAMI

Take-mika-tsuchi-no-Kami gibt in der Geschichte des „tapferen Donnergottes" eine sich auf das Schwert beziehende Symbolik wieder:

Jimmu Tenno, der erste Kaiser Japans, war mit seinen Truppen unterwegs. Böswillig gesonnene Gottheiten blockierten sein Voranschreiten, indem sie giftige Gase ausstießen. Der Tenno und seine Truppen verfielen darauf in einen tiefen Schlaf. Amaterasu, die Sonnengöttin, beauftragte den Donnergott, in das Marschland (Erde) hinabzusteigen, um die böswilligen Götter und Männer für ihre Störung zu bestrafen.

Der Donnergott antwortete: „Wenn ich nicht selbst gehe, genügt es, mein Schwert zu schicken, mit dem ich das Land unterworfen habe. Allein durch dessen Wirkung wird das Land befriedet werden." Einer der Diener des Tennos, ein Mann namens Kumano no Takakuraji, hatte einen himmlischen Traum, in dem ihm der Donnergott sagte, wo das göttliche Schwert „Futsu no mitama" zu finden sei, um es dem Tenno zu bringen. Als er das Schwert erhielt, wachte er plötzlich auf und ging hinaus, um seine Truppen aufzuwecken, sehr erstaunt, dass sie bereits erwacht und wieder auf den Beinen waren.

Dieser Mythos zeigt, wie die magische Kraft des Schwerts dazu beitrug, den kaiserlichen Stammbaum zu erhalten. Da in der japanischen Frühzeit die tradierten Mythen als Tatsachen aufgefasst wurden, beeinflussten sie die gesellschaftliche Entwicklung Japans. Magische, mystische Schwerter und Drachen setzten sich im Denken der frühen Schwertführer fest.

Diese epischen Erzählungen drückten der japanischen Geschichte bis hin zur Neuzeit ihren Stempel auf. Sie weckten in der japanischen Kultur das Bewusstsein für die feinen Unterschiede zwischen Zielen, die man friedlich und solchen, die man nur mit Gewalt erreichen kann. Selbst wenn es nur im Unterbewussten wahrgenommen wird, ist die japanische Geisteshaltung immer mit diesen traditionellen Denkmustern durchsetzt. Als Beispiel sei die Massenwallfahrt zur Bewunderung der winterlichen Pflaumenblüte angeführt, eine Verneigung vor der alles umfassenden Schönheit der Natur. „Soviel ich weiß, ist das Japanische die einzige Sprache, die verschiedenste Wörter für Blumenbewunderung und Mondbetrachtung bereithält." Entsprechend dieser Aussage von Otto Rosenberg ist die japanische Ästhetik stark dem Shinto-Einfluss unterworfen. Dies gilt genauso für die Ausübung und Wertschätzung der klassischen japanischen Künste.

SHINTO IN DER SCHMIEDE

Der hervorragende Status des Schwerts in der japanischen Geschichte, Philosophie und Kultur hebt das Schwert und die Bemühungen des Schmieds weit über das normale Handwerk hinaus. Nitobe beschreibt den Ausnahmestatus dieses Handwerks:

„Der Schwertschmied war nicht einfach Handwerker, sondern vielmehr ein Künstler und seine Werkstatt ein heiliger Ort. Täglich wurde seine Arbeit von Gebeten und

Eine weitere Darstellung von Kana-yama-hiko-no-Mikoto, dem Gott des Eisens. Als Folge seiner Abneigung gegenüber Frauen und dem seiner Meinung nach die Schmiede verunreinigenden Menstruationsblut, versagen auch heute noch manche Schmiede den Frauen den Zugang zur Werkstatt während der Menstruation oder kurz nach der Geburt.

Reinigungsritualen begleitet, man sagt „er schenkte seine Seele und seinen Geist dem Schmieden und dem Veredeln des Stahls".

Jeder Schlag des Hammers, jedes Eintauchen in das Wasser, jedes Schleifen auf dem Stein war ein religiöser Akt von tiefgreifender Bedeutung. Das mit dem japanischen Schwert verbundene Handwerk ist tatsächlich spirituell begründet. Die Einflüsse sind in erster Linie auf die Shinto-Religion zurückzuführen. Die Schmiede selbst wird in eine Art Shinto-Schrein verwandelt, ein Ort frei von bösen Mächten, nur offen für die wohlgesonnenen Geister. Man erreicht das, indem man *shimenawa* und *gohei* um den Arbeitsplatz anordnet. Es handelt sich um geflochtene Seile aus Naturfasern und Papiergirlanden, in Zickzackform wie leuchtende Blitze gefaltet. Sie kennzeichnen die Orte, wo sich die *kami* niederlassen. Shinto-Priester segnen meist die *shimenawa* und *gohei*, bevor sie angebracht werden. Das verstärkt ihre Kraft, um die guten Geister willkommen zu heißen und die Bösen auszuschließen. In der Schmiede bilden diese symbolischen Markierungen eine Art Schutzring, zu dem böse Mächte keinen Zutritt haben.

Im Shinto wird der geistigen und körperlichen Reinheit große Bedeutung beigemessen. Die zwei Elemente zur Erlangung von Reinheit sind Wasser und Feuer. Seine rituelle Reinigung vollzieht der Schwertschmied in einem Kaltwasser-Bad. Häufig wendet er sich in Gebeten an seine Vorfahren und Götter und bringt ihnen Sake-Opfergaben dar. Erst nachdem er durch das Anziehen weißer Kleidung seinem reinen Bewusstsein äußeren Ausdruck verliehen hat, macht er sich an die Arbeit. Wenn er die Reinigungsrituale nicht durchführt, läuft er Gefahr, dass böse Mächte sowohl ihn als auch die Schmiede heimsuchen. Davon waren abergläubische Samurai vollkommen überzeugt.

Die Shinto-Götter waren von der Schmiede nicht wegzudenken. Ihre Gegenwart blieb bis heute ein ständiger Faktor bei der metaphysischen Wahrnehmung des Schwerts. Ihr Einfluss und die Beziehung des Kriegers zu seinem Schwert war seit jeher eine wichtige Komponente der japanischen Sozialgeschichte.

Die Verknüpfung des Shintoismus mit dem Schwert hat die Geschichte Japans geformt, wie man am Beispiel der Tokugawa, Japans berühmtester Militärdynastie, ablesen kann. Noch hunderte von Jahre, nachdem bereits der Taoismus, Konfuzianismus und Buddhismus in die japanische Kultur integriert worden waren, lebte in dieser Familie die Furcht vor bösen Schwertern, die von bestimmten Schmieden hergestellt wurden, fort.

Obwohl technisch ein hervorragender Schwertschmied, ging man davon aus, dass Muramasa seinen Werken böse Geister einverleibte. Man war der Meinung, dass er in seinem Wahn absichtlich Klingen schuf, die nach dem Blut der Tokugawa dürsteten. Die Tokugawa glaubten, dass aufgrund seiner schwarzen Seele böse Geister in seine Arbeiten eindringen konnten. Im Ergebnis stellte er Klingen her, die böse und blutdurstig waren und sogar ihre Besitzer verrückt machen konnten. Die Tokugawa weigerten sich daher seine Schwerter zu kaufen, da sie glaubten, dass sie von bösartigen Göttern verhext waren. Dagegen waren seine Klingen bei den Feinden der Tokugawa sehr begehrt.

Auf der anderen Seite des ethischen Spektrums stand Goro Nyudo Masamune, der Lehrmeister Muramasas. Man geht davon aus, dass er ein Mystiker war. Bestandteile seines Namens waren Goro (fünf Söhne) und Nyudo (Laienpriester), was seinen hohen spirituellen Anspruch widerspiegelt.

Obwohl sowohl der Lehrer als auch der Schüler Handwerker der höchsten Güteklasse waren, glaubte man, dass sie vollkommen verschiedene *kami* beherbergten. Im Ergebnis waren Masamunes Werke von der Tokugawa-Familie äußerst begehrt und entsprechend hochpreisig. Man glaubte, dass die unterschiedlichen Charaktere der beiden Schmiede sich zeigten, wenn man ihre Klingen in einen Bach hielt. Spät im Frühling, wenn eine warme Brise durch die blühenden Bäume blies, führte man folgenden Test durch:

Muramasas Klinge, rasiermesserscharf, geschaffen nur für den einen Zweck des Schneidens und Tötens, durchtrennte die den Bach herunter treibenden Blüten mühelos. Masamunes Klinge jedoch, obwohl sie genauso scharf war wie die von Muramasa, weigerte sich diese Frühlingsboten zu durchschneiden. Die guten Geister, die Masamunes Klinge bewohnten, standen in Harmonie mit der göttlichen Ordnung. Für die Japaner zeigte sich die Anwesenheit der Shinto-Götter dadurch, dass die Blütenblätter im letzten Moment der Schneide auswichen. Dies sind die Mythen, die das *nihonto* umgeben.

Die japanischen Kunsthandwerker, die diese Ikonen mit größter Mühe hergestellt haben, waren sich der Bedeutung ihrer Werke schon immer bewusst. Wenn wir bedenken, dass die mit der Klinge verbundene Spiritualität heute noch ähnlich empfunden wird wie in früheren Tagen, wird klar, wie mächtig der Einfluss des Shinto-Glaubens auf die Ikonographie des Schwerts war. Doch bevor das Schwerthandwerk einen Höhepunkt erlebte, wie zu Masamunes Zeit, machte das Schwert eine faszinierende Transformation durch. Beim Übergang von einem magischen Zeremonien-Objekt der Bronzezeit zum unvergleichlichen, metallurgischen Kunstwerk haben das japanische Schwert und die Gesellschaft in gleichem Maße eine Veränderung erfahren.

Die Klingen des frühen Japan waren relativ primitive Vorfahren der späteren Ikonen. Seit den frühesten Zeiten verkörperte das Schwert Magie, Spiritualität und Macht. Die Klingen der Frühzeit waren weit mehr als nur Kriegswerkzeuge, sie hatten religiöse und mystische Bedeutung. Leider sind uns keine Klingen aus der Jomon-Periode überliefert. Deshalb muss die Forschung bezüglich des Schwerts als soziologisches und metallurgisches Werkzeug in der Kofun- und Yayoi-Zeit ansetzen. Dennoch haben diese frühen Klingen eine kulturelle Faszination angeregt, die bis heute anhält.

DIE SCHWERTER DER YAYOI-PERIODE

Die Schwerter der Yayoi-Zeit wurden aus Bronze hergestellt und dienten vorwiegend religiösen Zwecken. Bronzene Speerspitzen sind ebenfalls der Yayoi-Zivilisation zuzuordnen, genauso wie zeremonielle Objekte, Spiegel und glockenähnliche Objekte, die *dotaku* genannt werden. Dies weist darauf hin, dass schon sehr früh Waffen sowohl als Werkzeuge wie auch als Symbole mit spiritueller Bedeutung dienten. Diese Vermutung wird bestärkt durch den zu jener Zeit schon üblichen Gebrauch von Eisen für landwirtschaftliche Geräte und andere stark beanspruchte Werkzeuge, während die Schwerter immer noch aus Bronze hergestellt wurden.

Ein weiterer signifikanter Hinweis stammt aus einer frühen chinesischen Aufzeichnung, in der das Land der Japaner als *Wa* bezeichnet wird. Dieses Do-

In dem Holzschnitt „Der Schwertschmied des Berges Inari" wird dem Schmied Munechika von einer Fuchsgöttin assistiert, während er die Klinge *kogitsune-maru* (Kleiner Fuchs) schmiedet. Die *kami* werden also durch eine Frau vertreten, die von Füchsen umgeben ist. Die Signatur aus dem Jahre 1873 stammt von Ogata Gekko (1859 – 1920).

Der Schwertschmiedemeister Gassan Sadatoshi betrachtet seinen Arbeitsplatz als geweihten Ort. Er setzt alles daran, ihn spirituell und physisch rein zu halten.

kument aus dem dritten Jahrhundert nach Christus beschreibt die Yayoi-Kultur und deren Waffen:

„Die sozialen Gebräuche der Wa unterliegen strengen Regeln. Die Männer tragen ein tuchartiges Stirnband um den Kopf. Ihre Kleidung ist um den Körper geschlungen, ohne viele Abnäher. Die Frauen tragen ihre Haare geflochten. Ihre Kleidung erinnert an eine ungefütterte Bettdecke, sie wird getragen, indem man mit dem Kopf durch deren Öffnung in der Mitte schlüpft. Das Volk baut Getreide, Reis und Hanf an und kultiviert Maulbeerbäume für die Seidengewinnung. Sie spinnen und weben und stellen feine Leinentücher und Seidenstoffe her. Es gibt keine Rinder, Pferde, Tiger, Leoparden, Schafe oder Elstern. Ihre Waffen sind Speere, Schilder und hölzerne Bögen mit einem kurzen unteren und langen oberen Wurfarm, ihre Bambuspfeile haben manchmal Spitzen aus Eisen oder Knochen.

Das Land der Wa ist warm und hat ein mildes Klima. Im Winter wie auch im Sommer gehen die Leute barfuß. Ihre Häuser sind in Räume unterteilt; Mütter und Väter, Ältere und Jüngere schlafen separat. Das Essen wird auf Bambus- oder Holztabletts serviert, gegessen wird mit den Fingern. Wenn ein Mensch stirbt, stellt man für ihn einen Sarg mit einfacher Wandung her. Im Todesfall dauert die Trauerperiode mindestens zehn Tage, währenddessen wird kein Fleisch gegessen. Der Anführer der Trauergemeinde weint und lamentiert, während die Freunde singen, tanzen und alkoholische Getränke trinken. Nach den Trauer-Feierlichkeiten begeben sich alle Familienmitglieder in das Wasser, um sich durch das Bad zu reinigen.“

Es ist interessant, dass bei dieser Beschreibung nur Speere, Schilder, Bögen und Pfeile als Waffen genannt werden. Nicht erwähnt wird das Bronzeschwert, das von den Yayoi-Völkern schon lange vor Ankunft der ersten chinesischen Reisenden benutzt wurde. Das auffällige Fehlen von Schwertern bei dieser Aufzählung ist ein weiterer Hinweis darauf, dass der Gebrauch des Schwerts für die frühen Zivilisationen Japans vermutlich keine profane Tätigkeit darstellte.

Ein weiterer interessanter Aspekt dieser Aufzählung ist der Kommentar über die Trauer- und Bestattungsrituale. Daraus geht klar hervor, dass diese Völker soziologische und spirituelle Praktiken pflegten, die den Rhythmus von Leben und Tod bestimmten. Die Yayoi waren ein spirituell geprägtes Volk, dessen Zivilisation zeremonielle Gebräuche, Reinigungsrituale und das Schwert als Symbolträger kannte.

Ob diese frühen Bewohner der japanischen Inseln das Schwert auch als Werkzeug oder Waffe einsetzten, entzieht sich unserer Kenntnis. Wir wissen jedoch mit Sicherheit, dass Menschen auf den japanischen Inseln bereits mehr als 1000 Jahre vor den Yayoi existierten. Genauso sicher ist die frühe Metamorphose des Schwerts von einem Werkzeug der Bronzezeit zum zentralen Symbol der Kriegerkaste. Wie wir später sehen werden, begründet der gesellschaftliche Bedarf nach Kriegstechnologie und dem Vermögen des Schwerts, diese zur Verfügung zu stellen, einen wechselseitigen Austausch zwischen Schwert und Gesellschaft. Diese Einheit der Klinge mit dem Geist, geboren aus militärischem und rituellem Bedürfnis heraus, führte letztendlich zum Ideal des Kriegers.

DIE SCHWERTER DER KOFUN-PERIODE

Die Schwerter der Kofun-Periode waren gerade und kurz, eher grobe Kriegsgeräte zum Hacken und Stoßen. Man unterscheidet *chokuto*- und *tachi*-Kofun-Schwerter. Die Klingen lassen sich in zwei Typen einteilen: Das symmetrische, zweischneidige *tsurugi* und das einschneidige *tachi*. Das *tachi* wurde an der Außenseite der Rüstung getragen, befestigt mit einem aufwändigen Gurtzeug und Kordeln, mit der Schneide nach unten zeigend. *Chokuto* werden generell als die Vorläufer des typischen „japanischen Schwerts“ betrachtet, da sie noch nicht die charakteristischen Eigenschaften der späteren Generationen aufweisen. Der augenfälligste Unterschied zwischen den Klingen der Kofun-Zeit und späterer Perioden liegt in ihrer Form. Frühe Klingen hatten eine gerade Form und waren aus einem ungefalteten, durchgehend gehärteten Monostahl hergestellt.

Die geraden Schwerter der frühen Kofun-Periode waren ideal für Infanterietaktiken, bei denen ihre Stärken, das Hacken und Stechen, zum Tragen kamen. Wenn die Clans um die Macht konkurrierten, schickten sie ihre Truppen in die Schlacht. Die Kampftaktiken in der Kofun-Zeit waren zuerst sehr einfach, wurden jedoch mit der Entwicklung einer militärischen Gesellschaftsordnung verfeinert. Zuerst schossen Bogenschützen Pfeil-Salven, um den Gegner zu schwächen, und anschließend kam die Infanterie zum Einsatz. Die Infanterietaktiken dieser frühen Clans waren noch grobschlächtig, aber effektiv.

Kampferprobte und loyale Soldaten waren für den Schutz von größter Wichtigkeit. Der effektive Einsatz von Mensch und Material hatte daher höchste Priorität. Jahrhundertelang wurden enorme Ressourcen dafür verwendet, die militärischen Technologien weiter zu entwickeln. Die Nachteile des von den Chinesen übernommenen, geraden Schwerts und ihrer Infanterietaktiken wurden genau analysiert und in der Folge korrigiert.

Das Ziehen des geraden Schwerts erforderte zwei unabhängige Bewegungen des Kriegers. Zuerst musste er das Schwert ziehen und kopfüber anheben, dann erst konnte er eine wirksame Schlagbewegung ausführen. Die mit diesen frühen Schwertern verbundene Kampftechnik beschränkte sich daher im wesentlichen auf das Stoßen und Hacken. Die geraden Klingen erlaubten keine bogenförmige Kampfbewegung, wie die späteren, gekrümmten Schwerter. Die frühen, geraden *tachi* und *chokuto*, markieren also den Startpunkt für das Design des „japanischen Schwerts". Trotz ihrer eher groben Bauart kamen diese frühen Klingen einer Initialzündung gleich für die Entwicklung der späteren metallurgischen und formalen Kunstwerke.

Später in der Kofun-Periode entwickelte sich eine spezielle, japanische Härtungsmethode, als die Schmiede mehr über die Härte- und Zähigkeitseigenschaften des Stahls in Erfahrung brachten. Klingen, die sehr hart waren, behielten zwar ihre Schneidfähigkeit lange, jedoch brachen sie leicht während des Kampfes. Eine weichere Klinge war zwar elastischer, erforderte jedoch häufigeres Schärfen. Um der Forderung sowohl nach Zähigkeit als auch nach Härte der Schneide gerecht zu werden, entwickelten die Schmiede ein differenziertes Härtungsverfahren.

Dieser neuartige Prozess führte zur Entstehung des *hamon*, der Härtelinie. Sie zeigte an, dass die Schneide härter war als der restliche Körper (*mune*). Die gehärtete Schneide machte also häufiges Nachschärfen überflüssig, und der weichere Stahl zum Rücken hin vermied, dass die Klinge zu spröde war und womöglich während des Gebrauchs brach.

Mit dem Auftauchen der gebogenen Klingen und den Fortschritten in der Metallurgie näherte sich die Kofun-Periode ihrem Ende und immer größere Gebiete wurden einer Zentralmacht untergeordnet. So wie der Einfluss und der Reichtum wuchsen, so wuchs auch die Habsucht. Es entstand die Notwendigkeit einer hierarchischen Ordnung, mit den militärischen Führern an erster Stelle und den Diplomaten an zweiter. Einzelnen verstreuten Stammesfürsten, die sich nicht der Autorität der größeren Clans unterordnen wollten, blieb nur die Alternative der kriegerischen Auseinandersetzung. Und das war genau das, was die frühen Bewohner der japanischen Inseln taten.

Detail eines alten Rollbilds, das Kana-yama-hiko-no-Mikoto zeigt, wie er die Zusammenarbeit von Dämonen und Menschen beim Schmieden eines Schwerts überwacht.

Viele Schreine und Tempel werden von Löwenhunden bewacht. Jener mit offenem Maul gewährt guten Geistern und Menschen Zutritt, jener mit geschlossenem Maul hält die bösen Geister ab.

Das ist alles, was von den meisten Kofun-Klingen aus dem sechsten Jahrhundert übrig blieb. Die vergoldeten Schwertknäufe geben uns eine Ahnung davon, welch hohe Wertschätzung diese Waffen bei den Kriegern genossen.

Dies ist die früheste noch vorhandene Darstellung des Prinzen Shotoku. Man beachte, dass die Adeligen mit ihren repräsentativen Schwertern dargestellt sind, die von den Betrachtern als Zeichen ihres Ranges wahrgenommen werden. Shotoku wird hier mit seinem jüngeren Bruder Eguri, ihm zur linken, und seinem ersten Sohn Yamashiro zur rechten Seite gezeigt. Das Bild, das sich in der Sammlung des königlichen Haushalts befindet, datiert aus der Nara-Zeit, 8. Jh. n. Christus.

SCHWERTER DER NARA-PERIODE

Nio-Wächterfiguren bewachen meist die Eingänge buddhistischer Tempel und Shinto-Schreine. Sie treten paarweise auf, einer mit offenem, der andere mit geschlossenem Mund. Dies symbolisiert den kosmischen Zyklus von Leben und Tod, Anfang und Ende aller Dinge. Eine andere Erklärung für die verschiedenen Münder ist, dass der offene Mund die guten Geister willkommen heißt, während der geschlossene die bösen Mächte von den Tempeln und Schreinen fernhält. Ähnlich sind oft Löwenhunde *(shishi)* platziert, um die Eingänge der Schreine und Tempel zu bewachen.

Die Japaner sind Meister im Annehmen von fremden Technologien, sozialen Strukturen und Philosophien, um sie an ihre eigene kulturelle Identität anzupassen und zu integrieren. Im folgenden betrachten wir, wie zwei chinesische Philosophien, der Taoismus und der Konfuzianismus, die philosophische Ausrichtung Japans geformt haben. Durch das Studium historischer und zeitgenössischer wissenschaftlicher Literatur lassen sich die wesentlichen Einflussfaktoren in ihrer Bedeutung für das frühe Japan darstellen. Insgesamt ging von den chinesischen Idealen eine starke, die japanische Gesellschaft formende Kraft aus.

Zur Nara-Zeit etablierten sich immer mehr historisch bedeutende Persönlichkeiten, literarische Werke und philosophische Konzepte in Japan. Sie alle wurden angepasst und entsprechend den Bedürfnissen des aufsteigenden Kriegerwesens adaptiert. Der Konfuzianismus war Vorbild für den Aufbau der hierarchischen Sozialstruktur Japans – ein System, das in weiten Teilen heute noch Gültigkeit hat und in Dingen wie Geschäftspraktiken oder Umgangsformen allgegenwärtig ist. Das japanische Bedürfnis nach einer universellen Harmonie in alltäglichen Angelegenheiten und in der spirituellen Ausrichtung des Lebens geht in ihrem Ursprung auf taoistische Einflüsse zurück. Die literarischen Werke, auf die sich die japanischen Adaptionen beziehen, sind für sich ein faszinierendes Studiengebiet. Durch ein Leben in Harmonie den richtigen „Weg“ zu finden, ist ein Konzept, das bereits die Krieger der Nara-Periode prägte und auch heute noch Gültigkeit hat.

Das Prinzip der Übernahme und der Anpassung fremder kultureller Einflüsse ist ein durchgehendes Merkmal der japanischen Geschichte. In der Tat spiegeln bereits die ersten historischen Quellen diese Strategie der Assimilation und Verfeinerung wider, insbesondere auf den Gebieten der Sprache, der Technik, der Religion und der Künste.

Die von der Frühzeit bis heute vielleicht außergewöhnlichste Eigenschaft der Japaner ist die Fähigkeit, ein gutes Ding noch besser oder wenigstens noch „japanischer“ zu machen. Begeistert von der chinesischen Staatskunst übernahmen die japanischen Führer die hoch entwickelte Kultur ihrer Nachbarn. Diese importierten Philosophien und Führungsstrukturen mussten natürlich an die Struktur des japanischen Kriegerwesen angepasst werden.

Beispielsweise gab es unter Herrschaft des Prinzen Shotoku während der Nara-Periode wohlbedachte Übernahmen und Anpassungen verschiedener Merkmale der chinesischen Kultur. Prinz Shotokus Wertschätzung der sozialen und philosophischen Traditionen Chinas bewirkte grundlegende Veränderungen in seinem Inselstaat. In ihrem Buch „A History of Japan“ schreiben Mason und Caiger: „Noch Generationen nach dem Tod Shotokus im Jahre 622 fühlten sich die japanischen Höflinge wie Schüler ihre kontinentalen Nachbarn.“

Taoismus, Konfuzianismus und Buddhismus fanden auf diese Weise Eingang in die japanische Kultur und die Familien der Elitekrieger. All diese philosophischen Richtungen wurden von den Japanern ver-

Am Fuß eines Berg-Tempelkomplexes begrüßt die buddhistische Gottheit Kannon die Besucher mit der Aufforderung, sich die Hände durch Begießen mit Quellwasser zu reinigen, bevor man eintritt. Eine solche Mischung religiöser Rituale ist in Japan gängige Praxis.

einnahmt – nicht als Ganzes, sondern gefiltert und sortiert, um der japanischen Befindlichkeit Genüge zu tun.

Während der Nara-Periode schlug der Buddhismus Wurzeln. Vor allem in gebildeten Kreisen und unter den Höflingen fand er viel Zuspruch. Die konfuzianische Ordnung und Sozialstruktur bildete die Basis für eine zentralisierte Regierung unter Kaiser Tenmu. Der Taoismus zeigte auf, wie der individuelle Lebensweg zu gestalten war, um zur Selbsterkenntnis zu gelangen. In diesem Zusammenhang ist bemerkenswert, dass die Japaner der Frühzeit beim Studium und der Ausübung dieser drei Religionen keine klare Trennung vollzogen und auch keine unterschiedlichen Lehrmeinungen vertraten. Sie wurden so, wie sie vorher in China existierten, importiert und assimiliert – als ein großes, eklektisches Konglomerat. Eine wichtige Grundlage für die geringen Berührungsängste mit den fremden Philosophien war der esoterische und wenig doktrinäre Shintoismus.

Der schon vorhandene Volksglaube der Japaner bildete einen fruchtbaren Nährboden für alle neu eingeführten Glaubensrichtungen. Darüber hinaus wurden Shinto-Gebräuche und -Zeremonien gleichermaßen von der Landbevölkerung und den Samurai praktiziert. Die religiösen Rituale bei Festivitäten der Landbevölkerung und der Bürger überbrückten so soziale Hierarchien. Schließlich war der Shintoismus die in den frühesten japanischen Quellen festgeschriebene, nationale Religion. Durch seinen integrierenden Charakter hat der Shinto-Glaube, von oberster Stufe ausgehend, ganz Japan durchdrungen. Seinem Wesen nach ist er so angelegt, dass er fremde Einflüsse willkommen heißt. Aufgrund der Vielzahl der ihm innewohnenden, mystischen Kräfte und Geister stellte die Aufnahme neuer Glaubensrichtungen kein Problem dar. Sie standen im perfekten Einklang mit den Zielen der Machthaber.

Der Idealtypus des Kriegers, mit hohen Erwartungen und entsprechenden Aktionen, sollte sich in jedem Soldaten verkörpern. Das Schwert stand stellvertretend für die symbolische Verbindung zwischen dem Menschen und der Philosophie. Taoistische und konfuzianische Philosophien definierten das japanische Konzept des perfekten Kriegers, indem sie moralische Prinzipien und das Ideal eines kosmischen Gleichgewichts und der Harmonie in die Führungspraktiken der militärischen Elite einbrachten. Obwohl auch der Konfuzianismus dazu beigetragen hat, war er nicht der entscheidende Einflussfaktor für die Wahrnehmung des Schwerts als Symbol der soldatischen Tugend. Der Taoismus auf der anderen Seite spielte eine wichtige, aber oft unterrepräsentierte Rolle bei der Definition des frühen japanischen Heldenmythos. Der Buddhismus wurde ebenso importiert, hatte aber während dieser frühen Phase nur geringen Einfluss auf die Symbolik des Schwerts.

Das Schwert und die Tugenden des Kriegers waren ein vorrangiges Thema der neuen religiösen Strömungen. Deshalb befassen wir uns im folgenden mit einigen konfuzianischen Einflussfaktoren und dann umfassender mit dem Taoismus. Der Buddhismus wird im Kapitel 5 (mittelalterliche japanische Schwerter) behandelt und bei jenen Epochen, wo er einen größeren Einfluss auf das Kriegerwesen in Japan hatte.

DIE NARA-PERIODE
(710 – 794 n. Chr.)

Die Krieger der Nara-Periode und in der Zeit davor wurden als Söldner von den Stammesfürsten angeheuert. Deren Führungsanspruch wurde im allgemeinen von einer auf die nächste Generation weitervererbt. Viele der mächtigen Familien stützten sich auf die Militärs, um zu regieren und den Frieden zu erhalten. Loyalität war dabei die wichtigste Tugend. Aus diesem Grund entwickelten die Krieger, obwohl sie ihrem Status nach Diener waren, oft eine enge und persönliche Beziehung zu ihren Anführern. Es lag im Interesse sowohl des Dienstherrn als auch des Kriegers, ihre gegenseitige tiefe Wertschätzung zu bekunden. Sie war die Grundlage für die frühe Ausprägung einer unbedingten Loyalität in der japanischen Gesellschaft, die auch das Stammeswesen als ein gewichtiges, soziales Phänomen und eine kulturell einflussreiche Gruppe charakterisierte. Die Clans bestanden in der Regel sowohl aus Familienmitglieder als auch aus der „erweiterten Familie“ von verpflichteten Kriegern.

Ein zentrales Ereignis, das zur Nara-Periode hinführte, waren die sogenannten Taika-Reformen (645 n. Chr.), im Zuge derer sich Kaiser Tenji sich als Besitzer allen Landes auf den japanischen Inseln etablierte. Dazu warf er alle politischen Gegner in grausamen

Schlachten nieder und manifestierte seine Autorität mit den Mitteln des Schwerts. Als zentralisierende Komponente der Taika-Reformen wurden die Landbesitzer in ihren Rechten eingeschränkt und gezwungen, an den Kaiser Tribute zu entrichten. Die Führer der Clans durften ihren Status behalten, wenn sie eine vertikale Hierarchie einführten, in der sie die führende Position bekleideten. Die sogenannten Taiho-Gesetzestafeln bildeten eine festgeschriebene Grundlage für die neue Staatsordnung. Vor und während der Nara-Periode etablierten die Clans kampfbereite Armeen, um ihr Land und ihren Besitztum zu schützen.

Durch den Import der chinesischen Regierungsstrukturen wurde das Kriegerwesen während der Nara-Periode fest in der japanischen Gesellschaft verankert. Dieses Phänomen reflektiert das Bedürfnis der japanischen Herrscher, die im hohen Maße verfeinerte chinesische Kultur zu spiegeln. Der Erlösungsgedanke der Buddhisten zusammen mit den taoistischen Idealen und der konfuzianischen Bürokratie hat die kollektive Seele Japans dauerhaft geprägt. Dabei ist es wichtig zu erkennen, dass zu der Zeit, als der Buddhismus nach Japan kam, er schon deutlich vom Konfuzianismus geprägt war. Mit der Verbreitung philosophischer Texte erlangte der Konfuzianismus in Japan eine zunehmende Akzeptanz. Aber Konfuzianismus und Buddhismus waren nicht die einzigen philosophischen Importe des frühen Japans. Der Taoismus hatte auch einen grundlegenden Einfluss auf die Kultur und die Ästhetik der Nara-Periode und die darauf folgenden Epochen. Durch die Betrachtung der Ursachen für die Integration des Konfuzianismus und Taoismus in der japanischen Kultur gewinnt man Erkenntnisse über die Evolution der sozialen Ideale und der Ästhetik Japans.

DAS SCHWERT UND DER CHINESISCHE EINFLUSS

Konfuzianismus und Taoismus wurden in einem so innigen Kontext in der japanischen Kultur assimiliert, dass sich keine klaren Grenzen zwischen den beiden philosophischen Richtungen ziehen lassen. Das liegt daran, dass der Taoismus quasi im Huckepackverfahren mit dem Konfuzianismus in die japanische Kultur eindrang. Trotzdem wurde auch die reine Tao-Lehre übernommen. Da die Yamato von der chinesischen Art zu regieren und ihrer Philosophie besonders beeindruckt waren, schätzen sie auch sehr die Tao-Prinzipien. Das hing eng mit ihrem Selbstverständnis als militärische Machthaber zusammen. Zum Beispiel wird im konfuzianischen Denken eine vertikale Gesellschaftsstruktur bevorzugt. Jedoch stellt die taoistische Vorstellung von Kriegern an der Spitze der sozialen Hierarchie eine deutliche Abweichung vom chinesischen Modell des Konfuzianismus dar.

Die Lehre des Konfuzianismus erhob den Gelehrten über den Krieger und unterwarf ihn der sozialen Ordnung, anstatt ihm ein Gewaltmonopol zuzusprechen. Zudem brachte der Konfuzianismus die „Tugend der Männlichkeit" mit feinem und vornehmem Verhalten in Verbindung. Aus diesem Grund mussten die Japaner das konfuzianische Modell zugunsten des Führungsanspruchs der Krieger anpassen. Um „chinesische Luft zu atmen" und dennoch die Macht beizubehalten, bot sich für die militärischen Führer der Taoismus an, der martialischer ausgerichtet war als der Konfuzianismus.

Der Konfuzianismus andererseits passte gut zum Shinto-Glauben und dessen Praktiken. Beide Glaubensrichtungen betonen das Pflichtgefühl und berufen sich auf die familiäre Tradition. Gemeinsam ist ihnen auch die hierarchische Organisationsform der Gesellschaft und der Regierung, verbunden mit sozialen Verpflichtungen und einem formellen Verhaltenskodex. Der kaiserliche Hof und die Daimyos (lokalen Fürsten) orientierten sich an den vertikalen Organisationsstrukturen, die in konfuzianischen Schriften dargelegt waren. Die Herrscher Japans schätzten auch die didaktischen Prinzipien der konfuzianischen Lehre und insbesondere das Konzept des Gehorsams und der Loyalität gegenüber Höherstehenden. Am anderen Ende des sozialen Spektrums konnten sich auch die Bürger im konfuzianischen, hierarchischen System wiederfinden.

So war der Wert der Integration dieser Ideale für die japanischen Gesellschaft offensichtlich. Konfuzianische Einflüsse und Regeln manifestierten sich früh in der japanischen Geschichte, und ihr Widerhall ist bis heute spürbar. Konfuzianisches Gedankengut spielte auch im Leben der Krieger eine Rolle, jedoch in erster Linie in Form einer strengen Sozialstruktur, die dem militärischen Regelwerk entsprach. Die dem Samurai auferlegte Etikette war streng durch seinen hierarchischen Status in der Gesellschaft diktiert. Theatralische Unterwerfungsgesten gegenüber jenen, die höher standen, und deren Entgegennahme von Untergeordneten waren Ausdruck der festgeschriebenen sozialen Verhaltensrituale.

Der Konfuzianismus befasste sich in erster Linie mit einer strukturierten und geordneten Verwaltung und Regierungsform. In Bezug auf das Leben der

Hier hält Komokuten einen Pinsel und eine Schriftrolle, um zu zeigen, dass tugendsame Führer durch die gerechte Abwägung von ethischen Werten, wie religiösen Gesetzen, genauso wie durch Kampfbereitschaft regieren sollen. Komokuten ist ein Mitglied der Shitenno, der vier Kriegskönige, die in die vier Himmelsrichtungen gewandt, das Böse abhalten und die Erleuchtung willkommen heißen.

Krieger jedoch beeinflusste er auch die japanische Ästhetik. Da sich die Krieger als Repräsentanten einer kulturellen Ordnung verstanden, schlugen sich die konfuzianischen Prinzipien in ihrem Verhaltenskodex nieder. Dem Schwert kam dabei eine zentrale Bedeutung zu, da es symbolisch für die Aufrechterhaltung der sozialen Grenzen, der Führungsstrukturen und der Gesetze stand.

Viele konfuzianische Schriften diskutieren die zeitlose chinesische Unterscheidung zwischen *wu* (Krieg) und *wen* (Schrift), wobei häufig das *wen* über das *wu* erhoben wird. Aber nicht nur auf dem Gebiet der Staatsführung kam dem Wechselspiel zwischen *wu* und *wen* Bedeutung zu, sondern auch in der Kunst. *Wu/wen* ist ein wichtiges ästhetisches Prinzip in der chinesischen Kultur. Auf dem Gebiet der Musik beispielsweise hat *wu/wen* in China eine lange Tradition, insbesondere im Repertoire der chinesischen *pipa*-Laute (japanisch *biwa*). Sie sieht aus wie eine Loquat-Frucht, nach der sie auch benannt ist. Bei der *pipa*-Musik gibt es – wie in jeder traditionellen chinesischen Musik und auch in der Dichtung – lyrische *wen*-Melodien genauso wie schrille, stakkatoähnliche *wu*-Passagen.

Die Japaner haben diese *wen/wu*-Dualität übernommen und in die Phrase „Schwert und Pinsel" umgewandelt. Das Schwert und der Pinsel als verschiedene Mittel, um Frieden und soziale Stabilität zu erreichen, sind daher Motive in der japanischen genauso wie in der chinesischen Kultur. Ähnlich wie ein Gedicht das Wechselspiel zwischen *wen* und *wu* zum Ausdruck bringen kann, so sind durch den konfuzianisch/taoistischen Einfluss bei den Japanern Schwert und Pinsel Ausdrucksformen der gleichen Realität. Der kriegerische Auftritt, in dem sich die Psyche der Samurai manifestierte, ist nicht zuletzt Ausdruck dieser Dualität.

Im Ergebnis hat das Zweisamkeitsprinzip von Schwert und Pinsel die japanische Ästhetik und Staatskunst so sehr durchdrungen, dass Konfuzianismus und Taoismus nur schwer zu trennen sind. Die natürliche Balance gegensätzlicher Energien, wie „hart und weich", „offen und verborgen", spiegelt beide chinesische Traditionen wider. Dennoch hat der Taoismus, der oft in seiner Bedeutung hinsichtlich des frühen chinesischen Einflusses auf Japan unterbewertet wird, auf die Japaner eine besondere Anziehungskraft ausgeübt.

Diese Kalligraphie des Zeichens *do* entstammt der Hand des Meisters Maeda, dem persönlichen Kalligraphen des japanischen Kaisers. Es hängt im Mountain Wind Dojo, um die Studenten zu erinnern, dass ihre Übungen nichts anderes sind als ein Weg hin zu einem harmonischen Leben.

DER TAOISMUS IN DER JAPANISCHEN KRIEGERKULTUR

Einige Wissenschaftler haben auf die wichtige Rolle des Taoismus bei der Entwicklung der Kampfkünste hingewiesen, vor allem im Hinblick auf die Geisteshaltung, die Balance der Energien und die Entfaltung des *ki* (Energie) während ihrer Ausübung. Andere haben die Bedeutung des Taoismus in diesem Zusammenhang heruntergespielt, indem sie möglicherweise Ungenauigkeiten, die sie gelesen haben, weitergegeben haben. Gerade in der amerikanischen Literatur über Kampfkunst findet man viele Beispiele für die Geringschätzung des Taoismus. Dabei ist es wichtig zu unterscheiden zwischen dem, was die Menschen interessant finden und dem, was tatsächlich historisch geschehen ist.

Die diesbezügliche westliche Literatur ist oft durch die Voreingenommenheit der Autoren tendenziös. Jeder Kommentar bezüglich der frühen japanischen Kriegerkultur und ihrer Geisteshaltung ist naturgemäß immer die Meinung eines Außenstehenden. Westliche Literatur wird den Lesern gerne als akademische Analyse, historische Zusammenfassung oder populärwissenschaftliche Darstellung dargeboten. Dies gilt natürlich auch für das vorliegende Buch – es ist eine moderne Analyse eines historischen Phänomens. Um zum Beispiel die Symbolik des Schwerts richtig zu bewerten, spielen viele Faktoren eine Rolle. Dabei muss man jedoch sorgfältig überlegen, wie die Schwerpunkte zu setzen sind.

Der Beitrag des Taoismus zur frühen Kriegerkultur wird – wie schon erwähnt – meist unterschätzt. Das gilt sowohl für die Populärliteratur wie auch für akademische Beiträge. Die meisten Autoren betonen offensichtlichere Einflussfaktoren auf die Entwicklung der Kampfkünste und des Ideals des Kriegers. Man braucht jedoch nur den Weg der japanischen Kultur, insbesondere der Kampfkünste, zu betrachten, um den tief verwurzelten Einfluss des Taoismus zu erkennen. Während der Nara-Periode drrang das Tao-Weltbild allmählich in den japanischen Lebensstil ein. Gegen Ende der Nara-Periode war der Taoismus bereits ein fester Bestandteil der japanischen Kultur. In der Heian-Periode (794 – 1185) gehörte der Taoismus zum japanischen Alltag, obwohl er nicht als offizielle Religion galt.

DAS SCHWERT DES TAOISMUS

Das japanische Schwert, insbesondere in seiner metaphorischen Interpretation des Kriegers, wurde durch die chinesische, taoistische Philosophie geprägt. Obwohl es nicht Aufgabe dieses Buchs ist, jeden Aspekt des Taoismus darzustellen, halte ich eine Betrachtung der taoistischen Vorstellung des Kriegers und seines Schwerts für relevant. Nach der Diskussion einiger Beispiele des chinesischen Taoismus können wir auch die Sichtweise der japanischen Krieger in Bezug auf Schwerter interpretieren. Auch wenn wir die moderne Symbolik des Schwerts betrachten, ist es nützlich, den Einfluss des Taoismus zu berücksichtigen.

Die frühe Shinto-basierte Kultur Japans war ein idealer Nährboden für die Integration des Taoismus. Ähnlich dem frühen Volksglauben bezieht sich der Taoismus auf die geheimnisvolle Natur unserer Umgebung. Taoismus und Shinto vertreten das gemeinsame Konzept, dass sich im Universum eine kosmische

Wahrheit hinter dem Offensichtlichen verbirgt. Shinto ist eine sehr achtsame Religion, die sich mit der Naturbezogenheit des Taoismus gut verträgt. Der Taoismus spielte bei der Gestaltung und praktischen Ausübung der Kampfkünste eine wichtige Rolle. Beide Traditionen betonen die Reinigungsrituale als wichtige Bestandteile des rechten Lebens. Dieser Zusammenhang war besonders für den Weg des Kriegers von großer Bedeutung. Reinheit, Ehrfurcht und eine bewusste Lebensgestaltung sind die zentralen Themen, die Japan definiert haben.

Das Ideal der Balance und Harmonie, das der konfuzianischen Ideologie fremd war, tauchte auch in der taoistischen Kriegerliteratur auf. Der Taoismus betont insbesondere die Tugend des Kriegers. Der berühmte Taoist Sun Tzu hat das Buch „Die Kunst des Krieges" geschrieben, das die Weisheit des Philosophen mit dem Kampfgeist des Kriegers in Verbindung bringt. Die Tao-Literatur idealisiert den Typus des gelehrten Kriegers, der durch den wohlwollenden und sich im Gleichgewicht befindenden Führer verkörpert ist.

Die Art und Weise, wie sich die Krieger als Führungsschicht des frühen Japans etablierten, ist auf taoistischen Einfluss zurückzuführen. Dennoch haben einige Wissenschaftler fälschlicherweise diese Entwicklung allein dem Einfluss des Konfuzianismus und Buddhismus zugeschrieben. Unter Einbeziehung des Konfuzianismus hilft uns die weitere Betrachtung zu verstehen, warum und inwiefern der Taoismus die frühen Krieger Japans angesprochen hat.

Dabei ist die Feststellung wichtig, dass sich der Überlieferungsmodus bezüglich der Schwertmythologie im Laufe der japanischen Geschichte verändert hat. Im Gegensatz zum Shintoismus, bei dem die Geschichten der schwertschwingenden Götter mündlich weitergegeben wurden, bediente sich der Konfuzianismus und Taoismus der schriftlichen Überlieferung. Sowohl die ursprünglichen als auch die importierten Philosophien zeigten Leitlinien für ein ehrenhaftes Leben sowie für den Kampf und die Pflichten des Kriegers auf. Jedoch existierten, bevor die Nihongi und Nihon Shoki niedergeschrieben wurden, die Bildwelten der schwertschwingenden Gottheiten nur als Legenden in der Vorstellung der Bevölkerung. Auf der anderen Seite bezogen sich die Lehren des Tao auf lange zurückliegende Schriften, die eine Balance zwischen den intellektuellen und den kriegerischen Aspekten des Menschseins zum Inhalt hatten. Der Masse der leseunkundigen Chinesen wurden diese Lehrmeinungen in Form von Volksschauspielen vermittelt. Es kann keinen Zweifel geben, dass die schriftlichen Überlieferungen zur Schwert-Symbolik einen mächtigen Einfluss auf Japan hatten.

Das Lesen geschriebener Worte beeinflusst unsere Vorstellungswelt stärker als das Hören gesprochener Worte. Darüber hinaus können geschriebene Worte exakter kopiert und weiterverbreitet werden, wodurch die Geschichten und ihre Aussagekraft über zahllose Generationen hinweg erhalten bleiben. Das geschriebene Wort vermittelt dem Leser eine Vorstellung von Beständigkeit, Autorität und immanenter Wahrheit. Diese Möglichkeit hat die militärischen Machthaber der Nara-Periode sicherlich beeindruckt. Als Ergebnis setzte sich die chinesische Literatur im Bewusstsein des japanischen Adels fest.

Die chinesischen taoistischen Werke von Laozi (Lao-Tse) und Zhuangzi befassen sich mit den Prinzipien einer wohlwollenden Regierung und den Tugenden bei der Ausübung militärischer Macht. Das Tao dringt in die individuelle Erfahrungswelt des Kriegers ein, um sein Tun auf einen höheren ethischen Status zu heben. Durch seinen Fokus auf den Naturalismus und die Einfachheit betont der Taoismus das Bedürfnis nach einem harmonischen Leben. In dieser Hinsicht steht er in enger Verwandtschaft mit dem japanischen Zen-Buddhismus. Die intuitive Herangehensweise, verbunden mit Praktikabilität, entsprach dem Wesen des japanischen Kriegers. Während der Shintoismus eine Vision für göttliche Führung und Inspiration anbot, kehrte der Taoismus die Suche nach Inspiration nach innen. In seiner Essenz ermutigte der Taoismus, sich dem Ideal des Kriegers durch ein alltägliches, wohlgefälliges Leben zu nähern. Dabei wird die Tatsache nicht geleugnet, dass die Verpflichtung zum Kampf, in Verbindung mit der Weisheit zu regieren, zu einem persönlichen Zwiespalt führen kann. Diese Kombination aus Wohlwollen und Weisheit innerhalb der militärischen Führung ist ein häufiges Thema in der Tao-Literatur.

Ein Beispiel: Während der Zhou-Dynastie (1111 – 222 v. Chr.) verkörperten Männer wie Laozi und Konfuzius die Prinzipien des gelehrten Kriegers. Laozi war ein verdienter Schwertkämpfer, Konfuzius hatte den Titel eines Ritterführers inne. Die Nähe zur Kampfkunst hat wahrscheinlich seine Definition des „idealen Weisen" geprägt. Im Zentrum seiner Analekten gebraucht er das Wort *shi* im Zusammenhang mit einem Gelehrten, was wiederum Krieger heißt. Die Verwendung dieses Worts bezeichnet eine Person, die sich dem Tao mit der gleichen Entschlossenheit, wie es ein Krieger täte, verpflichtet (er gebraucht das Wort Tao im Sinn von „göttlichem Gesetz").

Durch die Betrachtung des Taoismus, wie er in China niedergeschrieben und praktiziert wurde, erkennen wir seinen Einfluss auf die japanische Kriegerkultur. Im selben Maße, wie sich das Tao-Ideal etablierte, gewann auch das Ideal des Kriegers an akademischer Legitimität. Gleichzeitig breiteten sich die philosophischen Wurzeln für die Künste und kulturellen Wege aus – ein Unterbau, der die japanischen Lebensprinzipien insgesamt definierte. Obwohl viele taoistische Schriften in Japan Eingang fanden, bilden

Mythologische Drachen sind allgegenwärtig in den japanischen Legenden. Hier bewacht ein wild fauchender Drache den Eingang des Kuramadera-Tempels in der Nähe von Kyoto.

die Werke von Laozi und Zhuangzi das philosophische Herzstück. Sie geben dem Krieger praktische Empfehlungen und zeigen ihm gleichzeitig einen Weg zur Erlangung innerer Balance auf.

LAOZI: EIN GLEICHGEWICHT ZWISCHEN KRIEG UND WEISHEIT

Die Schriften des Laozi, entstanden etwa um 500 vor Christus, zählen zu den frühesten Betrachtungen, die sich mit einem wohlwollenden Bild des Kriegers befassen. Konfuzianische und taoistische Prinzipien koexistierten im praktischen Leben der Japaner genauso wie vorher auf dem chinesischen Festland. Dasselbe galt für die Dualität zwischen Kriegern und Intellektuellen. Deshalb bemühen sich viele Tao-Schriften, die strenge Gesellschaftsordnung des Konfuzianismus mit der Natürlichkeit und der Balance des Taoismus in Einklang zu bringen. Für die frühen chinesischen und späteren japanischen Krieger geben sie wertvolle, praktische Anweisungen.

Ehrenwerte Krieger des Altertums

Ehrenwerte Krieger des Altertums waren einfühlsam,
hatten geheimnisvolle Kräfte,
ihr Wesen war rätselhaft,
und gerade weil es rätselhaft war,
versuche ich sie zu beschreiben.
Ihre Behutsamkeit war die beim Überqueren
eines vereisten Flusses,
ihre Vorsicht war die eines Verängstigten,
ihre Ernsthaftigkeit war die eines Gastes,
ihre Gelassenheit war die des Schmelzens von Eis.
Einfach wie unbearbeitetes Holz,
offen wie ein Tal,
waren sie dennoch undurchschaubar wie
aufgewühltes Wasser.
Wer kann im Trüben,
Klarheit in der Ruhe finden?
Wer kann, beim Rasten,
Belebung in der Bewegung suchen?
Jene die diesen Weg gehen streben nicht
nach Vollkommenheit.
Gerade weil sie nicht danach streben,
können sie aus dem Vollen schöpfen ohne
ständigem Neubeginn.

Der Soldat, der diese herrliche Rüstung trug, hoffte sicherlich nach Laozi-Standard ein „ehrenwerter Krieger“ zu sein.

Das Gedicht „ehrenwerte Krieger des Altertums“ beschreibt aus Tao-Sicht den immer wachsamen, unergründlichen Krieger. Es betont die Natürlichkeit als ein Merkmal taoistischer Stärke. Das bringt eine Wertschätzung für tugendsame Krieger zum Ausdruck, die nicht von Wünschen nach Ruhm oder Herrlichkeit fehlgeleitet werden, sondern von Pflichtgefühl erfüllt sind. Dieser Text entstand zumindest teilweise als Kommentar zu frühen politischen Zersetzungsprozessen in der chinesischen Gesellschaft. Zu jener Zeit, man nennt sie die chinesische Frühjahrs- und Herbstperiode, wurde China von der Zhao-Familie und ihren Nachkommen regiert. Um 500 vor Christus, als das Lao Tzu (Das Buch des Lebens) geschrieben wurde, zerfiel die soziale Ordnung, um anschließend in eine Periode der sich bekämpfenden Einzelstaaten überzugehen. Als wollte er den Wellen des Krieges Einhalt gebieten, schrieb der alte Meister:

Edle Waffen

Edle Waffen sind Instrumente mit schlechtem Omen:
Menschen mögen sie verachten,
jene, die sich auf dem Weg befinden, wollen nicht mit ihnen wohnen.
Deshalb ist der Platz der Ehre für die Kultivierten auf der Linken,
während der Platz der Kriegerischen auf der Rechten ist.
Waffen, Instrumente des schlechten Omens,
sind nicht die Werkzeuge der Kultivierten,
die sie nur benutzen wenn unvermeidbar.
Sie halten sich fern von ihnen,
sie gewinnen ohne sie zu beschönigen.
Jene, die sie verherrlichen,
genießen das Töten von Menschen.
Jene, die gerne töten,
werden keine Erfüllung finden.
Die Linke wird vom Glück begünstigt,
die Rechte steht für Dinge mit schlechtem Omen:
so steht der untergeordnete General auf der Linken,
der führende General auf der Rechten.
Wer in der Macht aufsteigt,
sollte dies in Traurigkeit wahrnehmen.
Wer viele Menschen getötet hat,
sollte um sie in Trauer weinen.
Wer einen Krieg gewonnen hat,
sollte dies in Trauer feiern.

Als das Staatswesen der Zhao-Dynastie zerfiel, tadelte Laozi die fehlgeleiteten Krieger, die vom rechten Weg abgekommen waren:

Aus dem Gleichgewicht geworfen und damit ohne Ziel sind die fehlgeleiteten und vom Pfad des Tao abgekommen Krieger, die sich nur auf das Töten verstehen.

Es ist bemerkenswert, dass Laozi nicht generell die Notwendigkeit des Krieges leugnet. Er betont vielmehr, dass – obwohl manchmal notwendig – der Krieg nur in Abwägung und unter Beachtung der natürlichen Ordnung des Universums geführt werden sollte.

Weiterhin empfiehlt er, nach Beendigung der Kämpfe den Sieg nicht zu feiern, was unangemessen wäre und den Lehren des Tao widerspräche. Stattdessen sollte man den Verlust der Leben beklagen und sich zu der Balance des Universums bekennen. Den Weg zu gehen, sowohl das Licht als auch die Dunkelheit zu schätzen, wird hier in den Gegensätzen des Kultivierten und des Kriegerischen ausgedrückt. Nach der Lehre des Tao ist der Krieger wohl beraten, sich weder einseitig zum kultivierten Leben noch zur Kriegsführung zu bekennen.

Laozi ist der Auffassung, dass führende Generäle durch ihre Macht und Blutrünstigkeit verdorben sind. Ihre edlen Waffen stehen für ein schlechtes Omen. Auf der anderen Seite vertritt der untergeordnete Offizier, der seinen Dienst gewissenhaft erfüllt, das Kriegswesen als Notwendigkeit sieht und zweckmäßige Waffen trägt, den in sich ruhenden Krieger mit gutem Omen. Laozi diskutiert im weiteren die Unterschiede zwischen guten und schlechten Kriegern.

Gute Krieger

Gute Krieger rüsten sich nicht auf,
gute Kämpfer werden nicht wütend,
gute Sieger müssen nicht kämpfen,
gute Führer dienen ihren Untergebenen.
Man nennt dies die Tugend
der Eintracht;
man nennt dies die Vereinigung mit
der natürlichen und reinen Vollkommenheit.

Lao Tzu ist ein praktischer Ratgeber für die Bürger, Krieger und Führer gleichermaßen. Der darin aufgezeigte Weg des Lebens in Harmonie ist für alle gleich ansprechend. Laozi betont das Mitgefühl als eine Form der ausgewogenen Kriegsführung. Er warnt:

Jetzt, wenn einer tapfer ist, aber ohne Mitgefühl, wenn einer ausschweifend ist, aber nicht genügsam, wenn einer vorangeht, aber ohne Achtsamkeit, dann wird derjenige sterben. Mitgefühl im Krieg führt zum Sieg, in der Verteidigung bringt es Rettung. Jene, denen der Himmel Rettung bringt, sind jene, die über Mitleid verfügen.

Die alten Meister lehren, dass Mitleid mit göttlicher Ordnung verbunden ist. Obwohl man das nicht direkt mit der Samuraikultur in Verbindung bringen kann, steht es dennoch für das Bild des idealen Kriegers, an dem sich auch die Samurai orientierten.

In der chinesischen Literatur findet man auch interessante Beiträge über gelehrte Krieger, die durch ihre Tugend die Gegner überlisteten. Die frühzeitliche Novelle „Drei Königreiche" enthält viele Beispiele für diese strategische Philosophie. In einem Fall veranlasste ein General, dessen kleine Armee umzingelt war, dass seine Musiker Volkslieder aus der Heimat des Gegners spielten. Als die gegnerischen Soldaten, die in ihrem grausamen Auftrag fern der Heimat weilten, die heimatlichen Volkslieder hörten, desertierten sie daraufhin.

Ein junger Schwertkämpfer wird vom König der *tengu* names Sojobo unterrichtet. *Tengu* sind mystische, in den Bergen hausende Kreaturen, in denen sich shintoistische, taoistische und buddhistische Einflüsse vereinen. Sie kamen als Kobolde nach Japan und wurden der Legende nach von der Shinto-Gottheit Susano-o-no-Mikoto aufgezogen. Wegen angeblicher Beziehungen zu den Übernatürlichen wurde der Vater des Jugendlichen vom Taira-Clan ermordet. Dieses Bild von Yoshitoshi hängt am Fuße des Kuramadera-Tempels. Es zeigt den legendären Minamoto Yoshitsune, wie er die Geheimnisse der *tengu*-Schwertführung erlernt, mit dem Ziel, die Ermordung seines Vaters zu rächen.

In einem anderen Beispiel belagerte eine große gegnerische Armee einen berühmten General, der in einer kleinen Stadt mit nur wenigen Soldaten verweilte. In seiner hoffnungslosen Situation zeigte sich der General auf der Stadtmauer in der Nähe des Tores. Er saß dort in ganz entspannter Haltung, von schönen Frauen umsorgt und lauschte der Musik, die eine kleine Kapelle für ihn spielte. Der General wies seine

Männer an, die Straße zu fegen, die vom Tor in die Stadt führte, gerade so als würde er die gegnerische Armee willkommen heißen. Der gegnerische General ritt voraus, während seine Armee am Stadtrand verweilte. Als er sah, dass der General auf der Stadtmauer bei geöffnetem Stadttor ganz entspannt der Musik lauschte, vermutete er sogleich eine Falle und zog sich zurück. Generationen von Chinesen waren mit solchen Erzählungen über raffinierte Listen, wie sie in den „Drei Königsreichen" beschrieben waren, vertraut. Sie alle beruhten auf der konfuzianischen und taoistischen Einschätzung der Erhabenheit des *wen* über das *wu*.

CHUANG TZU: DAS SCHWERT ALS METAPHER

In der Tao-Literatur kommt das Prinzip des *wen* und des *wu* bei der Beschreibung der Symbolik des Schwerts zum Tragen. Das Chuang Tzu wurde etwa 300 vor Christus verfasst. Es ist nach dem Autor, dem Philosophen Chuang Tzu benannt, der auch als Zhuang Zhou oder Zhuangzi geschrieben wird. Zusammen dem Lao Tzu verkörpert das Chuang Tzu das Herz des klassischen Taoismus. Tatsächlich widmet das Chuang Tzu dem Wert und den Tücken des Schwerts, als Mittel um Ordnung zu schaffen, ein ganzes Kapitel. Ausgehend von der Symbolik des Ying und Yang betont der taoistische Text die Ausgewogenheit zwischen dem Intellektuellen und dem Krieger. Im Idealfall sollte, wer den Weg geht, beide Prinzipien meisterlich beherrschen. Nur so wird er dem Ideal des gelehrten Kriegers gerecht.

In dem Kapitel „Betrachtungen über das Schwert" zeigt das Chuang Tzu drei Wege auf, wie Führer ihre Macht ausüben können und vergleicht diese mit drei verschiedenen Schwertern. Die Besprechung ist voller Symbolik und Metaphern. Die Geschichte beginnt mit einem König (König Wen aus Chao), der von Schwertern und Schwertführern fasziniert ist. Er umgibt sich mit diesen Kriegern und erfreut sich an deren Wettkämpfen. Sein Sohn (Prinz K'uei) sorgt sich um das Königreich des Vaters und bittet den Philosophen Chuang Tzu, etwas zu unternehmen. Gekleidet in der Garderobe eines Weisen bietet dieser dem Prinzen Hilfe an, jedoch gibt es da ein Problem:

Dem chinesischen Ying/Yang entspricht im Japanischen das *„in/yo"*. Das Symbol findet sich direkt oder metaphorisch in vielen Aspekten des japanischen Lebens wieder. Beispielsweise steht das Prinzip des *„wabi/sabi"* für die ideale Harmonie komplementärer Gegensätze.

„Das Problem ist", sagte der Kronprinz, „dass mein Vater, der König, niemanden sehen möchte, außer Schwertkämpfer."

„Schön" erwiderte Chuang Tzu „auch ich verstehe mich auf Schwertkampftechniken."

„Aber die Art der Schwertführer, mit denen sich mein Vater umgibt," sagte der Kronprinz „haben struppige Haare und wilde Bärte, tragen Schlapphüte, die mit groben Seilen gebunden sind und Roben ohne Hinterteil; sie blicken furchterregend drein und haben Probleme sich auszudrücken. Solche Männer schätzt mein Vater! Deshalb, mein Herr, wenn Sie darauf bestehen, ihm in vornehmer Kleidung gegenüberzutreten, wird der Versuch von Anfang an zum Scheitern verurteilt sein."

„Dann erlauben Sie mir, dass ich mir die Kleidung eines Schwertkämpfers besorge" sagte Chuang Tzu. Nach drei Tagen hatte er sich wie ein Krieger eingekleidet und besuchte den Kronprinzen. Zusammen machten sie sich auf den Weg zum König.

Der König erwartete sie mit dem gezückten Schwert in der Hand. Chuang Tzu trat in langsamen Schritten durch das Tor in die Empfangshalle ein, schaute den König an, aber verbeugte sich nicht.

Der König sagte: „Jetzt, nachdem Sie den Kronprinzen dazu gebracht haben, den Weg zu mir zu ebnen, welche Empfehlungen möchten Sie mir geben?"

„Ich habe gehört, dass ihre Majestät Schwerter liebt und so komme ich mit meinem Schwert, um mich Ihnen vorzustellen."

Diese Passage kann man so interpretieren, dass ein im Taoismus Erleuchteter in der Lage ist, auf jede Realität angemessen zu reagieren. Der weise Mann kann den brutalen überragen. Der Gelehrte kann selbst den stärksten Krieger kampflos überwinden. Wenn Chuang Tzu behauptet, er könne das Schwert führen, stützt er sich auf die Kraft, die ihm das Beschreiten des universellen Wegs gegeben hat. Er geht auf den König ein und verschafft sich aufgrund dessen Leidenschaft für Schwerter die Möglichkeit, im Sinne des Prinzen zu intervenieren. Wenn er in der Kleidung eines Gelehrten aufgetreten wäre, hätte ihm der König keine Audienz gegeben. Chuang Tzu hat sich also die Energie des Königs zunutze gemacht, um ihn gesprächsbereit zu machen. Und so wurde die Bühne geschaffen für die Geschichte des Königs und Chuang Tzu:

„Und über welche Kräfte verfügt Ihr Schwert" fragte der König.

„Mein Schwert streckt alle zehn Schritte einen Mann nieder, und über 1000 Li verliert es nie seine Schlagkraft."

Sehr beeindruckt rief der König aus: „Sie müssen auf der ganzen Welt keinen Rivalen haben!"

Chuang Tzu antwortete: „Der Führer des Schwerts tritt nicht in Erscheinung, er ist ein Hoffnungsträger, beim Aufbruch bleibt er zurück und dennoch ist er bei der Ankunft der erste. Darf ich dies unter Beweis stellen?"

Der König sagte: „Mein Herr, Sie können jetzt gehen und zu Hause auf meinen Befehl warten. Wenn ich für die Abhaltung des Wettkampfs bereit bin, werde ich Sie rufen."

Im Anschluss daran prüfte der König sieben Tage lang die Leistungen aller seiner Schwertkämpfer. Über 70 wurden dabei verwundet oder starben. Die sechs oder sieben, die übrig blieben, mussten sich mit ihren Schwertern vor der königlichen Halle einfinden. Dann rief der König Chuang Tzu herbei und sagte: „Heute wollen wir sehen, was passiert, wenn Sie mit diesen Männern die Schwerter kreuzen."

Chuang Tzu erwiderte: „Dies ist mein lang ersehnter Wunsch."

„Welche Waffe wollen Sie wählen, mein Herr," fragte der König, „ein langes oder ein kurzes Schwert?"

„Ich bin bereit, jedes beliebige zu verwenden. Ich habe drei Schwerter, Eure Majestät muss nur anweisen, welches ich gebrauchen solle. Wenn Ihr erlaubt, werde ich sie zuerst erklären, dann entscheidet Ihr, welches zum Einsatz kommt."

„Erzählen Sie mir etwas über diese drei Schwerter" sagte der König.

„Da gibt es das Schwert des himmlischen Sohns, das Schwert des Fürsten und das Schwert des Gemeinen."

„Welcher Art ist das Schwert des himmlischen Sohns?" fragte der König.

„Das Schwert des himmlischen Sohns? Seine Spitze besteht aus dem Tal des Yen und dem Steinwall, Ch'i und Tai bilden die Klinge, Chin und Wei den Rücken, Chou und Sung das Stichblatt, Han und Wei den Griff. Die vier barbarischen Stämme umhüllen es, die vier Jahreszeiten umfassen es, die Meere von Po umgeben es, die Berge von Ch'ang gürten es. Die fünf Elemente beherrschen es, der Bedarf nach Strafe und Wohltat leiten es. Nach den Gesetzen von Yin und Yang ist es entstanden, im Frühjahr und Sommer steht es in Bereitschaft, im Herbst und Winter wird es geschwungen.

Richte es nach vorne und nichts wird davor stehen bleiben, hebe es hoch und es wird nichts darüber sein, schlage es nieder und es wird nichts darunter sein, schwinge es und es wird nichts im Umkreis sein. Oben spaltet es die treibenden Wolken, unten zerteilt es die Adern der Erde. Wenn dieses Schwert zum Einsatz kommt, werden die Fürsten wieder zu Untertanen und die ganze Welt unterwirft sich. Dies ist das Schwert des Himmelssohns."

In dieser Passage steht das Schwert des himmlischen Sohns für die Macht der göttlichen Autorität. Sie bedient sich aller Elemente des Universums. Die Kräfte, die dieses Schwert verleiht, kommen nur jenen zugute, die im Einklang mit dem Taoismus stehen. Chuang Tzu sagt, falls er das Schwert des Himmels benutzen würde, kämen alle natürlichen und mystischen Kräfte gegen die Schwertkämpfer des Königs zum Einsatz. Sollte der König dieses Schwert wählen, würden seine Krieger mit Sicherheit der Vernichtung anheim fallen.

Aber die Idee lässt den König nicht los, da er von Schwertern fasziniert ist:

Der verblüffte König Wen schien zuerst sprachlos. Dann sagte er: „Welcher Art ist das Schwert des Fürsten?"

„Das Schwert des Fürsten? Seine Spitze besteht aus klugen und tapferen Männern, seine Klinge aus klaren und integren Männern, sein Rücken aus Männern von Würde und Güte, sein Stichblatt aus loyalen und linientreuen Männern, sein Griff aus Helden und Wundertätern. Auch dieses Schwert trifft, nach vorne geschlagen, auf nichts was davor wäre, erhoben auf nichts was darüber wäre, gesenkt auf nichts was darunter wäre, geschwungen auf nichts was es umgeben würde. Darüber ist sein Vorbild das Rund des Himmels, erhellt vom Strahlen der drei leuchtenden Himmelskörper. Darunter ist sein Vorbild das Quadrat der Erde, gefolgt von den vier Jahreszeiten. Dazwischen schenkt es dem Volk Harmonie und verteilt Frieden in die vier Himmelsrichtungen. Der Gebrauch dieses Schwerts ist wie ein Donnerkeil: Niemand innerhalb der vier Stützen des Staates wird sich widersetzen, niemand wird die unterwürfige Verbeugung verweigern, niemand wird sich weigern, den Befehlen des Führers zu gehorchen. Dies ist das Schwert des Fürsten."

In dieser Passage wird klar, dass das Schwert des Fürsten eine Stufe unter dem Schwert des himmlischen Sohnes rangiert. Es strebt nach dem Vorbild des Schwerts des himmlischen Sohnes, erreicht aber diesen Status nicht. Wo das Schwert des himmlischen Sohnes die ganze Welt unterwirft, schafft das Schwert des Fürsten nur innerhalb des Staates Frieden. Krieger, die dem Taoismus nachstreben, aber sich nur hinter einem Quasi-Taoismus maskieren, führen dieses untergeordnete Schwert.

Dennoch bietet Chuang Tzu an, mit dieser Klinge gegen die Kämpfer des Königs anzutreten. Nach Meinung von Chuang Tzu ist der König jedoch immer noch überzeugt, dass seine Männer gegenüber dem Schwert des Fürsten nicht bestehen können, obwohl es nicht annähernd die Kraft des Schwerts des himmlischen Sohns hat.

Der König sagte: „Wie ist das Schwert des Gemeinen beschaffen?"

„Das Schwert des Gemeinen? Dies wird von Männern mit krausen Haaren und wirren Bärten benutzt, die Köpfe bedeckt mit Schlapphüten, die mit einfachen Seilen gebunden sind und Röcken ohne Hinterteil, Männer, die wild blicken und sich nicht auszudrücken wissen, die sich gegenseitig in Anwesenheit Ihrer Majestät abschlachten. Oben schlägt es Köpfe und Hälse ab, unten schlitzt es Leber und Lungen auf. Jene, die das Schwert des Gemeinen schwingen, unterscheiden sich nicht von kämpfenden Hähnen, jeder Morgen kann ein Ende ihres Lebens bringen. Sie sind für die Verwaltung des Staates unbrauchbar."

Ihre Majestät hat die Position eines Sohn des Himmels inne, und dennoch zeigt Ihr Vorlieben für das Schwert des

Shoki, der Dämonenschlächter, Taisho-Ära. Bei Shoki handelt es sich um eine taoistische Sagenfigur, deren Aufgabe es ist, die männlichen Nachkommen der chinesischen königlichen Familie zu beschützen. Seine ikonographische Bedeutung wurde nach Japan importiert, wo er als Beschützer der männlichen Kinder des kaiserlichen Hofs verehrt wird. Auch heute noch findet man diese populäre Figur auf dem First von Dächern und an Eingängen, um das Böse fern zu halten.

Der Schwertpolierer Isaji Toru betrachtet sein Handwerk als Mittel zur persönlichen und spirituellen Weiterentwicklung.

Gemeinen. Darf ich so kühn sein zu sagen, dass es Eurer nicht würdig ist!"

Daraufhin führte der König Chuang Tzu in eine Halle, wo die königlichen Diener mit Tabletts voller Speisen auftraten, aber der König lief nur unruhig im Raum umher.

„Eure Majestät möge sich setzen, sich entspannen und den Geist zur Ruhe kommen lassen" sagte Chuang Tzu, „die Angelegenheit mit dem Schwert ist vorbei und vorüber."

Die chinesische Kampfkunst schätzt das *wen* höher als das *wu*. Dasselbe gilt für die japanische Kultur, die den Kampf durch Diplomatie und Raffinesse zu vermeiden sucht. Dennoch gab es in beiden Nationen generationenlange, blutige Machtkämpfe, und der legendäre Idealtypus des Kriegers konnte sich über alle Zeiten in beiden Kulturen erhalten. Dies spricht auch aus Chuang Tzus grundlegendem Postulat:

Die Kriegskunst besteht nicht darin, 100 Schlachten zu führen und 100 Schlachten zu gewinnen, die Kriegskunst besteht darin, den Feind ohne Kampf zu unterwerfen.

Die Geschichte von Chuang Tzu und König Wen ist ein chinesisches Beispiel für die Metapher des Schwerts. Obwohl sie chinesischen Ursprungs ist, hat sie sicher auch in der japanischen Literatur Eingang gefunden. Im gleichen Maße, wie konfuzianische und taoistische Lehren in den japanischen Kulturkreis eindrangen, wurden auch deren Ideale übernommen. Die Bevorzugung der Weisheit gegenüber der brutalen Gewalt gehört bis heute zu diesen Prinzipien.

Obwohl man die natürliche Kraft des „Flusses" bis heute als typisch für die japanische Ästhetik betrachtet, hat sie eindeutig taoistische Wurzeln. Für jene, die sich für die Metapher des „Schnitts" interessieren, bietet die folgende Erzählung aus den Schriften von Shuangzi ein lehrreiches Kapitel taoistischer Tradition:

Einen Ochsen zerlegen

Der Koch von Prinz Wen Hui,
Zerlegte einen Ochsen.
Er hob die Hand,
Er senkte die Schulter
Er stemmte den Fuß,
Er drückte mit dem Knie
Der Ochse zerfiel in einzelne Teile,
Mit leisem Zischen
Seufzte das glänzende Messer,
Wie der sanfte Wind.
Rhythmus! Takt!
Wie ein heiliger Tanz,
Wie „Der Maulbeer-Hain".
„Gut gemacht!" Bekundete der Prinz,
„Ihre Methode ist makellos!"
„Methode?" Sagte der Koch
und legte das Messer zur Seite,
„Ich folge nur dem Tao
Jenseits aller Methoden!"
„Als ich begann
Ochsen zu zerteilen
sah ich vor mir
den ganzen Ochsen
wie eine einzige Masse.
Nach drei Jahren
Sah ich diese Masse nicht mehr,
ich sah nur die Einzelteile.
Aber nun sehe ich nichts
Mit dem Auge.
Ich nehme mit ganzem Bewusstsein wahr.
Meine Sinne sind offen. Der Geist
Ist frei und ohne Plan
Er folgt bei der Arbeit dem inneren Instinkt
Gelenkt durch die Linie der Natur,
Durch geheime Öffnungen, verborgene Lücken,
Findet mein Messer seinen eigenen Weg.
Ich schneide durch kein Gelenk, durchtrenne keinen Knochen.
Ein guter Koch benötigt ein neues Messer
Einmal im Jahr, er schneidet.
Ein schlechter Koch benötigt ein Neues
Jeden Monat, er hackt!
Ich habe dieses eine Messer
seit 19 Jahren in Gebrauch.
Es hat 1000 Ochsen zerteilt.
Seine Schneide ist so scharf,
als wäre sie frisch geschliffen.
Da gibt es Spalten zwischen den Gelenken,
Die Klinge ist dünn und suchend,
Wenn sie akribisch
Ihre Lücke findet.
Da gibt es genug Platz!
Es geht wie eine Prise
Daher habe ich dieses Messer seit 19 Jahren
Es ist wie frisch geschärft!
Wahrlich es gibt manchmal
Zähe Gelenke. Wenn ich sie spüre
Werde ich langsam, vorsichtig,
Halte zurück, bewege die Klinge kaum,
Und wupp! Das Teil fällt weg
Wie ein Klumpen Erde.
Dann ziehe ich die Klinge zurück,
Ich halte inne
Und lasse die Freude der Arbeit
auf mich wirken.
Ich reinige die Klinge
Und lege sie beiseite."
Prinz Wen Hui sagte:

In der Werkstatt von Meister Isaji befindet sich auf einem Schrein diese geschnitzte Skulptur eines Schwertpolierers. Sie erinnert ihn daran, dass sein Handwerk eine künstlerische und spirituelle Bedeutung hat. Die Gewissenhaftigkeit, mit der er sich seiner Aufgabe widmet, zeigt sich in jeder Bewegung. Wenn man ihn beobachtet, wird der „natürliche Fluss", der sein Lebenswerk prägt, spürbar.

„Das ist es! Mein Koch zeigte mir
wie ich mein eigenes Leben
gestalten sollte!“

Es ist offensichtlich, dass der Taoismus bei den frühen Samurai Japans mit offenen Armen aufgenommen wurde. Das Gedicht drückt eine Wertschätzung für die natürliche Ordnung der Dinge aus. Das Messer des Kochs durchtrennt den Ochsen ohne Widerstand, weil er selbst im Einklang mit der Ordnung des Kosmos steht. So wie ihm das Zerlegen mühelos von der Hand geht, ist seine Erfahrung durch seine Weltsicht geprägt. Auch das Gegenteil ist hier der Fall: Die Erfahrung des Kochs festigt seine Tao-Weltsicht. Den Japanern, die von einer mystischen Natur des Universums ausgehen, ist diese Ideologie vertraut.

Das Echo des Taoismus und Konfuzianismus hallt immer noch in der modernen, japanischen Kultur wider. Im Unterschied zu China war es jedoch hier der Shintoismus, der die Grundlagen legte. In Bezug auf die Ikonographie des Schwerts gelten die konfuzianischen Sozialstrukturen und der taoistische „Fluss“ als die primären Einflussfaktoren. Im selben Maße, wie sie von den von der japanischen Kultur angenommen und adaptiert wurden, nahmen sie – ähnlich wie viele andere Einflüsse – im Laufe der Zeit dezidiert japanischen Charakter an.

JAPANISCHE ADAPTIONEN

Die zitierten Passagen zeigen, dass die führenden Weisen, die die chinesische Politik beeinflussten, auch die Vorbilder für die Samurai-Ideale formten. Diese Entwicklung bewegte sich im Rahmen des weiter gefassten chinesischen Einflusses auf die imperiale Politik Japans, ihre Strukturen und Prozeduren. Wie üblich, adaptierten die Japaner die chinesischen Quellen, verfeinerten sie und formten daraus ein neues Bild des „Gelehrten Kriegers“. Sie machten aus den sophistischen und kämpferischen Tugenden ein an ihre Bedürfnisse angepasstes Ideal.

Viel wurde über die Rolle des Tao in der Ausübung der japanischen Kultur und Künste geschrieben. Dabei ist zu beachten, dass der Taoismus weit in die japanische Geschichte und Gesellschaft hineinreicht und

Dieses Foto zeigt die Reproduktion eines Messers aus der Nara-Zeit, wie es von der Aristokratie als Statussymbol getragen wurde. Solche Messer wurden mit Kordeln am Gürtel befestigt, oft auch mehrere zusammen im Bündel, oder einzeln aufgehängt.

nicht auf die Künste beschränkt ist. Der Einfluss des Tao verfestigt sich soziologisch in dem Prozess des bewussten Lebens. In Japan ist ein Zimmermann nicht nur ein Zimmermann. Er verkörpert das Tao-Prinzip, indem er sein Handwerk mit einer Gewissenhaftigkeit ausübt, die verwandt ist mit der Meditation des Mönchs. Er betrachtet die Zimmerei als einen Weg zur inneren Selbstfindung und Erleuchtung. Seine Werkzeuge sind für ihn notwendige Mittel, um die Reise zur Selbsterkenntnis zu bestreiten. Seine Werkzeuge genießen eine Wertschätzung, die ein Nichtjapaner geradezu als absurd oder obsessiv auffassen würde.

Das Beispiel des japanischen Zimmerers als Vorbild eines „bewussten Im-Moment-Lebens“ hat seine Wurzeln in der Lehre des klassischen Taoismus. Das Bild des Tao-Zimmerers durchdrang die japanische Kultur so sehr, dass sogar der berühmte Schwertführer Yagyu Munenori im Zimmerer ein Symbol für seinen Stil der Schwertkampfkunst sah. Dabei wurde der Taoismus im Laufe der Zeit so sehr in die japanische Kultur eingebettet, dass er heute mehr als japanisches statt als taoistisches Gedankengut wahrgenommen wird.

Dasselbe gilt für den Teemeister, der die Teezeremonie als einen Weg zu einem sinnvollen, sich im Gleichgewicht befindlichen Leben praktiziert. Dem Teemeister wird kein Tee angeboten, es ist der Meister selbst, der den Tee serviert. In dieser Haltung drückt sich die Balance der Kräfte aus, wie sie durch die ineinander verschlungenen Zeichen des schwarzen und weißen *in/yo*-Symbols dargestellt werden.

Auf der Suche nach Bedeutung in der Metapher des Teeservierens kontrolliert der Teemeister jede Bewegung und führt den Dienst mit hingebungsvoller Präzision aus. Die verwendeten Utensilien sind handwerkliche Schöpfungen von hohem Wert. Alle werden sorgfältig ausgewählt, um den feinsinnigen Idealen des *wabi/sabi* gerecht zu werden, einer würdevollen Kombination aus Funktion, Eleganz und bescheidener Schönheit. Man kann verallgemeinernd sagen, dass fast alles, was Japaner tun, einem taoistischen Hintergrund entspringt.

Es gibt zahllose Beispiele von Adaptionen, die die japanische Fähigkeit bestätigen, fremde Kultureinflüsse zu „japanisieren“ . Der Taoismus hat das Bild des japanischen Kriegers geprägt. Der japanische Krieger wiederum praktizierte seinen Beruf auf eine Art und Weise, die den Taoismus reflektierte. Obwohl die meisten Kulturen weltweit eine bestimmte Vorstellung eines wohlwollenden Kriegers vertreten, ist die japanische Version einzigartig in dem Sinn, dass die taoistische Weisheit mit der soziologischen Ausprägung einer strengen Formalität verbunden wird. Man muss festhalten, dass die japanischen Krieger sich im Allgemeinen nicht als Taoisten empfanden. Der Taoismus selbst ist in die japanische Gesellschaft so tief eingedrungen, dass der Suffix „*do*“ (Japanisch für „*tao*“) schon lange zum allgemeinen Schriftgut gehört. Beispiele sind Judo, Aikido und Bushido, um nur wenige zu nennen.

Die Tao-Literatur betonte die schon vorher existierende, shintoistische Betrachtung des Schwerts nicht nur als Kriegsgerät, sondern als Werkzeug zur Erlangung geistiger und seelischer Reife. Es prägte die Geisteshaltung der Krieger durch hartes Training und diente zudem als Metapher. Genauso wie die Krieger ihre ständige Kampfbereitschaft trainierten, trainierten sie auch ihr Bewusstsein. Jahrzehnte und Jahrhunderte harten Trainings der Schwertkampfkunst formten auch die Herzen der Soldaten.

Die Verbindung aus Körper und Geist definiert das Wesen der japanischen Schwertikonographie. Die Darstellungen von schwertschwingenden Göttern unterscheiden sich in der Wahrnehmung der Krieger wenig von den sich dahinter verbergenden Idealbildern. Welche Sinnhaftigkeit die Menschen von den Metaphern ableiteten, war wichtiger als die Form, in der sie in Erscheinung traten. Mündlich, literarisch oder visuell, die Bedeutung der Ikonographie entstand erst im Denken des Kriegers. Der Taoismus formte das kollektive Bewusstsein Japans.

DAS SCHWERT UND DIE KRIEGERISCHE SPIRITUALITÄT

Bei der Betrachtung des Einflusses des Taoismus auf die japanische Kultur wird klar, dass wir keine strengen Grenzen ziehen können. Es ist jedoch nicht zu leugnen, dass durch den Taoismus die Wahrnehmung des Schwerts als Symbol geprägt wurde. Karl Friday, eine anerkannte Autorität der japanischen Militärgeschichte und Kultur, erläutert das komplizierte Zusammenspiel zwischen der Geisteshaltung der japanischen Krieger und ihren spirituellen Vorstellungen: „Die Beziehung der Krieger zum Übernatürlichen war eine Tatsache. Die Notwendigkeit, im Streben nach dem Sieg Moral und Mut zu bündeln, machte die Suche nach göttlicher Hilfe für die Soldaten zu jeder Zeit zu einer natürlichen und naheliegenden Angelegenheit. Darüber hinaus bezogen die Führer ihre Legitimität zur Kriegsführung auch aus religiösen Quellen.“

Schwerter wurden als Werkzeuge zur Kultivierung des Geistes durch hartes Training betrachtet, wobei zugleich die Prinzipien der Harmonie und der Balance angestrebt wurden. Unter Betrachtung der Inhalte des Buddhismus, Konfuzianismus und deren Adaptionen durch die Kriegsführer, bildete sich der Beitrag des Taoismus zur Symbolik des Schwerts und dem Ideal des Kriegers heraus. Als der Buddhismus an Popularität gewann, fanden auch seine Gebräuche und Rituale Zugang zur japanischen Kultur. Wie wir im nächsten Kapitel sehen, ging insbesondere vom esoterischen Buddhismus eine starke Wirkung aus. Nicht zuletzt durch schützende Glücksbringer war sie eine Fundgrube der Symbolik für die japanischen Krieger.

KLINGEN DER NARA-PERIODE

Ähnlich wie bei den politischen Veränderungen durch den Taoismus und Konfuzianismus, zeichnet sich auch die Entwicklung des Schwertdesigns während der Nara-Periode durch Experimentieren und Adaptieren aus. Die wenigen noch erhaltenen Beispiele dieser frühen Schwerter zeigen verschiedene gestalterische und metallurgische Lösungen. Als wichtigste schwertbezogene Entwicklung aus dieser Zeit können wohl die schmiedetechnischen Verfahren zum Falten und Schweißen des Stahls gelten. Dadurch wurden die Klingen widerstandsfähiger und ihre Schneiden schärfer, um nicht zu sagen „rasiermesserscharf“. Durch die beim Falten entstehenden, zahlreichen Stahlschichten ergaben sich mikroskopisch feine Zahnungen entlang der Schneide. Gegen Ende der Nara-Periode entstanden die ersten Klingen mit Krümmung und differenziert gehärteten Querschnitten. In anderen Worten, es entstand das typisch „japanische Schwert“.

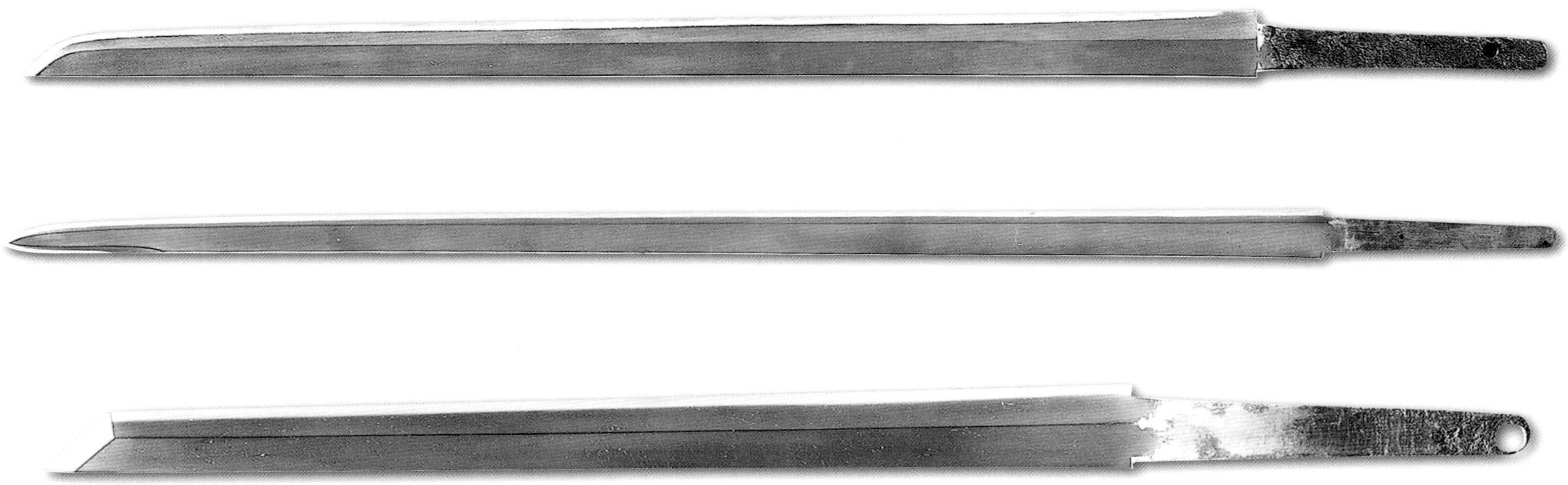

Oben: Diese oberen drei Klingen aus der Nara-Periode gehören zu den Shosoin-Schätzen aus dem kaiserlichen Schatzhaus und damit zur persönlichen Sammlung des Kaisers.

Unten: Eine Beimesser-Klinge mit außergewöhnlichem Design.

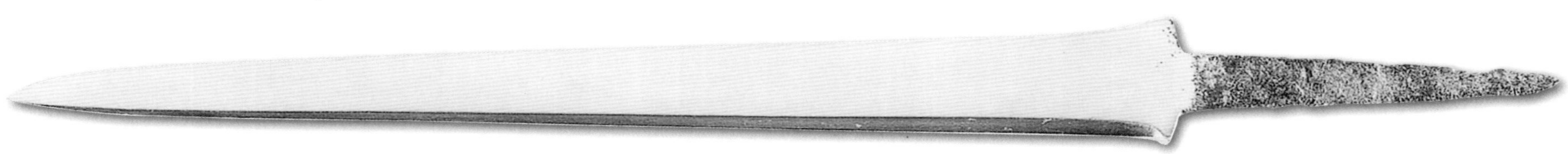

Oben: Viele Klingen aus der Nara-Periode, die im Shosoin aufbewahrt wurden, sind über die Jahrhunderte abhanden gekommen, dennoch handelt es sich um die weltweit größte Sammlung von Schwertern aus der Nara-Periode. Nur noch wenige Zeremonien-Schwerter aus dieser Zeit sind erhalten, die hier gezeigten gehören zu den besten Beispielen. Die Sammlung enthält weitere Waffen, wie einen *teboko* (Speer mit gekrümmter Spitze), *yumi* (Bogen), *ya* (Pfeil), sowie weitere Speere wie den *hoko* (hakenförmiger Speer). Das Design der Nara-Waffen findet sich auch in der Heinan-Periode wieder.

Mitte: Die Länge dieses *koshirae* beträgt 54,4 Zentimeter. Diese Klinge aus der Nara-Periode ist ungewöhnlich kurz. Die Scheide besteht aus hautbezogenem Holz, sie ist schwarz lackiert mit hervorgehobenen, mythologischen Tiermotiven. Beschläge Gold und Silber.

Unten: Die Länge dieses *koshirae* beträgt 87,4 cm. Es handelt sich um ein Kampfschwert in einfacher, aber kräftiger und funktionaler Ausführung. Beschläge aus Eisen, Scheide aus Holz, schwarz lackiert. Die Ösen und der Gurt dienten dazu, die Scheide während der Schlacht an der Rüstung zu befestigen. Die meisten noch erhaltenen Klingen aus der Nara-Periode sind einfache Schwerter, wie dieses Beispiel. Die Beschläge der Kampfschwerter bestehen fast immer aus Eisen oder Kupfer.

Oben links und rechts:
Die Länge dieses *koshirae* beträgt 99,9 cm, gemessen von der *tsuka-gashira* bis zur *kojiri*. Die Länge der Klinge beträgt 78,2 cm. Dies ist das schönste Schwert in der Shosoin-Sammlung. Es wurde mit Papieren aufgefunden, die bestätigten, dass es sich um ein wichtiges Schwert aus dem Besitz des Kaisers Emi no Oshikatsu handelt. Der Griff ist mit Rochenhaut belegt, die Scheide mit schwarz lackierter Pferdehaut. Drei Abschnitte des *koshirae* sind mit Gold belegt. Die roten Schmucksteine sind Kristalle, die grünen Azure. Kupfer-Handschutz in arabesker Ornamentik.

Unten links und rechts:
Die Aristokraten der Nara-Periode trugen kleine Beimesser, *tosu* genannt, als Statussymbole. Diese kleinen Klingen wurden am Gürtel nur mit Kordeln befestigt, so dass sie frei baumeln konnten. Oft wurden mehrere verschiedenartige Messer zusammen mit kleinen Werkzeugen gebündelt, ein derartiges Set stellte quasi den Vorläufer des heutigen Multitools dar.

MITTELALTERLICHE SCHWERTER

Obwohl der Buddhismus im wesentlichen eine eigenständige Philosophie blieb, entwickelte er in Japan seine spezifische Ausprägungsformen. Im Einklang mit dem Shintoismus praktiziert, ist der Buddhismus in der japanischen Kultur stets präsent geblieben. Er hat sich dabei in verschiedene Schulen zersplittert, die wesentlichen Einfluss auf die japanische Kultur ausübten. Frühe esoterische, buddhistische Sekten wie Shingon, Tendai und Rinzai gewannen an Beliebtheit und haben die Ikonographie des Schwerts mitgeprägt. Sie sind auch heute immer noch ein Beispiel dafür, dass Japan äußeren Einflüssen eine eigene Note verleiht, einschließlich der Lehren Buddhas.

Während der Kamakura-Periode bildete sich der Zen als eine Form des Buddhismus heraus, die für die japanischen Krieger leicht zugänglich war. Zuvor war der Buddhismus eine exklusive Angelegenheit für die höheren Samurai-Klassen und den kaiserlichen Hof. Der Buddhismus der Nara-Zeit war extrem akademisch, kompliziert und sehr zeitaufwändig. Während der Kamakura-Periode drang das Zen jedoch auch in die niederen gesellschaftlichen Schichten Japans vor. Im Gegensatz zur elitären Tendai-Sekte vertritt das Zen einfache Praktiken. Shingon, ebenfalls sehr populär unter der Elite, erfreute sich unter den Kriegern aufgrund seiner magischen und schützenden Praktiken etwas größerer Beliebtheit. Während der Kamakura-Periode wuchs die Vorstellung, dass die Endzeit nahe wäre. Mit dem Begriff *mappo*, wörtlich „das Ende des Gesetzes", verbanden viele die Vorstellung, dass das Ende der kosmischen Zyklen bevorstand. Vor Anbruch der neuen Zeit würde das *mappo* Massenvernichtung und Chaos bringen. Das Zen und die Sekten des „Reinen Landes" gewannen durch ihre praktischen, einfachen und gangbaren Wege hin zur Erleuchtung mehr Zuspruch als andere Formen des japanischen Buddhismus. Diese beiden Schulen machten den Buddhismus sowohl unter den Samurai als auch unter dem gemeinen Volk populär.

Das Praktizieren des Zen und nachfolgender philosophischer Schulen war also ein Abwenden von den opulenten und esoterischen Buddhismus-Richtungen und dem Shintoismus. Spätestens als klar war, dass die frühen Formen des Buddhismus die Annäherung an die Endzeit nicht aufhalten konnten, wandten sich viele Japaner dem Zen und den Sekten des „Reinen Landes" zu, in der Hoffnung, diese wären heilbringende Alternativen. Sie glaubten, durch ruhige und nach innen gewandte Meditation oder durch Repetieren des Namens „Amida Buddha" der Erlösung näher zu kommen.

Die japanische Eigenart, Einflüsse von außen anzunehmen und sie schon vorhandenen Glaubensrichtungen anzupassen, war zu dieser Zeit schon lange etabliert. Beispielsweise waren für die adeligen Krieger Shingon-Praktiken und Glücksbringer gegebene Glaubensinhalte, die nie durch Zen ersetzt wurden. Dasselbe gilt für die Übernahme des Shingon in Japan und seiner Hinzufügung zu den vorher existierenden, naiven Glaubensrichtungen und Praktiken. Zen wurde ebenfalls in die schon existierende kulturelle Matrix

Die riesige Bronzestatue des Todaiji Daibutsu nimmt fast die gesamte Halle ein und lässt den Besuchern ringsum wenig Raum zum ehrfürchtigen Bestaunen des großen Buddha.

Gegenüberliegende Seite: Diese Samurai-Rüstung wird im Himeji-Schloss in der Provinz Hyogo aufbewahrt.

Japans eingefügt. Karl Friday schreibt über die mittelalterliche Geisteshaltung der Samurai:

Ein zentraler Aspekt der mittelalterlichen japanischen Geisteshaltung, die sich aus buddhistischen, taoistischen, konfuzianischen und naiven Glaubensrichtungen zusammensetzte, ist die gesamtheitliche, monastische Weltsicht. In dieser Wahrnehmung waren die Phänomene der Wirklichkeit, also der natürlichen oder manifesten Welt, gleichbedeutend der göttlichen Welt. Der Kosmos als Ganzes war durchdrungen durch die Götter der Natur, den kami. Die mittelalterlichen Japaner sahen den Einfluss der Götter überall: Jeder Erfolg oder jeder Misserfolg war das Ergebnis göttlicher Wertschätzung oder Abneigung. Die Menschen lebten oder starben, im Wohlstand oder Niedergang, nach dem Willen und der Laune der Götter, die durchaus gefühlvoll, nahbar und meinungsoffen waren. Die Mächtigen haben regelmäßig Orakel befragt und ihre militärischen Triumphe dem Beistand göttlicher Wächter gedankt, die Niederlagen auf den Entzug göttlicher Zuneigung zurückgeführt.

Wie man diesem Zitat entnehmen kann, vertrauten die Samurai auf ein komplexes Glaubenssystem, das sich aus den Einflüssen verschiedener Richtungen zusammensetzte.

Der Daibutsuden beherbergt den größten freistehenden Buddha Japans, den Todaiji Daibutsu. Obwohl kleiner als das ursprüngliche Gebäude, ist es das größte Holzbauwerk der Welt und ein UNESCO-Weltkulturerbe.

Als das Zen in der kulturellen Szene Japans auftauchte, waren die Krieger von seinen relativ einfachen Praktiken angetan. Zudem griff es auch auf taoistische Lehren zurück, wodurch es gut in das japanische Denkmuster passte. Es hat insbesondere die Vorstellung vom „Weg des Kriegers“ geprägt. Auch in den modernen japanischen Künsten ist das Zen so präsent, dass es die japanische Ästhetik und viele Praktiken immer noch definiert.

Der Heian Jingu ist ein während der Heian-Zeit gebauter Schrein.

DIE HEIAN-PERIODE

(794 – 1185 n. Chr.)

In der Heian-Periode spalteten sich mächtige und einflussreiche Clans, wie die Taira und die Minamoto, von dem zunehmend korrupten kaiserlichen Fujiwara-Hof ab. Die kaiserliche Familie lud die militärischen Führer der beiden separatistischen Clans ein, sich dem Herrscherhaus anzuschließen. Der Taira-Clan übte daraufhin die Herrschaft zwei Jahrzehnte lang aus, wobei ihre Brutalität bei anderen Clanführern Empörung hervorrief. Schließlich führte die politische Unruhe zu einem Umsturz und einer Beseitigung der Taira. Dies begünstigte den Minamoto-Clan und verhalf ihm zu einer zentralen Stellung.

Das Kamakura-Shogunat etablierte sich, als Minamoto Yoritomo den Taira-Clan besiegte. Yoritomo richtete eine Militärregierung ein und verlegte die Hauptstadt nach Kamakura (in der Nähe des heutigen Yokohama). Als Bestätigung der Autorität von Yoritomo verlieh ihm der Kaiser den Titel *Seii-Tai-Shogun*, „der die Barbaren vernichtende General“. Das bedeutete, dass Minamoto Yoritomo die komplette Militär-Gewalt über Japan innehatte und den Kaiser in seiner Führungsrolle zurückdrängte.

Die Krieger waren jedoch nicht die einzigen politischen Kräfte in dieser Zeit. Der Buddhismus blühte und entwickelte seine japanischen Eigenarten, wie beispielsweise die Amida-, Zen- und militanten Lotus-Sekten. Durch die Etablierung eines Feudalstaats markierte die Heian-Periode auch den Bruch Japans mit den konfuzianischen Idealen. Die Machtergreifung ging einher mit der Einrichtung von Kamakura als Hauptstadt.

DIE KAMAKURA-PERIODE

(1185 – 1333 n. Chr.)

Die Kamakura-Periode war gekennzeichnet durch Machtkämpfe zwischen dem kaiserlichen Hof, mächtigen Kriegsfürsten und einflussreichen religiösen

Führern. Zudem waren diese drei Machtgrößen durch die Bedrohung fremder Invasoren herausgefordert. Falls die japanischen Inseln unter fremde Kontrolle kommen würden, hätten alle Machthaber ihren Status und ihren Besitztum verloren. Der Beginn der Kamakura-Periode ist jedoch durch den Machtkampf zwischen den Kriegsfürsten und dem Kaiser gekennzeichnet.

Minamoto Yoritomo hatte die Befugnis, seinen Nachfolger zu ernennen, der allerdings erst 17 Jahre alt war, als der Herrscher starb. Es kam zu einem Machtkampf zwischen den anderen Mitgliedern des kaiserlichen Hofes. Im Jahre 1205 übernahm Hojo Tokimasa offiziell die Kontrolle über den Hof und folgte damit Yoritomo nach. Die militärische Kontrolle über Japan war damit, trotz des Widerstandes des Kaisers Go-Daigi, in den Händen des Hojo-Clans, der in der Folgezeit von Kamakura aus herrschte.

Zu dieser Zeit konkurrierten in Japan demnach zwei Herrscher: Der erste war der Kaiser, der sich immer noch als Nachkomme der Sonnengöttin (Amaterasu) fühlte. Der zweite war die Hojo-Familie selbst, die die Befehlsgewalt über das Militär innehatte. Zu jener Zeit war die Rolle des Kaisers jedoch schon auf den Status einer Marionette geschrumpft. Obwohl er versuchte, die Kontrolle über das Land wieder zu erlangen, wurden die Hojo immer mächtiger. Der Kaiser hatte keine Autorität mehr, die Armeen der Daimyo (Landesfürsten) zu befehligen. Dem kaiserlichen Hof wurde in Regierungsfragen jedoch immer noch Respekt gezollt. Die Daimyo fürchteten den Zorn der Götter, da sie an die göttliche Blutlinie ihres Kaisers glaubten.

Zu den schwerwiegenden Ereignissen der Kamakura-Zeit zählten die mongolischen Invasionen zwischen 1264 und 1281. Zu dieser Zeit war Kublai Khan der Kaiser von China. Er war der Enkel des legendären Dschingis Khan, der das asiatische Festland durch den Einsatz von Langbogen, Katapulten anderen militärischen Technologien verwüstete. Im Jahre 1268 schickte Kahn Gesandte nach Japan mit der Forderung, dass sich das Land seiner Herrschaft unterwerfen solle, jedoch ging der Hojo-Clan nicht darauf ein. Im Jahre 1274 setzte Kahn mit 150 Schiffen und 30.000 Männern von Korea aus nach Kyushu über.

Bis zu dieser Zeit gingen jeglichen kriegerischen Kämpfen in Japan Verhandlungen und diplomatische Auseinandersetzungen voraus, gefolgt von Schlachten, die in hohem Maße ritualisiert waren. Doch der schreckliche Überfall der mongolischen Armeen ließ jede Etikette vermissen. Die japanischen Generäle waren schockiert, als die mongolischen Armeen anlandeten, ohne Warnung oder Vorankündigung mit Legionen von Soldaten auf das Schlachtfeld marschierten und mit den Offensiven begannen.

Die japanischen Einheiten, durch die Taktiken der Mongolen und ihre technische Überlegenheit völlig aus dem Konzept gebracht, mussten schwere Verluste hinnehmen. Die Schlachten waren blutig und schrecklich, aber am Ende des Konflikts zeichnete sich ab, dass die Samurai nicht erfolglos gekämpft hatten. Am 19. November 1274 zogen die Mongolen während der Nacht die Schiffe zurück. Dann folgte ein zerstörerischer Sturm, der die Flotte weitgehend vernichtete. Die Mongolen segelten darauf hin nach Korea zurück und reorganisierten sich. Khan war überrascht und wütend, dass die japanischen Armeen seinen Truppen so starken Widerstand entgegenbrachten. Er forderte von Japan erneut, dass es ihn als Herrscher anerkannte, aber wiederum ging die Hojo-Familie darauf nicht ein.

Nach weiteren militärischen Erfolgen in China kehrte Khan im Juni 1281 mit 140.000 Männern an die Küste Japans zurück. Obwohl die Hojo inzwischen Befestigungsanlagen entlang der westlichen Küste gebaut hatten, sah es für Kahn so aus, als könnte er Japan besiegen und unter seine Herrschaft bringen. Die Japaner jedoch, die von den Taktiken der Mongolen gelernt hatten, wandten eine klügere Strategie an: Sie schickten kleinere Schiffe aus, um die großen und schlecht manövrierbaren chinesischen Schlachtschiffe zu attackieren. Da ein Anlanden wegen der Befestigungsanlagen nicht möglich war, wurden die Auseinandersetzungen über mehr als 50 Tage auf offener See ausgetragen. Dann traf ein Taifun die mongolische Flotte, die sich gerade in flache Gewässer zurückgezogen hatte. Die Flotte wurde zerstört und der mongolische Angriff damit abgeschmettert. Die Japaner betrachteten dieses Ereignis als göttlichen Eingriff und nannten den hilfreichen Sturm *kamikaze*, „göttlicher Wind“.

Die Kämpfe gegen die mongolischen Invasoren und der darauffolgende Sieg der Japaner brachte auch in die religiösen Strömungen dieser Zeit neues Leben.

Der Kinkakuji, der Goldene Pavillon, wurde 1393 als Ruhesitz für den Shogun Ashikaga Yoshimitsu (1358 – 1409) gebaut. Nach seinem Tod wurde er der buddhistischen Rinzai-Zen-Sekte übereignet.

Ein Torwächter observiert die Besucher des Horyuji-Tempels.

Himeji-jo, das „Schloss des Weißen Kranichs“, wurde 1346 auf dem Gipfel des Berges Himeji gebaut. Seine geniale Architektur zeichnet sich durch komplexe und verwirrende Verteidigungsanlagen aus. Das Schloss wurde vielfach zerstört und wieder aufgebaut. Heute ist es eines der besten Beispiele für die Festungsarchitektur Japans.

Musketen, wie diese im Himeji-Schloss ausgestellten, haben das Wesen der japanischen Kriegsführung grundlegend verändert.

Oda Nobunaga erbaute die Azuchi-Festung im Jahre 1576, in einer strategisch günstigen Position über der damaligen Hauptstadt Kyoto. Seine Burg, eher einem Palast vergleichbar, war mit allem Komfort ausgestattet und diente zugleich dazu, mögliche Feinde zu beeindrucken. Das siebengeschossige Gebäude war ein Denkmal seines Charakters und seiner Willensstärke.

Die buddhistischen Mönche beanspruchten, zum Beistand des *kamikaze* beigetragen zu haben. Die religiösen Gruppierungen gewannen an Popularität und verbuchten einen großen Zulauf. Gleichzeitig stiegen die Spannungen. Nach den Auseinandersetzungen zwischen dem Kaiser und dem Hojo-Clan, schalteten sich nun auch die religiösen Gruppierungen in den Kampf um Macht, Status und Reichtum ein. Der Beginn des 14. Jahrhunderts war durch eine gegenseitige Blockade dieser drei mächtigen soziologischen Kräfte gekennzeichnet.

Während der Kamakura-Periode erreichte der Buddhismus seinen Zenit. Einzelne Sekten wuchsen zu bedeutenden Machtfaktoren heran. Die Vorstellung, dass man das persönliche Leiden durch Hinwendung zu höheren Mächten beenden könne und sich dem Glauben anvertraut, verlieh den religiösen Zentren eine zunehmende politische und militärische Ausrichtung. Die selbstbewussten Mönche und Nonnen verbündeten sich mit mächtigen Daimyos und verbesserten so ihre Stellung in der Gesellschaft.

Der Kaiser, dem durch den Hojo-Clan die Verbannung drohte, sammelte Verbündete um sich und ging zum Angriff über. Die besonderen politischen Umstände während der Kamakura-Zeit erforderten vom Kaiser Go-Daigo ein sorgsam geplantes, strategisches Vorgehen. Die Auseinandersetzungen erfuhren eine überraschende Wende, als einer der stärksten Generäle der Militärregierung, Ashikaga Takauji, sich gegen die eigenen Verbündeten wandte. Ashikaga Takauji schloss sich den Truppen des Kaisers an und besiegte die Kräfte der Kamakura-Hojo-Regierung. Diese Kehrtwendung versetzte Ashikaga in die Lage, vom Kaiser die Anerkennung als nächster Shogun zu gewinnen.

DIE MUROMACHI-PERIODE

(1392 – 1573 n. Chr.)

Diese besonders unruhige Periode zählte zu den schrecklichsten und blutigsten Zeiten in der Geschichte Japans. Paradoxerweise ist sie jedoch auch durch eine unerwartete kulturelle Blüte gekennzeichnet. Das Ashikaga-Shogunat (1338 – 1573) war die beherrschende Macht während der Muromachi-Periode. Die Ashikaga wählten als Stützpunkt für ihre militärischen Operationen den Muromachi-Distrikt in Kyoto. Die wachsende landwirtschaftliche Produktion und der lebhafte Handel mit China und Korea stärkte zunehmend auch die unteren Klassen. Trotz der wirtschaftlichen Fortschritte und dem Gedeihen der Künste wie Teezeremonie oder Theater war das Land sehr von Unruhen geprägt. Zwischen den mächtigen Familien herrschten Animositäten, die zur Instabilität Japans beitrugen.

In der Muromachi-Zeit liegt auch die sogenannte Sengoku-Ära, auch als „Zeit des fortwährenden Krieges" bezeichnet. Der Import portugiesischer Feuerwaffen-Technologie heizte die politischen Konflikte zusätzlich an. Obwohl die Anwendung von Musketen als unehrenhaft galt, wurden sie zunehmend mit großer Effektivität eingesetzt. Neue militärische Strategien führten auch zu einem veränderten Stil der Schwerter. Die Samurai der frühen Zeit benutzten lange, dünne und stark gekrümmte Klingen, *tachi* genannt. Das *tachi* wurde mit der Schneide nach unten getragen und vom Pferd aus geführt. Unter dem Eindruck des Erfolgs der mongolischen Fußsoldaten und des Gebrauchs von Feuerwaffen setzten die Samurai-Generäle zunehmend Infanterie statt berittener Truppen ein. Das japanische Schwert wandelte sich zu einer Waffe, die *katana* genannt wurde. Sie verfügte über eine kürzere und stärkere Klinge, die mit der Schneide aufwärts zeigend am Hüftgurt befestigt wurde.

Während der späten Sengoku-Ära kamen aufeinander folgend drei Männer an die Macht, die schließlich Japan zur Einheit führten: Oda Nobunaga, Toyotomi Hideyoshi und Tokugawa Ieyasu. Die späte Sengoku-Ära war durch eine Serie von Schlachten, ausländischen Übergriffen und Umsturzversuchen geprägt. Oda Nobunaga riss die Macht im Eiltempo und mit Rücksichtslosigkeit an sich. Er bediente sich großer Infanterie-Armeen, die mit Musketen ausgestattet waren. Seine Truppen suchten hinter provisorischen Bewehrungen Schutz, während sie die Gewehre luden und sich neu in Position brachten. Mit dieser Taktik gelang es, die Feinde zu unterwerfen. Sobald sich der Widerstand gegen seine Machtpolitik verstärkte, wurde er erbarmungslos mit Waffengewalt erstickt. Bald verlieh sich Nobunaga den Titel eines Vize-Shoguns unter Ashikaga Yoshiaki. Nobunaga konnte sich nicht selbst zum Shogun ernennen, da dies nur auf dem Erbschaftsweg innerhalb der kaiserlichen

Familie möglich war. Dennoch etablierte sich Nobunaga als führender Entscheidungsträger in militärischen Angelegenheiten. Im selben Maße wie die Macht des Ashikaga-Shogunats schwand, kam Nobunaga seinem Ziel näher „ganz Japan unter ein Schwert zu bringen".

Um seine Machtposition weiter zu stärken, wandte sich Nobunaga den buddhistischen Sekten zu, die mit seinen Rivalen verbündet waren. Er verfolgte die Buddhisten erbarmungslos. Obwohl die Mönche auf eine stolze Tradition in den Kampfkünsten bauten, konnten sie gegen Nobunagas gut gerüstete Armeen nicht ankommen. So zerstörte Nobunaga die Tempel von Jodo Shin-Shu und Tendai am Berg Hiei, wobei 20.000 Mönche und Nonnen getötet wurden.

Im Jahre 1582, als er seine Truppen zur Unterstützung von Toyotomi Hideyoshi bei der Eroberung der Takamatsu-Burg abkommandierte, war Nobunaga zeitweise ohne Schutz. Man lauerte ihm in einem Tempel in Kyoto auf, wo er hilflos in der Falle saß. Seinen sicheren Tod vor Augen beging Nobunaga Selbstmord (*seppuko*). Die plötzlich vakante Position als Heerführer wurde daraufhin von Toyotomo Hideyoshi, einem von Nobunagas führenden Generälen, eingenommen. Er bekam Unterstützung von anderen Daimyos und schlug damit die Revolte der illoyalen Daimyos und buddhistischen Anführer nieder. Hideyoshi schloss ein Bündnis mit Tokugawa Ieyasu, das ihm seine Machtposition garantierte.

Toyotomi Hideyoshi war der zweite von drei Einheitsstiftern. Im Jahre 1588 konfiszierte er alle Schwerter von Nicht-Samurai und verstärkte damit zusätzlich seine Rolle als militärischer Machthaber. Tausende Schwerter wurden eingezogen und zur Herstellung einer Buddhastatue eingeschmolzen. Damit stellte er seinen uneingeschränkten Machtanspruch, genauso wie seine politische Taktik unter Beweis. Hideyoshi stellte auch feste Regeln für eine Klassengesellschaft auf, die keine Aufstiegsmöglichkeiten vorsahen. Das bedeutete: Wenn jemand als Bauer geboren wurde, würde er oder sie auch als Bauer sterben. Dasselbe galt für Handwerker oder Händler. Nachdem er sich in Japan als uneingeschränkter Führer etabliert hatte, richtete Hideyoshi seinen Blick auf die koreanische Halbinsel und China.

Im Jahre 1590 landeten seine Truppen in Korea, nahmen den Hafen von Pusan ein und drangen weiter in Richtung China vor. Die koreanische Führung floh und bat die Chinesen um Hilfe. In falscher Einschätzung der japanischen Gefahr schickte Ming nur 5.000 chinesische Soldaten, um die Japaner aufzuhalten. Die 200.000 japanischen Samurai vernichteten die koreanischen und chinesischen Kräfte. Es schien so, als könne nichts die Japaner stoppen. Allerdings hatten sie einen wunden Punkt: ihre Nachschubwege. Die Versorgung der japanischen Soldaten musste über eine große Entfernung von Japan aus erfolgen.

Den koreanischen Landtruppen gelang es nicht, den Ansturm von Hideyoshis Armee zu bremsen, jedoch war die koreanische Marine im Kampf gegen die japanischen Versorgungsboote erfolgreich. Der berühmte koreanische Marinekommandant General Yi Sun Sin erfand das „Schildkrötenboot." Diese Schiffe, ausgestattet mit nagelbewehrten Oberdecks, Flammenwerfen, Kanonen und Rammsprieten, waren den japanischen Versorgungsbooten weit überlegen. Die 125 Meilen breite Meeresenge zwischen Japan und Korea kam fast vollständig unter die Kontrolle der Schildkrötenboote. Die ohnehin schon verarmten Koreaner verbrannten ihre Ernten und nahmen eine Hungersnot in Kauf, um die Japaner zurückzuwerfen. Da den Samurai für eine lang andauernde Invasion in China die Lebensmittel und Vorräte ausgingen, waren sie gezwungen, sich aus Nordkorea in den südlichen Hafen von Pusan zurückzuziehen. Hideyoshi machte noch einen weiteren Versuch in nördliche Richtung vorzustoßen, hatte jedoch keinen langfristigen Erfolg.

Inzwischen stiegen auf japanischem Boden die Spannungen zwischen den mächtigen religiösen Organisationen und der Militärregierung. Hideyoshi, der die buddhistischen Sekten verachtete, wandte nun seine Aufmerksamkeit den anfangs tolerierten Christen zu. Er erzürnte sich über eine Gruppe von Franziskanern, die in dem für Kirchen gesperrten Distrikt von Kyoto Gottesdienste abhielten, und ließ sie für ihr Vergehen hinrichten.

Die Glocken unter den ausladenden Dächern der Pagode verbreiten schon bei geringstem Windhauch zarte Töne. Man sagt, sie sollen Vögel abhalten, aber auch böse Geister, die auf der Lauer liegen.

Der Enryakuji-Tempel-Komplex, auf dem Gipfel des Bergs Hiei, ist das Hauptquartier der esoterischen buddhistischen Tendai-Sekte. Seine Geschichte ist so dunkel und mystisch wie die Wolken, die sein Gelände einhüllen.

Mit Bögen und Speeren bestritten die Samurai die erste Angriffswelle – erst danach kam das Schwert zum Einsatz.

Die Situation für die christlichen Missionare verschlechterte sich zusätzlich, als im Jahre 1592 ein spanisches Schiff, die *San Felipe*, an der Küste im südlichen Japan strandete. Der Kapitän des Schiffs zeigte eine Karte, auf der die Welt in zwei Hälften unter den Europäern – ohne Berücksichtigung der Japaner – aufgeteilt war. Der Kapitän bekundete, dass das spanische Militär einschreiten würde, falls ihm oder seine Ladung etwas zustoßen würde.

Was den Daimyo am meisten alarmierte, war jedoch folgende Botschaft des Kapitäns: Die christlichen Missionare besiedelten viele Länder, konvertierten die Einwohner und stürzten in der Folge die existierende Regierung, um dann die Kontrolle über den Reichtum des Landes zugunsten der Kirche zu übernehmen. Es lag die Vermutung nahe, dass die Jesuiten, die Massenkonvertierungen vornahmen, einen Aufstand in Japan vorbereiteten. Als Hideyoshi das hörte, befahl er, alle Missionare des Landes zu verweisen. Die verbleibenden japanischen Christen sollten der Bibel abschwören. Viele flohen, Tausende wurden ermordet.

Toyotomi Hideyoshi starb im Jahre 1598, sein Nachfolger war Tokugawa Ieyasu. Hideyoshis Sohn versuchte noch um die Position seines Vaters zu kämpfen, er wurde jedoch von der mächtigen Tokugawa-Armee unterworfen. Nach einer Reihe weiterer Auseinandersetzungen etablierte sich Tokugawa als der führende militärische Machthaber in Japan. Obwohl er später für die von ihm geschaffene, langjährige Epoche des Friedens berühmt werden sollte, musste er jedoch zuerst Ordnung im Land schaffen. Die zentralisierte und stabile Regierung mit ihrer Epoche des Friedens kennzeichnet den Übergang vom mittelalterlichen zum vormodernen Japan.

DAS SCHWERT IM ESOTERISCHEN BUDDHISMUS

Während der Zeit, als der Nihon Shoki und der Kojiki geschrieben wurde, erlebten die chinesischen Philosophien in Japan einen Aufschwung. Das Ergebnis war eine Zusammenführung von shintoistischen und buddhistischen Dogmen und Praktiken. Wie Joseph Campbell schrieb „waren die beiden Religionen so eng vermischt, dass man nicht sagen konnte, wo der Buddhismus endet und der Shintoismus beginnt." Auch die Symbolik des Schwerts wurde von den kombinierten und einander angepassten Ideologien beeinflusst. Ebenso wie die frühen japanischen Schwerter aus China importiert wurden, übernahm man auch den Symbolcharakter der Klingen.

Die Entwicklung des Schwerts hin zu einem Symbolobjekt war begleitet von gesellschaftlichen Veränderungen. Die Samurai, die das Schwert trugen und verehrten, konnten sehr wohl dessen Bedeutung als Machtsymbol einschätzen. Auch die normale Bevölkerung war sich bewusst, dass das Schwert ein Zeichen sowohl der Strafe als auch der Wohltat darstellte. Die Hand und die Geisteshaltung des Schwertführers war gleichbedeutend mit dem Schutz der Bevölkerung, der Abweisung von Feinden und der Unterdrückung des Bösen. Auf dieser Ebene war das Schwert ein Abbild der Seele Japans. Das Bild des „Weisen Kriegers" wurde, wie viele andere Einflussfaktoren, von China übernommen und an die besonderen Umstände der japanischen Kultur angepasst.

Die Japaner sahen eine Verwandtschaft zwischen der Mystik des esoterischen Buddhismus und den shintoistischen Werten und Praktiken. Anstatt also den shintoistischen Glauben zugunsten des Buddhismus aufzugeben, stellten sie eine Verbindung des einen mit dem anderen her. Das Ergebnis war eine dezidiert japanische Version der importierten Glauben, nachdem der Buddhismus bereits in seiner chinesischen Ausprägung eine Mischung aus Taoismus und Konfuzionismus darstellte. Die Japaner verehrten, genauso wie die Chinesen, mystische Aspekte des Universums, jedoch mehr aus ihrem shintoistischen Blickwinkel heraus. Die Offenheit gegenüber der Mystik ermöglichte es, dass die esoterischen, aus China importierten Praktiken wie Puzzleteile in ihr Weltbild passten.

BUDDHISTISCHE GESCHICHTEN SCHWERTFÜHRENDER GÖTTER

Die führenden Patriarchen des esoterischen Buddhismus in Japan waren die Mönche Kukai (774 – 835) und Seiko (767 – 822). Kukai , der auch Kobo Dashi genannt wird, gründete die Shingon-Sekte des esoterischen Buddhismus, Seiko gründete die Tendai-Sekte.

Als sich jedoch herausstellte, dass Hundertschaften verschiedener Götter, die die Mandalas bevölkerten, selbst für das polytheistische Japan zu viel waren, wurde ihre Anzahl allmählich auf 13 zentrale Figuren der Huldigung reduziert. Die Gottheiten Fudo, Monju und Jikokuten sind besonders relevant. Fudo ist die Verkörperung von Buddhas Weisheit. Von Monju Bosatsu glaubt man, dass er, nachdem er als Mensch Erleuchtung erlangte, zum irdischen Reich zurückkehrte, um anderen „den Weg" zu zeigen.

Jikokuten stellt die Verbindung her zwischen Himmel und Erde und schützt alle empfindsamen Geschöpfe, ebenso wie die Götter. Alle drei faszinierenden Gestalten tragen das Schwert und bieten den irdischen Schwertführern ihre Lehre an.

FUDO MYO-O (ACALA)

Die Samurai verehrten besonders Fudo Myo-o, den standhaften Wächter. Dem Patron der Schwertträger wurde als Sinnbild und Schutzgott von Generationen von Kriegern gehuldigt. Myo-o werden im esoterischen Buddhismus auch *hotoke* (Verkörperung Buddhas), genannt – jene, die den Buddhismus schützen und seine Feinde zurückschlagen. Fudo sind, wie alle Myo-o, Freunde und Beschützer der Anhänger der Shingon- und Tendai-Sekten des Buddhismus und darüber hinaus der gesamten Menschheit.

Obwohl er meistens von zwei jugendlichen Dienern begleitet wird, nimmt man Fudo als beängstigende Gottheit wahr. Mit vorstehenden Zähnen und starrem Blick steht er unbeweglich da, wobei er von Flammen umgeben ist. Seine Haut hat einen blaugrünen Ton. Er steht meist auf einem Felsen und zeigt damit an, dass er so standhaft ist wie der Berg unter ihm. In einer Hand hält er ein *suken*, ein gerades, doppelseitiges Schwert mit einem *vajra-Griff* („Donnerblitz" im Sanskrit). In der anderen Hand hält Fudo ein *kensaku* (Seil). Er führt diese Waffen mit wilder Entschlossenheit. Fudos Blick ist visionär und einschüchternd. Es ist jedoch nicht seine Intention, die Menschen zu erschrecken. Er ist auch nicht der Wächter des Höllentores, eine Position zwischen den Buddhisten und Existenzen ewigen Leidens in den Flammen, auch ist er keine teuflische Gestalt. Vielmehr dienen sein Schwert, das Seil und sein Auftritt der Abwehr böser Mächte.

Fudo benutzt sein Schwert zum Durchtrennen menschlicher Irrwege und zum Auflösen der Verblendungen, wie Egoismus, Gier und Neid. Er benutzt sein *kensaku*, um jenes Böse zu binden, das er nicht mit seinem *suken* durchtrennen kann. Sein Ausdruck und seine Erscheinung sind tatsächlich erschreckend, aber nicht für die Menschen, die er beschützt. „Der Weise, der sich der Erleuchtung nähert, erkennt, dass Fudo den Prajna symbolisiert, den Standhaften, den Zerstörer der Irrungen." Seine Einschüchterung gilt den Gegnern von Buddhas Lehren. Das Bild Fudos soll sich unvergesslich in das Denken des Betrachters einprägen. Seine geistige Präsenz soll dem Krieger dauerhaft zur Seite stehen und ihm in Zeiten der Gefahr Hilfe und Sicherheit bieten.

Auch in unserer Zeit haben Ausübende der japanischen Schwertkunst sicherlich vom Lehrer schon die Phrase gehört „dass das Schwert den Irrweg des Schwertführers durchtrennen solle". Das wird dem Schüler als eine Art Glücksformel mit auf den Weg gegeben. Obwohl dieses Konzept griffig ist, macht es keinen Sinn, es aus seinem Bedeutungsumfeld herauszureißen. Ein vertieftes Verständnis für den Ursprung des Fudo und seiner Symbolik ist jedoch auch für uns moderne Menschen im Westen eine Bereicherung.

Wie Fudos unheimliches Bild zeigt, gibt es auch noch eine andere Seite dieser Gestalt. Fudo ermahnt den Krieger, was ihn erwartet, wenn er vom rechten Pfad abweicht: „Wenn du böse wirst, werde ich deine fehlgeleiteten Intentionen binden und abschneiden." Dieser Ausdruck einer universellen Dualität steht nicht im Widerspruch zu Fudos grundsätzlichem Wohlwollen. Die Eigenschaften des *in-yo* (Ying-Yang) oder *omote* (hinten) und *ura* (vorne) sind auf alle Erscheinungsformen des Universums anwendbar, einschließlich des Fudo.

DIE SUTRA DES HEILIGEN FUDO

Einmal erschien Fudo während einer großen Versammlung von Buddha-Anhängern. Dieser Fudo war außerordentlich mächtig: In seinem dunklen Gesichtsausdruck zeigte sich große Leidenschaft, beim Einnehmen des Diamantensitzes offenbarte sich seine Standhaftigkeit, und seine Weisheit wurde durch die ihn umgebenden Flammen offensichtlich. Mit seinem Schwert der Erkenntnis durchtrennte er die drei Irrungen, die Gier, Ehrfurcht und den Irrweg, mit seinem Samadhi-Seil fesselte er die Feinde des Buddhismus. Körperlos wie der Innenraum des Dharmas hat Fudo keinen Wohnsitz, sondern lebt in den Herzen aller empfindsamen Wesen. Er ist der Diener aller, er ermutigt die Wohlwollenden auf ihrem Weg zur Erlösung. Als die Versammlung diese Lehren hörte, wurden sie von allen mit großer Freude angenommen.

Fudo ist unter allen Shingon-Gottheiten aus vielen Gründen eine zentrale Gestalt. Er allein besitzt die Macht, die Gebete und Anliegen der Buddhisten den Dainichi Nyorai, der Versammlung der Shingon-Gottheiten, zu übermitteln. Obwohl das nicht sehr bekannt ist, sind die Dainichi Nyorai die wichtigsten aller Buddhas. Man glaubt, dass sie überall und in jeder

Fudo Myo-o, der Standhafte, steht stets zu seiner Pflicht, der Menschheit zu helfen. Obwohl von Flammen umgeben, ist sein Wille unerschütterlich. Er benutzt sein Schwert nicht um zu verletzen, sondern um die fehlgeleiteten Gedanken irrender Menschen abzuschneiden.

Dieses *horimono* zeigt den unter einem Wasserfall stehenden Fudo.

Dieses *horimono* bildet den schwerttragenden Fudo unter dem Sanskrit-Zeichen seines Namens „Acala“ ab.

Erscheinung präsent sind. Alle anderen Buddhas und göttlichen Wesen gelten tatsächlich als Abbilder der Nyorai.

Obwohl Fudo in erster Linie mit der Shingon-Sekte in Verbindung gebracht wird, verehrt ihn auch die Tendai-Sekte. Er ist die zentrale Gestalt in der Myo-o, der kriegsbezogenen Personifikation von Buddhas kosmischer Weisheit. Indem sie ihre Gebete an Fudo richteten, suchten die Samurai göttlichen Beistand in der Schlacht. Häufig wurden geheime Mantras rezitiert, in Verbindung mit *mudras* (Sanskrit für „Handhaltung für einen Zugang zu den Göttern“). Mudras ermöglichten die Übertragung von Mut, gewährten Schutz und wehrten das Böse ab. Dave Lowry schreibt über abwehrende Zaubersprüche der Shingon:

Das Ritual des Mikkyo- (Shingon) Meisters beinhaltet sowohl bildliche Kunst (Mandalas) als auch Gesänge oder körperliche Ausdrucksformen. Das bekannteste Beispiel sind die kuji-kiri, Fingerübungen, bei denen jeder Gottheit eine spezielle Form der ineinander verschränkten Finger zugeordnet ist. Vereinfacht ausgedrückt kann man diese Zeichen als Zauberformeln deuten. Im übertragenen Sinn handelt es sich um komplexe Rituale, die angesichts von einer drohenden Gefahr Vertrauen, Geistesgegenwärtigkeit und eine gewisse Gelassenheit hervorrufen sollen. Durch die Anwendung des Mikkyo wird also mithilfe bildlicher Darstellungen, von Zaubersprüchen, bestimmten Formeln oder des kuji-kiri Zugang zu speziellen Gottheiten gesucht, die dem Anwender Kraft geben oder das Ansinnen des Gegners verraten oder ganz generell Schutz gewähren.

Für die adeligen Krieger war Fudo der wichtigste Ansprechpartner für ihre Bitten um Schutz, Mut und Kraft für eine unerschütterliche Tugend. Eine bestimmte Handstellung, die *kai*, steht stellvertretend für Fudos Beistand. Die *kai* entspricht der christlichen Gebetshaltung mit verschränkten Fingern und mit dem rechten Daumen überkreuzt. Die Gesetzmäßigkeiten dieser esoterischen Praktiken und das Wissen wie und wann man sie anwendet, werden auch heute noch in der Regel gegenüber Außenstehenden geheim gehalten. Darüber hinaus ist Fudo der Übermittler der Gebete der Buddhisten zu den Dainichi Nyorai, dem Pantheon der Shingon-Gottheiten und *bodhisattvas*. Es lag im vitalen Interesse des Kriegers, seine eigenen Methoden zur Kontaktaufnahme mit Fudo und für das Übermitteln der Gebete geheim zu halten. Auch heute noch ist für Außenstehende der Kern des *kuji-kiri*-Rituals kaum zugänglich.

DAS SCHWERT DES FUDO

In der japanischen Kultur wird Fudos Schwert nur durch das berühmte shintoistische „Schwert, um Wolken zu sammeln“ an Bedeutung übertroffen. *Suken*, das gerade Schwert, steht symbolisch für Fudos außerordentliche Fähigkeiten. Die Samurai haben oft mit Darstellungen des *suken* ihre Rüstungen, Helme und Schwertbeschläge verziert. Das *suken* diente als Talisman, es war ein Beschützer, der sich auf Fudos Macht berief und durch den man auf die Unterstützung des Dainichi Nyorai, des „kosmischen Buddha“, zählen konnte. Viele glaubten, dass allein die Darstellung des *suken* eine Inkarnation des Fudo mit sich brachte. *Suken*-Bilder werden meist als *horimono* (Reliefs) in die Seitenflächen der Klingen eingraviert. Beim Einstechen der Motive durch den Schwertschmied geht der Geist des Fudo symbolisch in die Klinge über. Zugleich wird dem Schwertbesitzer angesichts einer Auseinandersetzung ein standfester Wille verliehen. Das *suken horimono* hat darüber hinaus die Funktion eines Kommunikationskanals zwischen dem Krieger und dem Dainichi Nyorai. Der andere Kommunikationsweg zum Dainichi Nyorai ist das *horimono* der Fudo-Darstellung selbst. Auf beiden Wegen versuchten sich die Samurai mit übernatürlichen Mächten zu verbünden.

Andere gebräuchliche *horimono* sind die *bonji* (Sanskrit-Schriftzeichen), *kurikara* (*vajra*-Schwertgiff mit umschlingenden Drachen), *goma hashi* (Essstäbchen, um den Vorfahren am Shinto-Altar Opfer darzubringen), *kanji* (chinesische Schriftzeichen) und andere religiöse Bilder, wie Lotusblüten. Von jedem dieser *horimono* verspricht man sich übernatürliche Unterstützung. Einige davon sind jedoch besonders hervorzuheben.

Das Bedeutendste ist die Kombination aus einem *suken* mit einem Griff in *vajra*-Form, der von einem Drachen auf- oder absteigend umschlungen wird. Das wird in dieser Verbindung als *sankozuka* (dreiteiliger Griff) bezeichnet. Das *vajra* selbst ist eine Waffe indischen Ursprungs. In der Mythologie taucht sie erstmals zusammen mit dem *vedas* auf, der Donnerblitzwaffe des Gottes Indra. Im weltlichen Gebrauch diente sie dazu, Pfeile aus einem Köcher zu verschießen. Sie kommt in zahlreichen Ausformungen vor, bei Schwertgriffen vor allem durch die unterschiedliche Anzahl von Zinken gekennzeichnet. In der japanischen Ikonographie ist das *vajra* in der Magie, der *samaya*, verwurzelt. Samaya ist das Prinzip des Schützens und Verhüllens. Es steht durch das doppelseitige Schwert in direktem Bezug zum tantristischen Buddhismus des asiatischen Festlandes. Und was wäre in dieser Hinsicht als Übermittler dienlicher als das *suken*?

Als göttliche Glücksboten, um die Mächte des Shingon Pantheon anzurufen, ist die Kombination aus dem Schwert, dem *suken* und dem *vajra* am wirkungsvollsten. Die Bezeichnung *kurikara* bezieht sich in erster Linie auf Fudos Schwert. Das *kurikara* ist ein *suken* mit *vajra*-Griff. Diese Bildwelt findet man fast überall in der Samurai-Kultur: *horimono* in Schwertern eingraviert, auf Schwertbeschlägen, *menuki* und *tsuba* sind nur einige Beispiele. In der Summe haben diese Symbole hinsichtlich des Einflusses auf den Dainichi Nyorai eine höhere Bedeutung als alle anderen Glücksbringer zusammen.

Fudo hat nicht nur für den Krieger die Funktion eines Beschützer, sondern auch für die Bevölkerung ganz allgemein. In Zeiten der Gefahr wird dieser symbolmächtige Geist angerufen, um die Hilfe des kosmischen Buddhas zu erflehen. Fudo wird die Bedürfnisse, Gebete und Anliegen an die Vereinigung der kosmischen Buddha-Inkarnationen herantragen. So gewann Fudo und sein symbolisches Schwert in der japanischen Gesellschaft zunehmende Bedeutung und Anerkennung. In vielen Tempeln, die Fudo geweiht sind, werden tägliche Feuerrituale abgehalten. Einige davon, wie das *goma*, die Feuer-Reinigung, ziehen große Menschenmengen an.

Der bekannte Ikonograph und vergleichende Mythenforscher Joseph Campbell hat einer *saito-goma*-Zeremonie beigewohnt. Die wissenschaftliche Arbeit Campbells hat der Welt der mythischen Helden für den modernen akademischen Betrieb die Tür geöffnet. Sein herausragendes Schaffen wird als wichtigste Quelle beim Studium des Kriegerwesens aufgefasst. Als er in Japan reiste, verließ er die eingetretenen Pfade, um die Zeremonie zu Ehren Fudos mitzuerleben. Nach seinem späteren Bekunden war es eines der denkwürdigen Erlebnisse während eines einjährigen Aufenthalts zur Erforschung der Symbolik, Kultur und Mythologie Asiens. Er beschreibt sein *goma*-Erlebnis so:

Die Zeremonie wurde im Shinran Fudo-do-Myo-o-in-Tempel, nahe dem Nishi Honganji, abgehalten. Yamabushi, auch genannt „die Berg-Krieger-Mönche" marschierten in den Tempelkomplex und bildeten einen Kreis um den Scheiterhaufen, der in der Mitte der Anlage aufgerichtet war. Die Mönche rezitierten das Prajnaparamita Hrdaya Sutra, auch genannt „das Sutra des Heiligen Herzens und der vollendeten Weisheit", bevor sie sich setzten. Eine zweite Gruppe von Yamabushi näherte sich dem Tempelgelände und wurde am Tor aufgehalten. In einer zeremoniellen Glaubwürdigkeitsprüfung kam es zu einer lautstarken Auseinandersetzung zwischen den Torwächtern und den zu spät Gekommenen, jedoch wurde nach diesem Disput den zu spät Gekommenen bestätigt, dass sie tatsächlich Yamabushi seien. Nach dieser rituellen Auseinandersetzung wurde der Gruppe die Teilnahme an der Zeremonie erlaubt. Die hinzugekommenen Yamabushi reihten sich ebenfalls um den Scheiterhaufen, beteten vor dem Altar und nahmen Platz. Im weiteren Verlauf der Zeremonie traten zwei Yamabushi vor, um Darbietungen mit dem Schwert und Bogen zu vollführen. Ein Mönch trat vor das Publikum und schoss symbolisch Pfeile in alle vier Himmelsrichtungen. Ein anderer trat vor den Altar, schwang das Schwert und pries Fudo in Gebeten. Er schwang sein Schwert symbolisch vor dem noch nicht entzündeten Scheiterhaufen, um Irrungen und Bösartigkeit abzuschneiden.

Der dem Ritual vorstehende Abt trat vor den Scheiterhaufen und steckte, nachdem er eine Sutra laut rezitierte, das Schriftstück in den Holzstapel, um es zu verbrennen. So wird die Sutra zusammen mit den Gebeten der teilnehmenden Mönche mittels des Rauchs den göttlichen Sphären zugeführt. Nun traten die Yamabushi im Gleichschritt zum Scheiterhaufen vor, um ihn mit ihren Fackeln zu entzünden. Im Nu entflammte der Scheiterhaufen und hüllte die Yamabushi in eine dichte Rauchwolke, die sich zu einer rechtsdrehenden Spirale formte. Ein Yamabushi, mit einem Assistenten hinter ihm knieend, machte mit seinen Händen stoßende, ziehende und beschwörende Bewegungen, ähnlich einem Cowboy, der mit dem Lasso einen Stier fängt, nur dass kein Lasso zu sehen war. Um die Magie des Geschehens zu unterstreichen, skandierten dabei die übrigen Yamabushi im Chor.

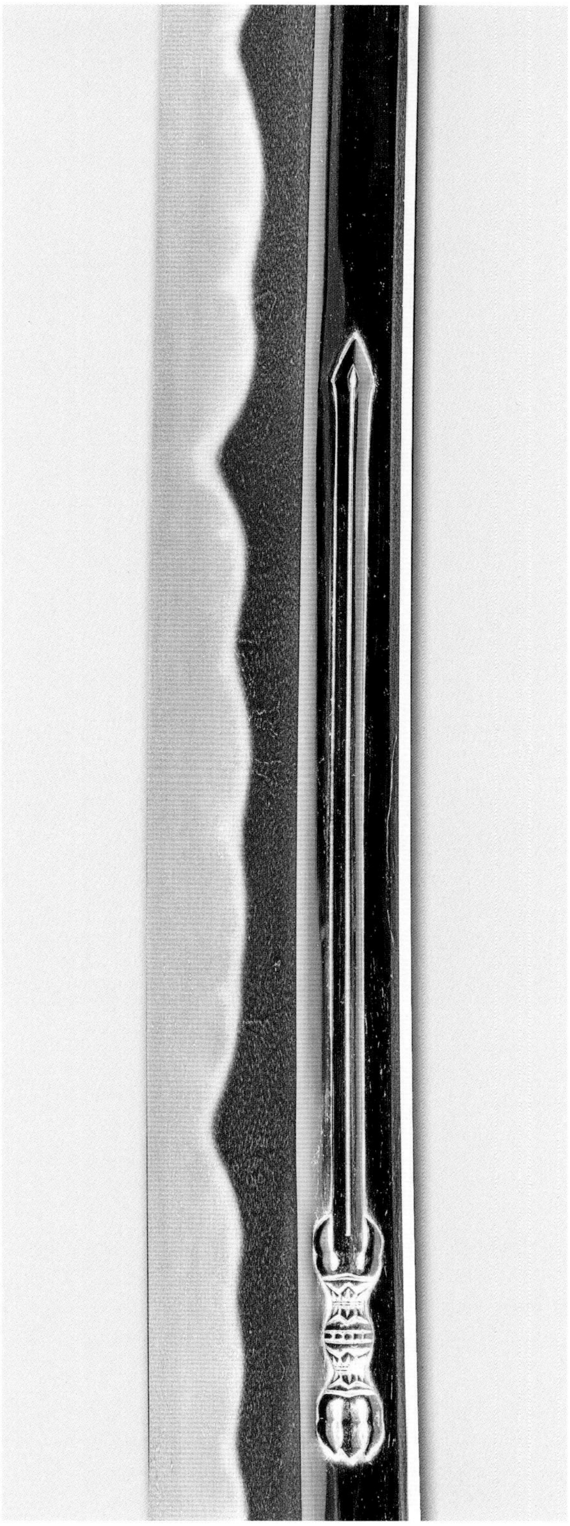

Dieses *horimono* zeigt das *kurikara* auf einer von Kurihara Kenji Nobuhide geschaffenen Klinge.

Kokuzo Bosatsu, hier als Schwertträger dargestellt, ist vor allem in der Shingon-Sekte des Buddhismus von Bedeutung. Er steht Betenden bei, indem er ihnen Weisheit und Andacht verleiht.

Campbell bemerkt, dass der Klang ähnlich wie bei der rituellen Gesängen der Navajos wäre. Gleichzeitig wurden Hunderte kleiner Holztäfelchen mit Wünschen und Gebeten der Gläubigen den Flammen übergeben:

Als würden sie auf dem Rücken eines geflügelten Drachens nach oben getragen, stiegen die Gebete in würdevollen Rauchspiralen himmelwärts.

Aufsteigender Rauch wird in vielen Kulturen als Symbol für die Übermittlung von Gebeten betrachtet. In diesem Fall ist Fudo der Übermittler der Botschaften an den Dainichi Nyorai, und damit ein Garant höchster Akzeptanz.

Nachdem die Gebete der Götterwelt zugeführt worden waren, wurde der Scheiterhaufen bis auf seinen glühenden Kern abgetragen. Während die Flammen zwischen den glühenden Holzkohlen noch 30 Zentimeter hochschlugen, begannen die Teilnehmer damit, ihre Schuhe, die Getas und Zori, auszuziehen. Ein Hexer stand an einem Ende und ein Assistent am anderen Ende des Gluthaufens, um sich auf die heilende Kraft des Feuers einzuschwören.

Campbell wohnte dem Spektakel nicht nur passiv bei, sondern nahm selbst aktiv daran teil:

Ich entschloss mich dazu, die Erfahrung des Feuerlaufs selbst zu machen. Mein erster Schritt, mit dem rechten Fuß, war etwas zögerlich und eher zum Rand hin, wo keine Flammen loderten. Aber dann sagte ich mir „nun mach schon!“, und so stellte ich meinen linken Fuß genau auf einen Flammenherd direkt vor mir. Knistern! Die Haare an meinem Unterschenkel wurden versengt und der Gestank von verbranntem Haar umgab mich, aber an meiner Haut erzeugten die Flammen ein Gefühl der Kälte. Dies verlieh mir Mut, und ich setzte meinen Weg ruhig durch das Zentrum der Feuerstraße fort. Nach drei weiteren Schritten war ich darüber hinweg, und erst als ich meinen rechten Schuh wieder anzog, bemerkte ich, dass eine Schwellung an meinem verletzten Fußgelenk verschwunden war. Und auch jeder Schmerz war verschwunden.

Campbells Schilderung beschreibt die Zeremonie als ein die Seele zutiefst berührendes Ereignis. Wir können daraus dessen symbolische Bedeutung ablesen. Fudo ist demnach nicht nur eine wichtige Shingon-Gottheit, sondern auch ein mystisches Beispiel für das Wesen des japanischen Kriegers. Fudo bleibt von dem ihm umgebenden Flammen unbeeindruckt, ebenso wie der Feuerläufer, wenn er sich über die glühenden Kohlen bewegt.

Dieses Ritual zeigt, dass auch die Menschen Wesensmerkmale des Fudo annehmen können, um seinen Schutz und seine Weisheit zu einem Teil ihres Lebens zu machen. Jenen, die über das Feuer gehen, gelingt es, indem sie darauf vertrauen, dass Fudo sein Schwert und sein Seil benutzt, um die Flammen unter ihren Füßen zu bannen.

Campbell erwähnt in seinen Schilderungen auch einen Magier, der das Feuer mit Zaubersprüchen beschwört. Seine Gebete wenden sich an die Flammen, um ihnen eine kühlende Wirkung zuzusprechen, aber auch an jene, die über die Kohlen schreiten. Die wahre Bedeutung der Zeremonie liegt darin, dass man die Flammen zähmen, ja sogar kühlen kann, wenn man sein Bewusstsein von Ängsten und Vorurteilen befreit.

Campbell merkte auch an, dass das Feuer einen heilenden Effekt auf sein verletztes Gelenk ausübte. Man kann sich gut vorstellen, welche Bedeutung solche Zeremonien und magischen Rituale auf die Geisteshaltung der Krieger hatte. So gesehen ist es keine Überraschung, dass Fudo als der Schutzheilige der Krieger und deren herausragende Gottheit gilt.

Der Priester Kukai schrieb zur *goma*-Zeremonie ein Gedicht:

Gesang vom Feuer
Eine Handbewegung, und das Lodern der Flammen verändert sich:
Alles verändert sich durch unser Tun.
Das erste Wort, „Oh“ geht auf in all den anderen.
Ein jedes ist wahr.

Fudo steht den Menschen als ein metaphorischer Schutzgott bei, er lebt jedoch auch in uns. Dem Menschen kommt sein Wesenszug zugute, wenn er sich nicht in kritischen Momenten von Verlockungen und Verirrungen verleiten lässt. Angst, Neid oder Rücksichtslosigkeit sind derartige Versuchungen, die zu falschen Schlüssen und fehlgeleiteten Aktionen führen können. Ob wir an buddhistische Weisheiten oder Shingon-Magie glauben, macht wenig Unterschied. Die Weisheit des Fudo jedoch hat bis heute eine tief greifende Symbolkraft.

MONJU BOSATSU

Wer sich für den Buddhismus interessiert, hat zweifellos schon viele Bilder von schwerttragenden Buddhas und Bodhisattvas gesehen. Die buddhistischen Schriften sind voll von solchen Bildern. Sie haben jedoch in der Regel nicht den bedrohlichen, giftig-grünen und von Flammen umzingelten Ausdruck wie bei Fudo. Gewöhnlich sind buddhistische Gottheiten gelassen, ja sogar fröhlich – ganz im Gegensatz von Fudos Personifizierungen. Wiederum können wir anhand der Symbolik des Schwerts einen auch für uns gültigen Bezug herstellen. Wie bei *in* und *yo* (*Yin* und *Yang*) drückt sich die Manifestation von Buddhas Weisheit in Dualitäten aus.

Monju Bosatsu, auch genannt Manjushri, der Bodhisattva des Wissens und Weisheit, „Derjenige, der sanft spricht", gilt als Schüler des historischen Buddha. Er unterscheidet sich von Fudo nicht nur in seinem Auftritt. Monju ist ein Bosatsu (Bodhisattva). Als solcher hat er als Mensch existiert und als solcher die Krone der Erleuchtung erlangt. Aber anstatt anschließend in das Paradies des Nirvana einzugehen, ist er aus Nächstenliebe auf die Erde zurückgekehrt. Bosatsu verweilen hier, um jene, die den Weg der Erleuchtung gehen, zu leiten.

Wie die Menschen, so können auch Bosatsu wiedergeboren werden und so über zahllose Generationen hinweg ihre Dienste als geistige Führer ausüben. Die Wiedergeburt kann an einer beliebigen Stelle auf der Erde erfolgen. Monju Bosatsu gilt als die Wiedergeburt des japanischen Mönchs Gyoki im Jahre 736.

Monju Bosatsu repräsentiert die Tugenden der Weisheit, der Intelligenz und der Entschlossenheit. Er gilt auch als der Bodhisattva der edlen Gesinnung und einer vornehmen Souveränität. In seiner linken Hand hält er eine Schriftrolle als Ausdruck der buddhistischen Lehre. Die Schriftrolle soll jene ermahnen, die vom Pfad der Erleuchtung abgewichen sind, und die noch Unwissenden einladen.

Monju trägt das Schwert demonstrativ mit der rechten Hand. Obwohl in erster Linie eine Kriegswaffe, ist sein pragmatischer Zweck der des Schneidens. Nach gängiger Meinung verkörpert Monjus Schwert den Typus des „Leben schenkenden Schwerts", entsprechend dem friedlichen Bild, das wir von Monju haben. Seine friedfertige und defensive Haltung hat zum Bild des wohlwollenden Gottes beigetragen.

Einige Fachleute ordnen Monju als positiv und Fudo als negativ ein. Obwohl das im gewissen Sinn zutreffend ist, sind die Attribute positiv und negativ etwas irreführend. Im Westen betrachtet man die Dinge entweder als gut oder schlecht. Im Osten jedoch betrachtet man solche Dualitäten als gleichwertig, als verschiedene Ausdrücke desselben Phänomens, ähnlich wie zwei Seiten einer Münze. Dieses Konzept wird auch als *omote* und *ura* (Vorder- und Rückseite) bezeichnet. Monju repräsentiert *omote*, also die nach außen sichtbare, wohltätige Seite des Schwerts. Fudo dagegen verkörpert die verborgenen Wohltaten, die mit dem Dienst des Kriegers verbunden sind. Das Schwert in den Händen von Acala, des Standfesten (Fudo), ebenso wie das Schwert der Weisheit in den Händen von Manjushri Bodhisattva sind ein und dasselbe. Es nimmt und schenkt Leben, abhängig von der Geisteshaltung jener, die sich ihm nähern. Dem liegt der Gedanke zu Grunde, dass alle Dinge – egal wie unterschiedlich sie erscheinen mögen – in Wahrheit nur verschiedene Aspekte derselben Entität sind: des Universums. In diesem Sinne ist die Dualität Ausdruck eines natürlichen Gleichgewichts.

Fudo Myo-o und Monju Bosatsu sind Manifestationen des gleichen Universums, doch sie verkörpern verschiedene Elemente. Fudo, als ein Myo-o oder eine Verkörperung Buddhas, lebt jenseits der Gegenwart, er wohnt überall, aber ruht nirgends. Bosatsu dagegen ist Ausdruck der Hoffnung auf Humanität. Beide sind symbolische Leitfiguren, denen wir folgen können. Es ist von besonderer Bedeutung, dass beide Götter das Schwert führen. Es gibt bei dieser Diskussion jedoch noch einen weiteren interessanten Gesichtspunkt: Wer beschützt eigentlich Bosatsu, und wer beschützt Myo-o? Wer ist für den Schutz der Humanität und der buddhistischen Lehre zuständig? An wen können sich die höheren Gottheiten schutzbedürftig wenden? Für sie ist wiederum Jikokuten zuständig, der Beschützer der Krieger.

JIKOKUTEN

Jikokuten ist einer der Shitenno oder Himmlischen Könige, die der japanische Buddhismus vom Hinduismus übernommen hat. Shitenno sind zwischen der himmlischen und der irdischen Sphäre, in der die Menschen und die Bodhisattvas leben, angesiedelt. Jikokuten ist eine Figur, die Himmel und Erde verbindet.

Er wendet seinen Blick nach Osten, während er über das Dharma, die buddhistische Lehre, wacht, zusammen mit seinen drei Verbündeten: Zojoten,

Jikokuten, Wächter des Ostens.

Die meisten Menschen verbinden mit Buddha ein friedvolles Bild. Die japanischen Krieger jedoch orientieren sich an seiner wütenden Erscheinung. Jikokuten, „Der Hüter der Nation", ist einer der vier Kriegsgötter. Seine Aufgabe ist es, die östliche Sphäre der vier Himmelsrichtungen zu bewachen.

Wächter des Südens; Komokuten, Wächter des Westens; und Tamonten (auch: Bishamonten), Wächter des Nordens.

Jikokuten wird manchmal als Beschützer der Nation bezeichnet. Unter dem Begriff Nation versteht man hier jedoch die ganze Erde, ja das ganze Universum, das von Buddhas Geist durchdrungen ist. Jikokuten ist insbesondere der Beschützer der Nyorai, der Manifestationen Buddhas, und der Bosatsu (Bodhisattvas). In dieser Funktion ist er allwissend. Jikokuten und die anderen himmlischen Könige sind furchteinflößend. Sie umgeben Buddha und verteidigen sein Königreich gegenüber jenen, die es bedrohen.

Im Vergleich dieser drei Gottheiten sind Unterschiede bezüglich der Ikonographie der Schwertklinge festzustellen. Fudo bleibt physisch und mental durch die Flammen unbeeindruckt. Obwohl die Darstellungen Fudos, speziell der Flammen, dynamisch sind, wird dennoch immer seine Standhaftigkeit betont. Das gilt auch für Monju Bosatsu, der sitzend eine abwehrende Haltung einnimmt, während er eine Alternative zur Klinge, nämlich die buddhistische Lehre, anbietet. Sowohl Monju als auch Fudo appellieren an die Humanität als Tugend. In ihrem Geist und ihrem Herzen sind sie zu Aktionen bereit, aber ihre Körper sind standfest. Ihre Darstellungen bringen zum Ausdruck, dass sie es gar nicht nötig haben, ihre Position zu wechseln, während sie die Herzen der Betrachter verändern.

Jikokuten dagegen wird meist dynamisch und kampfbereit mit gezücktem Schwert dargestellt. Er steht für Gerechtigkeit und Wahrheit. Er ist der Beschützer der Krieger. Seine Rüstung, Haltung und sein Gesichtsausdruck bringen seine Intention und die Entschlossenheit, seine Mission auszuführen, klar zum Ausdruck. Er wird oft auf einem getöteten Dämon stehend abgebildet, schon wieder nach dem nächsten Opfer Ausschau haltend. Aber auch er führt ein wohltätiges Schwert, mit der gleichen Bedeutung wie jenes von Fudo und Monju. Er führt ein Schwert mit gerader Klinge, oft mit einem *vajra*-Griff versehen. Es ist das heilige Schwert der Einsicht und des Wissens, das symbolisch die Lehren des Shintoismus und Buddhismus zusammenführt. Das Schwert ist die symbolische Waffe, um die Götter und die Menschen gleichermaßen zu beschützen. Das ist eine der zentralen Botschaften, die von Jikokutens Schwert ausgehen.

Wenn wir Jikokuten im Kampf betrachten, tritt eine zweite ikonische Bedeutung der Klinge zutage. Die Feinde, die Jikokuten vernichtet, werden Tentoki genannt. Tentoki waren einst Dämonen (oni), aus denen Laternenträger wurden, nachdem sie von einem der Shitenno besiegt wurden. Sie säumen nun den Weg der Erleuchtung, um ihn für andere sichtbar zu machen. Jikokutens Schwert, ebenso wie jenes von Fudo und Monju Bosatsu, schneidet, aber tötet nicht. Es bringt die Erleuchtung. Es durchschneidet nicht den Körper, sondern die Verirrungen und falschen Ziele. Dies ist vielleicht die zentrale Botschaft für Schwertliebhaber, die sich mit der Schwertsymbolik befassen: Das Schwert dient dazu, uns von Irrungen fern zu halten.

Boshaftigkeit und Leiden entspringen dem Irrweg des menschlichen Geistes. Indem man fehlgeleitete Gedanken beseitigt und zu einer klaren Einsicht gelangt, werden das Schwert und die eigene Person eins. Immer, wenn wir uns mit Nachdruck für etwas einsetzen, sei es physisch oder mental, haben wir das Potenzial, dies heilend oder verletzend zu tun. In diesem Sinne haben sich auch die Samurai bei ihren Taten mit dem Schwert des Fudo identifiziert. Die Zen-Sekte, eine relativ späte Erscheinung des japanischen Buddhismus, hat dem Schwert einen neuen Grad der Spiritualität hinzugefügt: Sie schuf das Schwert der Erkenntnis.

NEUE BEDEUTUNG IM ZEN: DAS SCHWERT DER ERKENNTNIS

Die japanischen Ausprägungsformen des Buddhismus haben die Kultur und Kunst des Landes auf vielfältige Weise geprägt. Ohne sie ist ein Verständnis für die moderne japanische Kultur nicht denkbar. Man braucht nur das Zen und seinen grundlegenden Einfluss auf die Geisteshaltung der Japaner, die Meditation und das Selbstverständnis zu betrachten, um zu sehen, wie untrennbar der Buddhismus mit dem japanischen Leben verknüpft ist.

Im Buddhismus geht man davon aus, dass sich der Mensch während seiner Lebensspanne und abhängig von seiner Geisteshaltung seine eigene Hölle oder den Himmel schafft. Unter diesem Aspekt ist es wichtig, sich auf das eigene Bewusstsein zu konzentrieren, indem man das Denken als einen isolierten Prozess betrachtet. So können Zen-Praktiker irreführende Gedanken fernhalten. Das Identifizieren und die Beherrschung verschiedener Bewusstseinsfunktionen ist demnach im Zen von zentraler Bedeutung.

Dasselbe gilt für die Zen-orientierten Schwertkämpfer, sowohl historisch als auch gegenwärtig betrachtet. Zen hat sich während der Kamakura-Periode erstmals in der Psyche der Japaner verwurzelt. Noch in der späten Edo-Periode bevorzugten die Krieger den mehr praktisch orientierten esoterischen Shingon- oder Tendai-Buddhismus der Mikkyo-Sekten. Erst durch die Lehren Tesshus gewann der Einfluss des Zen-Buddhismus auf die Schwertkämpfer gegen Ende der Edo-Periode an Bedeutung. Zen hat die japanische Kultur durchdrungen, indem es auf dem seit langem etablierten soziologischen Grundgerüst aufbaute, das die Schwertsymbolik umgab. Die Verbindung zwischen Schwertkampf und Zen entwickelte sich während der turbulenten Periode zwischen dem Niedergang der Samurai-Klasse und der Entwicklung der modernen japanischen Identität.

Die Auswirkungen der Zen-Philosophie auf die Schwertkunst waren nicht unmittelbar und auch nicht weitreichend. Als eine Form des Buddhismus gewann Zen während der Heian-, Kamakura- und Muromachi-Perioden an politischer Bedeutung, verbunden mit einer finanziellen Basis. In der Kunst des Schwertkampfes jedoch trat Zen erst später in Erscheinung. Das beruht in erster Linie auf der unterschiedlichen Wahrnehmung der Kampfkünste in modernen Zeiten, wie von verschiedenen Autoren beschrieben. Das geschriebene Wort veränderte bereits während der Nara-Periode die Ikonographie des Schwerts. In ähnlicher Weise hat das geschriebene Wort auch das Bild des Kriegers geprägt, insbesondere im Hinblick auf das Ideal des Zen-Schwertkämpfers.

Vor allem drei Autoren gelten als die Initiatoren und Protagonisten der Zen-basierten Schwert-Philosophie, wie sie heute wahrgenommen wird. Dies sind Takuan Soho, Yagyu Munenori und Yamaoka Tesshu. Der Letztere, sowie Daisetz T. Suzuki und Eugen Herrigel, spielten eine zentrale Rolle bei der neuzeitlichen Betrachtung von Zen in Zusammenhang mit dem Schwert. Das Thema wird später in diesem Buch erneut aufgegriffen. Zusammen haben diese Männer ein neues und modernes Verständnis für das Bild des japanischen Kriegers geschaffen.

Heute gibt es viele Schulen des Schwertkampfs und anderer Kampfkünste, die sich an Zen-basierter Spiritualität orientieren. Die Anwendung der Zen-Philosophie auf die Kampfkünste verlieh durch die Betonung innerer und persönlicher Aspekte dem Training eine starke spirituelle Komponente. Viele dieser Methoden verzichten sogar ganz auf die praktischen Übungen der Schwertführung zugunsten der Schulung des Charakters und der Selbstfindung. Diese Schwertkünste beinhalten auch das moderne Kendo und Aikido. Jedoch hat die Zen-Philosophie auch die historischen Schwerttechniken beeinflusst. Der Autor Dave Lowry stellt den Zusammenhang zwischen Zen und den Schwerttechniken der Edo-Periode wie folgt dar:

Yagu Munenori (1571 – 1646), der zweite Leiter der Yagyu Shinkage Ryu, einer Schule für Schwertkampf und Kampftechniken, war ein Freund und Schüler des Zen-buddhistischen Priesters Takuan Soho (1573 – 1645). Takuan schrieb einige Abhandlungen und Anweisungen für seine Studenten, wobei er die Analogie zwischen Schwertführung und Kampfstrategie nutzte, um Zen zu erklären. Die Kommentare, die Takuan an Munenori sandte (er schrieb ähnliche Briefe auch an andere Schwertkämpfer und Fürsten) waren weit verbreitet. Dagegen wurden die tatsächlichen Lerninhalte der meisten Ryu gegenüber Nichtmitgliedern geheim gehalten. Deshalb ging die allgemeine Bevölkerung in Kenntnis der Takuan-Schriftstücke fälschlicherweise von einer engen Verbindung zwischen Zen und Kampfkunst aus. Viele praktizierende Kampfkünstler haben diesen Zusammenhang in der postfeudalen Periode noch bekräftigt.

Takuan Sohos Schriften hatten Bestand und wurden eine wesentliche Inspirationsquelle für die populäre Zusammensicht von Zen und Schwertkampfkunst in der Neuzeit. Auch die Arbeiten von Yamaoka Tesshu fanden weite Verbreitung. Diese frühen Zen-Autoren legten den Grundstein für spätere Gelehrte wie Suzuki, Herrigel und viele andere. Keine Diskussion des Zen wäre komplett, ohne sich mit Suzukis Rolle hinsichtlich der Zen-Kampfkunst-Identität zu befassen. Der berühmte Autor Daisetz T. Suzuki hat 155 Seiten seines epischen, 1959 verfassten Werks „Zen und die japanische Kultur" der Einzigartigkeit des Schwerts, dem japanischen Ethos und der Praktik des Zen gewidmet. Suzukis Werk hat die neuzeitliche Wahrnehmung der Zen-Krieger-Spiritualität sowohl in Japan als auch außerhalb verändert. Leider hat jedoch Suzuki weder das Zen noch die Schwertkampfkunst eingehend studiert, und seine Arbeiten stellen sowohl das Zen als auch die Ikonographie des Schwerts verzerrt dar.

Suzuki war ein Gelehrter der Religionswissenschaften, die er nicht in Japan, sondern in Amerika studierte. Er schrieb in Englisch für amerikanische und europäische Leser, mit der Intention, ihnen seine eher nationalistische Version des Zen nahezubringen, losgelöst von der buddhistischen Zen-Schule. Suzuki argumentierte, dass seine Definition des Zen, beruhend auf dem nationalistischen Ethos und der säkularen Spiritualität, ein geistiges Eigentum aller Japaner sei. Professor William Bodiford erklärt dazu:

Zen und die japanische Kultur [...] ist das klassische Referenzwerk, wenn es um die Identität von Zen und Kampfkunst geht. Obwohl Suzuki keine profunden Kenntnisse der Kampfkünste hatte, interpretierte er diesbezügliche Werke aus der Tokugawa-Periode als Ausdruck eines Zen-Mystizismus. Seine Übersetzungen sind voll von fantasievollen Ausschmückungen. Zum Beispiel übersetzt er „shuriken", ein Ausdruck, der schlicht bedeutet „die gegnerische Technik vorhersehen" mit „geheimnisvolles

Den auf diesem *tanto* dargestellten Dämon *(oni)* soll der Besitzer zerschneiden, um zur Erlösung zu gelangen.

Die elegante Schlichtheit eines Zen-Steingartens regt zur Kontemplation an, sie ist auch heute noch eine Quelle der Inspiration.

Schwert, das auftaucht, wenn das verborgene Unbewusste erweckt wird" (Suzuki 1959, 163). Diese Art von Fehlinterpretationen, bei der physische Fähigkeiten in psychische Erfahrungen transferiert wurden, verliehen Zen in Verbindung mit den Kampfkünsten eine exotische Note, die für westliche Leser sehr ansprechend war.

In ihrem Kontext waren die Schriften Suzukis auf einer Linie mit den ultranationalistischen und säkularen Trends der Nach-Meiji-Zeit in Japan. Trotzdem fand Zen in das moderne Selbstverständnis, die Praktik und die Lehren der japanischen Künste Eingang, nicht so sehr in der direkten Form, wie von Suzuki beschrieben, sondern eher als Resultat seiner Beschreibungen. Deshalb ist es in der Betrachtung von Zen und Kampfkunst wichtig, zwischen den tatsächlichen Lehren und der Praxis des Zen-Buddhismus einerseits und den verzerrten, modernen Adaptionen des Zen auf nicht religiöse Aktivitäten andererseits zu unterscheiden.

Ähnlich wie schon vor seiner Kodifizierung der Shintoismus in Form von ländlichen Ritualen praktiziert wurde, so wurden auch schon sehr früh Schwertübungen als Mittel zur Erleuchtung praktiziert. Zen, das in der Kamakura-Periode erstmals in Erscheinung trat, fand unter den Schwertkämpfern keine große Wahrnehmung, bevor es durch die Schriften von Takuan Soho, Yagyu Munenori und Yamaoka Tesshu während der Edo-Zeit verbreitet wurde.

Zen ist eine Form des Buddhismus, die sowohl die historischen als auch die modernen Kampfkünste tiefgreifend beeinflusste. Zen ist die japanische Betonung von „Ch'an", die vom Tao beeinflusste Form des chinesischen Buddhismus, aus dem es hervorging. Zen legt eine starke Betonung auf die Meditation, als Mittel um zur Erleuchtung zu gelangen. Seit frühesten Zeiten fühlten sich die japanischen Krieger mit ihren Schwertern vom Zen angezogen. Obwohl die chinesische Ch'an-Meditationsschule bereits im siebten

Jahrhundert in Japan eingeführt wurde, machte erst der Tendai-Mönch Eisai (1141 – 1215) die japanische Form des Zen populär. Weite Verbreitung fand sie unter Hojo Tokiyori, dem 4. Fürsten der Hojo-Dynastie, der durch Zen zur Erleuchtung gelangte. Er war ein mächtiger Feldherr aus einer sehr wichtigen und einflussreichen Familie. Seine Bewunderung für Zen und die damit verbundenen Praktiken haben sich auf die Ashikaga-Shogune und spätere Herrscher übertragen. Aufgrund ihrer Attraktivität verbreitete sich die Zen-Meditation unter den Samurai geradezu im Schneeballeffekt.

Als das Zen nach Japan gelangte, war es schon stark vom Einfluss des Taoismus geprägt. Die ursprüngliche Version des Zen existierte in China als ein Hybrid des Taoismus und des indischen Buddhismus. In China entwickelte sich die Ch'an-Schule des meditativen Buddhismus, als sich der indische Buddhismus nach Norden und Osten über China ausbreitete. Als der Buddhismus in Kontakt mit dem Taoismus kam, eröffnete sich für die Chinesen eine neue Methode, um der Erleuchtung näher zu kommen. Tao-Prinzipien, wie das Streben nach Harmonie, Balance und das Leben im Hier und Jetzt, verbanden sich mit dem buddhistischen, nach innen gerichteten Blick der Selbstsuche. Aufwändige Zeremonien früherer buddhistischer Schulen verloren an Bedeutung. Das Resultat war Ch'an.

Das Zen, ebenso wie der Taoismus, verknüpft das Bild des Kriegers mit der Hinwendung zur Wohltätigkeit. Anstatt sich jedoch auf die Lehren eines Chuang Tzu oder Lao Tzu zu beziehen, griff Zen auf alte buddhistische Götter wie Monju Bosatsu zurück. Viele Samurai wandten sich der Meditation zu, um in diese neue spirituelle und praktische Welt einzutauchen und sich vom Leiden und der Verblendung zu befreien. Durch mühsame und langwierige Meditation gelingt es dem Zen-Praktizierenden, seine Fehlorientierung abzulegen und zur Erleuchtung zu gelangen. Um beim Bild des Kriegers zu bleiben, strebte der Samurai nach Kampfbereitschaft des Geistes und des Körpers. Für den Samurai bot die Zen-Meditation die Möglichkeit, sich vollkommen vom Gedanken an Leben oder Tod zu befreien.

Die Bewahrung der Ehre und des aufrichtigen Verhaltens, sowohl auf dem Schlachtfeld als auch außerhalb, ist ein immerwährendes und zentrales Thema der japanischen Kultur. Zen kommt diesem Bedürfnis sehr entgegen.

Das Angebot des Zen, genauso wie früherer Formen des Buddhismus, wurde von den Samurai der Edo-Periode, die ihre Pflicht zum Töten mit dem Bedürfnis nach Erlösung in Einklang bringen mussten, bereitwillig angenommen. Auf den Kriegern lastete das Bewusstsein einer Geschichte, die jahrhundertelang durch Kämpfe und Auseinandersetzungen geprägt wurde. Zen betont die Wichtigkeit, im Moment zu leben und Gedanken an die Vergangenheit und die Zukunft auszuschalten. Zen lehrt, dass alle Gedanken, die vom Hier und Jetzt abschweifen, irreführend und egoistisch sind und zur Selbsttäuschung führen (eine Art von „Hölle" im Buddhismus).

Ähnlich wie bei der Integration früherer Formen des Buddhismus im Shinto-Glauben, wurde Zen in die spirituelle Welt der Samurai eingebaut. Auf diese Weise ergänzte Zen die Schutzgötter des Shingon (wie Fudo-Myo-o und das Schwert der Weisheit) und den Beistand der alten Shinto-Kami (wie Amaterasu, Susa-no-o-no-Mikoto, Hachiman und ihre jeweiligen Vorfahren). Im selben Maße wie Zen an Popularität gewann, stiegen die Zen-Mönche zu hohem sozialem Ansehen auf. Sie wurden die führenden Denker der Nation und nahmen sogar Posten als Berater des Ashikaga-Shogunats unter Ashikaga Takuji ein.

Der Zweck des Zen ist es, Einsicht in die Natur des Universums zu erlangen und zu sich selbst zu finden. Jedoch ist der Weg zur Erleuchtung umgekehrt, von der Selbsterkenntnis ausgehend wird der Blick nach außen hin, auf das Universum, freigeschaltet. Zen betrachtet den Menschen als Ausdruck des Universums. Wenn er zur vollkommenen Einsicht gelangt ist, hat der den Status eines Buddha-Weisen (Bewusstsein der Erleuchtung) erreicht. Diesen Zustand nennt man *satori*. Umso mehr man zur Selbsterkenntnis vordringt, umso klarer wird der Blick auf die Außenwelt. Die Übungshallen für Zen dienen allein dem Zweck, Ablenkungen fernzuhalten, um den Blick nach innen zu unterstützen. Suzuki schreibt über die Möglichkeit, wie der Schwertkämpfer durch Zen zu *satori* und damit zur universellen Erleuchtung gelangen kann:

Ist es wirklich die Ablenkung und nicht die dingliche Realität, die uns bei jeder Gelegenheit verunsichert, Angst einflößt und uns die Zuversicht trübt? Wenn man jede Ablenkung beiseite wischt, würde das Leben nicht von selbst den Weg zum Guten einschlagen? Und wäre es für den Schwertkämpfer nicht die richtige Haltung, seinen lebenserhaltenden Instinkt mit der Natur in Einklang zu bringen? Es ist ohne Zweifel äußerst schwierig, den Tod aus unserem Bewusstsein auszublenden, doch es gibt keinen Grund, warum wir es nicht tun könnten, denn das Feld des Bewusstseins ist mit Bedacht bestellt, durch individuelle und durch kollektive Einflüsse. Speziell für den Schwertkämpfer ist dies eine wichtige Übung. Er verdrängt die Vorstellung des Todes aus seinem Bewusstseinsfeld und ersetzt sie durch den Instinkt des Selbsterhalts, der schließlich das gesamte Gebiet des „unbewussten Bewusstseins" einnimmt. Ich glaube, dies beschreibt das Ideal des perfekten Schwertkämpfers.

Wenn man Zen und das Schwert studiert, führt an Yamaoka Tesshu kein Weg vorbei. Tesshus vom Zen beeinflusste Variante der Schwertkampfkunst entstand in einer Zeit des Umbruchs, als das Bild vom Samurai-Ideal bereits verblasste. Das einfache Volk drängte in die neue Hauptstadt Edo. Mit ihm verbreiteten sich die praktischen, doch unkultivierten und groben Kampftechniken. Oft siegten Wüstlinge über die formal ausgebildeten und trainierten Samurai. Das stellte die herkömmlichen Vorstellungen des moralisch idealen Kriegers infrage. Friday erläutert:

In der Folge spottete man über die etablierten Kampftechniken, bei denen die Theorie und das mentale Training eine Rolle spielten, während neue Methoden, die den Wettbewerb in den Mittelpunkt stellten (uchikomi keiko), populär wurden.

Sogar Tesshu selbst, der Schwertkämpfer, der die Verbindung zwischen Zen und Kampfkunst herstellte, arbeitete als Lehrer in der Kubosho – einer Schule, die dafür bekannt war, dass sie jede Verbindung zwischen Spiritualität und Kampfkunst ablehnte.

Koans (Zen-Rätsel) dienten in einigen Schulen des Zen-Buddhismus als Orientierungshilfen bei der Selbstreflexion. Auch wurden spezielle, auf die praktischen Bedürfnisse der Samurai zugeschnittene *koans*, entwickelt. Ein Beispiel: Anstatt über esoterische Rätsel wie „der Klang des Klatschens mit einer Hand" nachzudenken, wurde der Samurai aufgefordert, über das scheinbar unlösbare Dilemma seiner militärischen

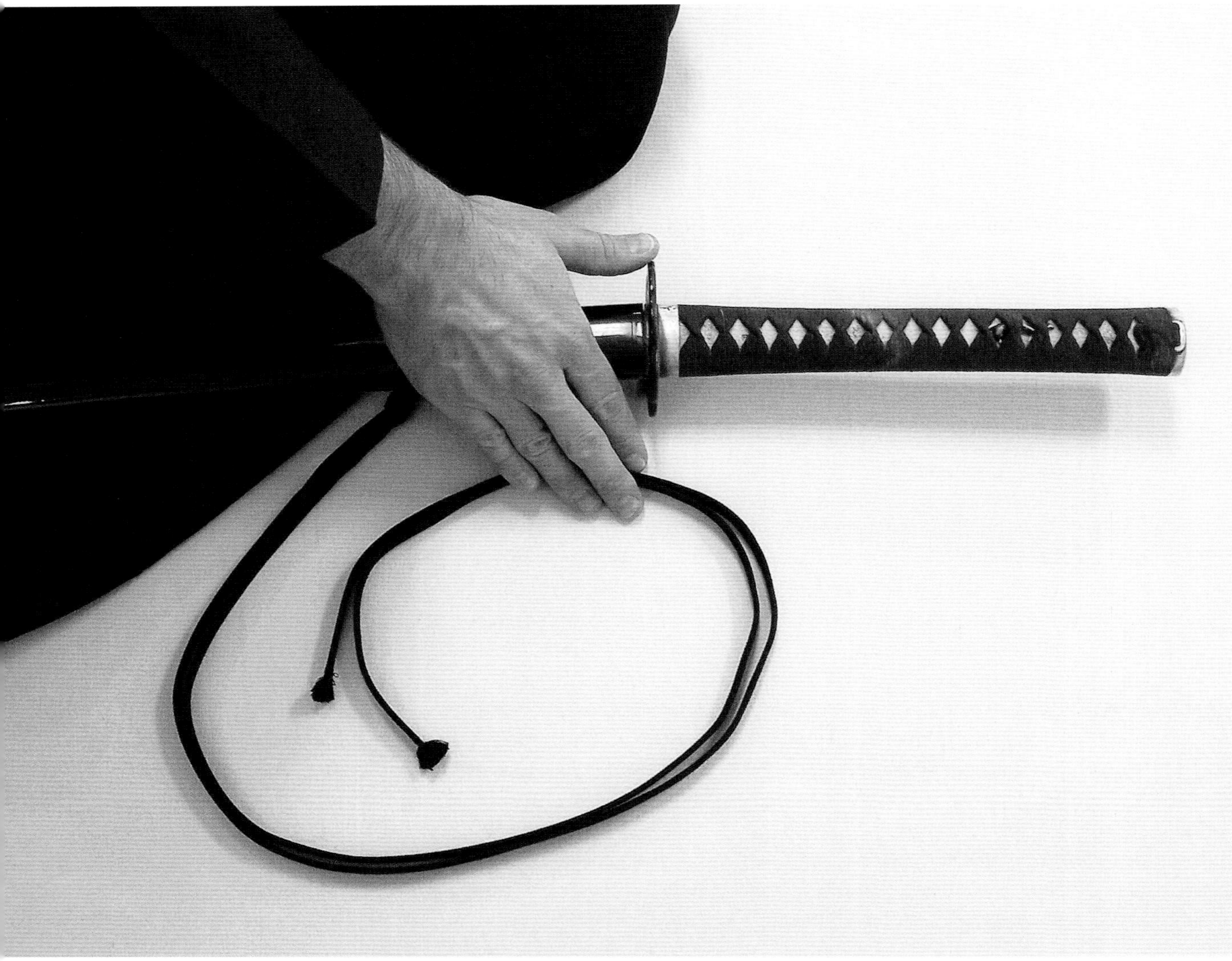

In vielfacher Hinsicht spiegelt die Einfachheit und Asymmetrie der Schwertkunst die Prinzipien eines Zen-Gartens.

Mission zu meditieren. So gingen aus der Zen-Tradition spezielle, auf die Bedürfnisse der japanischen Krieger maßgeschneiderte Leitlinien hervor.

Genauso, wie das Zen den Erfordernissen der Krieger entgegenkam, so wurde es auch von den Kriegern in die japanischen Kultur eingebracht. Einige Schulen der Schwertkampfkunst betrachten das Aufeinandertreffen im Zweikampf als eine Form von *koan*. Im Zen beruht die Fähigkeit *koans* zu lösen – seien sie physisch oder intellektuell – auf dem Status eines sich im Gleichgewicht befindlichen Bewusstseins. Dieser Zustand wird oft als *mu* (Leere) bezeichnet. Wenn sich der Geist in einem Zustand der Leere befindet, beruhigt er sich, vergleichbar einem stillen Wasser.

So wie sich der Mond in diesem Wasser spiegelt, so gibt es in diesem Zustand der geistigen Leere keine Dualität. Der Schwertkämpfer sieht vor sich keinen Feind, sondern nur eine Erweiterung der eigenen Persönlichkeit. Wenn das Bewusstsein in diesem Zustand der Leere oder der Einheit ist, bewegt sich der Schwertkämpfer ohne Gedanken, und seine Handlungen fließen in perfekter Harmonie mit dem Universum. Zen vermeidet vereinfachte Einteilungen in gut und böse, wie es der Westen oft vornimmt. Stattdessen betrachtet Zen das Böse als eng verwandt mit dem Guten oder sogar als eine Variante dessen – und umgekehrt.

Die Zen-Literatur spricht oft davon, dass die Krieger mithilfe des Zen ihr „priesterliches" Potenzial entfalten, um dem Bild des wohltätigen Kämpfers gerecht zu werden. Das bezieht sich sowohl auf die Ausübung der Kampfkünste als auch auf die Geisteshaltung der Krieger während ihrer Übungen. Für die Schwertkämpfer eröffnete Zen den Weg zur Meisterschaft in zweifacher Hinsicht – sowohl in der Kampfkunst als auch in der Lebenskunst. Zen als ein Mittel der geistigen Schulung verbindet die physische Realität mit den Gedanken, Emotionen, Neigungen, Vorlieben und Täuschungen. Indem man unnötige Gedankengänge und die damit verbundenen Ablenkungen vermeidet, kann man geradlinig durch die Welt gehen. Dieses Ideal ist direkt auf die vom Zen beeinflusste Kampfkunst anwendbar. Erleuchtung auf der einen Seite führt zu Erleuchtung auf der anderen. Die Schnittmenge ist die „innere Erleuchtung" oder der „aufgeweckte Geist".

Den Geist zu kultivieren, sodass er unabhängig wird von Emotionen und Egoismus, war für die Samurai sehr erstrebenswert. Für den Zen-Schwertkämpfer war dies eine wesentliche philosophische Grundhaltung. Im Bewusstsein des Zen-Schwertmanns gibt es kein Töten, denn eine gesamtheitliche Geisteshaltung lässt keine urteilsgeleitete Aktion zu. Der geehrte Zen-Meister Takuan, Lehrer der berühmtesten Schwertkämpfer des 17. Jahrhunderts, äußerte sich zu diesem Thema. Er schrieb einen Brief, in dem er Yagyu Tajimanokami-Munenori, den Leiter der Yagyu-Shinkareryu-Schule, darauf verweist, dass Perfektion bei der Schwertführung nur auf dem Weg zur Perfektion des Bewusstseins zu erlangen ist:

Ein Bewusstsein, das von keinerlei Ablenkungen gestört wird, ist ständig im Fluss, nie bleibt es stehen oder verharrt. Da es keine Unterscheidungen machen und keinen Vorlieben folgen muss, füllt es den ganzen Körper aus und durchdringt jeden Teil des Körpers, ohne je zum Stillstand zu kommen. Sollte es einen Ruheplatz finden, ist dies nicht das Bewusstsein des Nichtbewussten. Das Nichtbewusste enthält nichts. Man nennt es munen, „gedankenfrei". Mushun und munen sind ein und dasselbe. Wenn man den Zustand des mushun oder munen erreicht hat, fließt der

Geist von einem Objekt zum anderen, er strömt wie das Wasser und füllt jede Lücke aus. Aus diesem Grund wird der Geist jeder Anforderung gerecht. Kommt der Fluss jedoch an einem Punkt zum Stillstand, so geht der Bezug zu anderen Punkten verloren. Und das Ergebnis wird Steifheit und Verstocktheit sein [...] Schon der Versuch, sich von den Gedanken zu befreien, bedeutet, dass sie durch etwas anderes ersetzt werden. Diese Aufgabe ist endlos, deshalb ist es am besten, von Anfang an nichts in sich aufzunehmen.

Takuan rezitiert anschließend ein altes, romantisches Liebesgedicht:

Daran zu denken,
dass ich nicht mehr an dich denken werde,
bedeutet immer noch an dich zu denken.
Lass mich versuchen nicht zu denken,
dass ich an dich nicht mehr denken werde.

Die Zen-Lehre und -Literatur hat zum Ziel, zur Entfaltung des Potenzials und Erlangung einer höheren Bewusstseinsebene der Schwertkämpfer beizutragen. Auf diese Weise leistete das Zen einen größeren Beitrag zur Selbstfindung der Schwertkämpfer als hinsichtlich der Schaffung einer neuen Ikonographie. Indem es auf schon vorhandene Strukturen und buddhistische Gottheiten aufbaute und durch die eigene Philosophie ergänzte, hat Zen die Kultur der Krieger geformt.

Die Auswirkungen waren grundlegend, weitreichend und langandauernd. Die Zen-Kämpfer betrachteten ihre Klingen als Werkzeuge der Erleuchtung – nicht nur für sich selbst, sondern auch für jene, die davon betroffen waren. Das Schneiden bedeutete symbolisch auch das Abschneiden von Verirrungen. Dem Training mit den Klingen lag die Annahme zugrunde, dass die Übungen auch zu spiritueller Selbstkultivierung führten. Doch auch im Kampf bewies das Zen seinen Wert. Die Zen-Mentalität und die Abwesenheit fremder Gedanken erlaubte es den Kämpfern, ihre Sinne zu schärfen.

Frei von Vorurteilen oder fremden Gedanken bewegt sich das Zen-Schwert ganz von selbst, um den Kämpfer mit dem Universum zu vereinen. Der leere Geist (wie durch Zen-Meditation angeeignet) registriert nur was vor ihm ist, und dies, ohne Voreingenommenheit oder sentimentales Urteil. Das Schwert, das auf diese Art geführt wird, verkörpert die Weisheit des Buddha, es ist ein Leben spendendes Schwert.

Wie steht das Zen zu der grausamen Realität des Tötens mit dem Schwert? Wie kann das Schwert, ein Werkzeug, speziell zum Töten von Menschen geschaffen, mit den buddhistischen Lehren, die die Erlösung der fühlenden Wesen zum Ziel haben, in Einklang gebracht werden? Zen-Lehrer bringen diese Konzepte in Beziehung, indem sie ihre Schüler auf Monju Bosatsu und sein Leben spendendes Schwert der Weisheit verweisen. Wir erkennen darin wiederum die taoistischen Wurzeln des Zen, mit einem Gemenge von Shingon- und Tendai-Göttern, verknüpft mit einer modernen Interpretation des Zen und der Schwert-Symbolik. Suzuki schreibt:

Im Zen kennt man das Schwert des Lebens und das Schwert des Todes – es ist Aufgabe eines großen Zen-Meisters zu beurteilen, wann und wie man das jeweilige zum Einsatz bringt. Manjushri trägt das Schwert in seiner rechten Hand und die Sutra in seiner linken. Dies könnte uns an den Propheten Mohammed erinnern, aber das heilige Schwert Manjushris dient nicht zum Töten fühlender Wesen, sondern des Neides, der Wut und der Torheit. Acala (Fudo Myo-o) trägt auch ein Schwert, mit dem er all jene vernichtet, die sich den buddhistischen Tugenden entgegenstellen. Nachdem er alles Böse ausgelöscht hat, wird Fudo seiner ursprüngliche Funktion als Diener und Manifestation des Vairocana-Buddha wieder einnehmen. Vairocana trägt kein Schwert, er verkörpert das Schwert, allein sitzend als Verkörperung des Universums.

Wie man dieser Passage entnehmen kann, schätzt Suzuki die Balance zwischen Licht und Schatten, hart und weich, ähnlich dem Taoismus. Zudem gibt es Parallelen zwischen Zen und Taoismus hinsichtlich der kriegerischen Realität, dem Leben spendenden Schwert (katsu-jin-ken) und dem Leben nehmenden Schwert (satsu-jinken). Diese Vorstellung folgt dem Ying-Yang-Prinzip.

Das Leben spendende Schwert entspricht dem Status der Weisheit und der Einsicht. Wenn es mit dieser Grundhaltung geführt wird, verwandelt sich das Schwert von einem tödlichen Werkzeug zu einer das Universum gestaltenden Erweiterung des Kriegers. Die Grundlage dafür wurde durch die chinesischen Konfuzianer und Taoisten gelegt, für die die Tugend der Weisheit eine Voraussetzung war, um einen gerechten Krieg zu führen. Wenn ein Krieg moralisch gerechtfertigt war, um das Gute und die gesellschaftliche Stabilität zu bewahren, dann stand er im Einklang mit der göttlichen Ordnung.

Das *katsu-jin-ken/satsu-jin-ken*-Paradoxon verkörpert das Zen-Konzept des tugendhaften, erleuchteten und gerechten Tötens. Es war eine wichtige Leitlinie für die Schwertkämpfer und ein Maßstab auf ihrem Weg zur Erleuchtung. Diese Geisteshaltung hat auch die Wahrnehmung der Krieger hinsichtlich des harten Trainings als Mittel, um zu innerer Harmonie zu finden, geprägt. Übungen in der Kampfkunst gingen einher mit meditativen Fortschritten. Wenn ein innerer Gleichklang hergestellt werden konnte, so ging man davon aus, dass dies auch zu sozialer Harmonie führte.

Zendo, die Zen-Meditationshallen, sind schmucklose Räume für hartes Training, mit dem Ziel, der Erleuchtung näher zu kommen. Dass *do* des *zendo* verweist auf eine Verbindung zwischen Taoismus und Zen. Zen und Kampfkunstschulen waren im mittelalterlichen Japan untrennbar durch Tradition und Zeit verbunden. Das *zendo*, ein Ort für hartes Training, um einen Weg zu gehen, inspirierte in ganz Japan die Schulen für Kampfkünste, genauso wie Teehäuser. Die Zen-Trainingshallen sind frei von Schmuck und Ablenkungen.

Zen umfasst viele Dinge. Doch letztlich ist es der Verzicht, der Zen unter der Kriegerkaste so beliebt machte. Die Krieger fühlten sich durch die Ästhetik des Weglassens, das einfache Leben und das Meiden großspuriger anderer Buddhismus-Varianten angezogen. Die Wertschätzung für den Minimalismus und die Aussicht auf spirituellen Fortschritt war für die Samurai ansprechend, die das Ideal des Kriegers verkörpern wollten. Die Bescheidenheit und der Verzicht im Zen, verbunden mit dessen strengen, täglichen Meditationssitzungen, stand im Einklang mit dem Selbstverständnis der Krieger und ihrem Bedürfnis nach einer stringenten Sozialstruktur. Wieder einmal zeigen die Japaner ihre Fähigkeit, Existierendes zu adaptieren, um etwas Neues daraus zu schaffen.

Japanischer Zen ist ganz gewiss alleinstehend, auch verglichen mit anderen Formen des Buddhismus oder dem chinesischen Vorbild, dem Ch'an. Zen bietet dem

Schwertkämpfer die Möglichkeit, tief in sein Unbewusstes und seine Identität einzudringen. Speziell während der Kamakura-Periode blühte das Zen und ging eine enge Verknüpfung mit der japanischen Kultur und Weltsicht ein. Dieser Einfluss hält bis heute an.

SCHWERTER DER HEIAN-PERIODE

Man geht davon aus, dass sich die Bauweise der japanischen Klingen während der Heian-Periode vom *tsurugi* und *tachi-jokoto*-Design weg entwickelte. Obwohl es einige Experimente mit unterschiedlichen Krümmungen gab, stand die *jokoto*-Klinge noch nicht im Zenit ihrer Möglichkeiten. Der Standard der Schwertschmiede in der mittleren Heian-Periode war es, gekrümmte, partiell gehärtete Klingen herzustellen. Diese Konstruktion ist bis heute typisch für das japanische Schwert.

Ein weiterer wichtiger Wandel war der zu einem schlankeren Anschliff der Klingen, was zu einem besseren Schneidvermögen führte. Auch das markiert die Wegwendung von den plumpen *tsurugi* und *tachi* hin zur *jokoto*-Bauweise. Mit der einseitigen, gekrümmten Klinge mutierte das japanische Schwert weg von einem Hack- und Stoß-Instrument hin zu einem Schneidwerkzeug. Sehr wahrscheinlich beruhte diese Entwicklung auf dem verstärkten Einsatz der Kavallerie beim Militär. Der berittene Krieger konnte seine Klinge mit tödlicher Wirksamkeit einsetzen, wenn er sie von oben und mit großer Vehemenz führte. Das gerade Schwert hätte in diesem Kontext weniger Wirkung, da es beim Kontakt eine größere Fläche einnimmt. Der Aufprall der Klinge wird verstärkt, wenn der Schwertmann auf dem Pferd sitzt und gegen das Ziel anreitet. Das gekrümmte Schwert schneidet mit weniger Widerstand. Je mehr das Stoßen bei den Kampftechniken an Bedeutung verlor, umso mehr wurde das gekrümmte Schwert das Standardwerkzeug des Heian-Kriegers. Dennoch wurden die Klingen dieser Zeit immer noch als *tachi* bezeichnet. Diese Klingen, ebenso wie die ihrer Vorgänger, wurden mit der Schneide nach unten zeigend getragen, was für den Einsatz zwei Bewegungen erforderte.

SCHWERTER DER KAMAKURA-PERIODE

Aufgrund der mongolischen Invasion erlebten die japanischen Schwerter während der Kamakura-Periode einige Veränderungen. Sie betrafen weniger das Design der Schwerter, sondern mehr ihre Wirksamkeit. Während der Kamakura-Zeit begannen die Schwertschmiede damit, in die Klingen *hi* (Rillen) und *horimono* (Glückssymbole) einzugravieren. Die *horimono*-Gravuren dienten wie bereits erwähnt dazu, religiöse oder schützende Zeichen mit dem Schwert in Verbindung zu bringen.

Die *hi*, auch als *bo-hi* bezeichnet, dienten einem völlig anderen Zweck: Die Nuten, längs an beiden Seiten der Klinge eingebracht, machten die Klinge leichter und gleichzeitig belastbarer. Ein weiterer Indikator für die verbesserte handwerkliche Qualität ist das aufwändige Finish der *nakago* (Angel) in der späten Heian- und frühen Kamakura-Periode. Die Schwertschmiede bekannten sich zu diesen Verbesserungen, indem sie begannen, die Klingen im Bereich der Angel zu signieren.

SCHWERTER DER MUROMACHI-PERIODE

Die turbulenten Jahre der Muromachi-Periode erlebten ihren Höhepunkt während der sogenannten Sengoku-Periode (1467 – 1573). Als Teil der Muromachi-Zeit gilt die Sengoku-Periode als das „Zeitalter der landesweiten Kriege“. In dieser feindseligen Zeit kämpften Nachbarn gegen Nachbarn, Allianzen wurden geschmiedet und gebrochen. Es bestand eine hohe Nachfrage nach Schwertern und Schwertkämpfern. Die sozialen Unruhen förderten die Waffenproduktion und den Bedarf an Kriegern. Die Kultur Japans, ebenso wie die Waffen der Kämpfer, wurden zu dieser Zeit durch die ständigen Kriege geprägt.

Die Muromachi-Periode steht für einen wichtigen Meilenstein hinsichtlich der Entwicklung des japanischen Schwerts: Jene, die vor und während der Muromachi-Periode entstanden, werden als *koto* (Alte Schwerter) bezeichnet, die späteren als *shinto* (Neue Schwerter). Die Muromachi-Periode gilt als die letzte Ära der gepriesenen Handwerkskunst der alten Klingen.

Mit steigenden Produktionszahlen ging die Qualität der Klingen jedoch zurück. Schlecht ausgebildete Schwertschmiede fälschten oft die Signaturen berühmter Schmiede, um höhere Preise zu erzielen. Einige hochrangige Schmiede produzierten jedoch weiterhin exzellente Klingen, die sich heute in exquisiten Sammlungen und Museen befinden. Verglichen mit dem Boom der Massenware gab es jedoch nur relativ wenige Spitzenstücke.

Auch hinsichtlich der Schwertführung gab es in der Muromachi-Periode eine wesentliche Veränderung: Zu Beginn der Muromachi-Periode waren es nur niederrangige Samurai, die ihre Schwerter mit der Schneide nach oben zeigend einfach in ihren Gürtel steckten. Jedoch wurde dies im Laufe der Zeit auch bei den höherrangigen Samurai zur Gepflogenheit. Diese Veränderung in der Trageweise beruhte vermutlich auf mehreren Faktoren: Erstens wurde das Schwert in diesen unruhigen Zeiten zu einer alltäglich benötigten Waffe. Zweitens ermöglichte diese Aufbewahrungsart das Ziehen und Schneiden in nur einer Bewegung, im Gegensatz zu den zwei Bewegungen, die erforderlich sind, wenn das Schwert mit der Schneide nach unten zeigend getragen wird. Drittens war bei dieser Trageweise ein geringerer Rüstungsaufwand im Vergleich zum alten *tachi* gegeben. Diese Veränderung ermöglichte also in zweifacher Hinsicht eine schnellere Kampfbereitschaft: Zum einen konnte der Schwertkämpfer in nur einer Bewegung die Klinge ziehen und einsetzen. Zum anderen waren die Samurai schneller einsetzbar, da sie ständig bewaffnet und zum Kampf fähig waren.

Mit der Mode, das Schwert im Katana-Stil zu tragen, wurde es auch immer beliebter, zwei Schwerter, ein langes und ein kurzes, gleichzeitig mit sich zu führen. Während der Muromachi-Periode änderte sich auch das Recht zur Führung des Schwerts: Bis zu der sogenannten „Schwertjagd von Toyotomi Hideyoshi“ war es auch der Landbevölkerung erlaubt, Schwerter zu führen. Später war dies allein ein Privileg der Samurai. Dieser Wandel ging einher mit der Verklärung des Schwerts zu einem göttlichen Werkzeug.

Die Awataguchi-Schule der Schwertherstellung wurde von Kuniie gegründet, dessen Vater Kuniyoshi aus der Provinz Yamato, wo er Verbindungen zum Kofuku-ji-Tempel hatte, nach Kyoto ging. Etwa um das Jahr 1100 gründete Kuniie die Schule im Awataguchi-

Distrikt von Kyoto, nahe dem Seirenin-Tempel. Die Schule blühte von der frühen bis zur mittleren Kamakura-Periode. Kuniie hatte sechs Brüder: Kunitomo, Hisakuni, Kuniyasu, Kunikiyo, Arikuni und Kunitsuna. Kunitomos Sohn Arikini und seine Enkel, Kuniyoshi und Kunimitsu führten zusammen mit Kuniyoshis Sohn, Toshiro Yoshimitsu, die Tradition der Schule weiter.

Awataguchi Kuniyoshi war der Sohn von Norikuni und wahrscheinlich der Vater von Toshiro Yoshimitsu. Nachdem ihm der Titel Sahei-no-jo verliehen wurde, nannte er sich fortan Sahei-no-jo-Kuniyoshi. Seine aktive Schaffensphase kann man aufgrund datierter Beispiele seiner Werke zwischen 1280 und 1287 einordnen. Kuniyoshi war bekannt für seine formal unterschiedlichen *tanto*, einschließlich solcher mit besonders breiter und langer Klinge. Die breiten Ausführungen, nach der sogenannten *sun-zumari*-Technik („geschrumpfte Länge") hergestellt, sehen ähnlich aus wie japanische Kochmesser (*hocho*). Er schuf auch solche von wesentlich geringerer Größe. Die Vielfalt der Formen seiner *tanto* unterscheidet seine Arbeiten von denen der Rai-Schule. Das Formenspektrum wurde an seinen Sohn Yashimitsu weitergegeben.

Das auf der nächsten Seite abgebildete *tanto* ist in einem bemerkenswerten Erhaltungszustand. Es ist breit und robust und hat während seines 750-jährigen Lebens nur wenige Polituren erfahren. Es verfügt über eine *shirasaya* mit einer *sayagaki* von Tanobe Sensei des NBTHK, in der bestätigt wird, dass dieses Schwert *chin-chin cho-cho*, also besonders wertvoll ist. Dazu gehören zwei *habaki* aus solidem Gold mit Tokugawa-*aoi-mon*, die zeigen, dass das Schwert einst zur Kollektion der Tokugawa-Familie gehörte.

Da die Formen und die Strukturen der Klingen von Kagehide näher an der Ko-Bizen-Tradition sind als die Arbeiten von Mitsutada, neigt man dazu, ihn als Ko-Bizen-Schmied einzuordnen, anstatt ihn der Osafune-Schule zuzusprechen. Obwohl dies ein schlüssiges Argument ist und die Zuordnung aufgrund der geringen Anzahl von signierten Stücken ohnehin schwierig ist, muss man jedoch bedenken, dass er in einer Zeit des Übergangs arbeitete. Wenn er tatsächlich der jüngere Bruder von Mitsutada war, dann könnten sie als Zeitgenossen gelten. Während Mitsutada sich von seinem eher traditionellen Ichimonji-Stil entfernte, hat Kagehide vermutlich viele Charakteristika der älteren Ko-Bizen-Schule beibehalten.

Katsu-jin-ken-satsu-jin-ken-Kalligraphie, die sich auf die doppelte Natur des Leben spendenden und Leben nehmenden Schwerts bezieht.

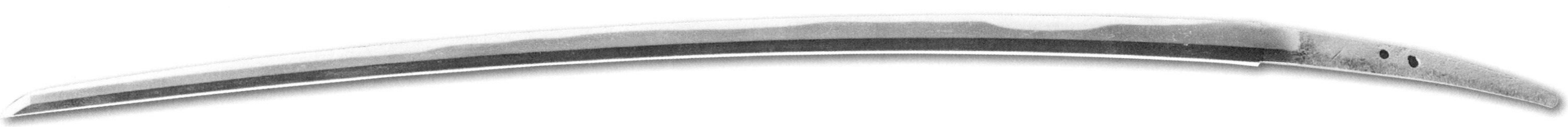

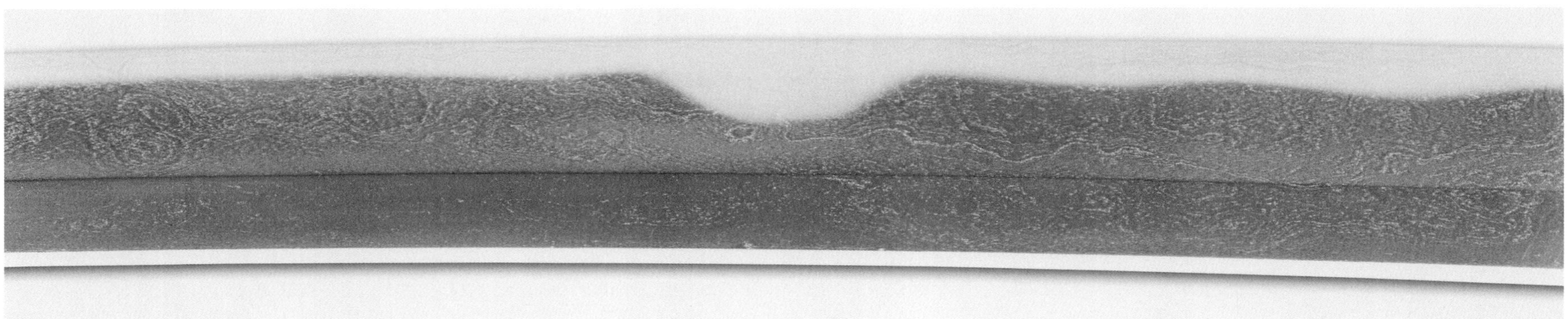

Oben:
Dieses *tachi* ist ein typisches Beispiel für Klingen aus der späten Heian und frühen Kamakura-Periode, die im Gürtel, mit der Schneide nach unten zeigend, getragen wurden.

Unten:
EIN TANTO DER KAMAKURA-PERIODE VON AWATAGUCHI KUNIYOSHI
Designiert als Tokubetsu Juyo Token bei der 18. Shinsa am 1. März 2004
FORM: Ein *hira-zukuri-tanto.*
JIETSU: Die kleinen *itame-hada* enthalten *mokume, jinie* und *chikei*, in ihrer Kombination eine Gefügestuktur von unvergleichlicher Schönheit.
HAMON: *Suguha-hamon* mit tiefer *nioikuchi. Niju* (doppelte) *ba* und *sanju* (dreifache) *ba* sind auf dem *hamon* sichtbar.
BOSHI: Die Härtelinie dreht sich in einer ausgeprägten Rundung zurück.
NAKAGO: *Suriage-nakago, kuri-jiri.*

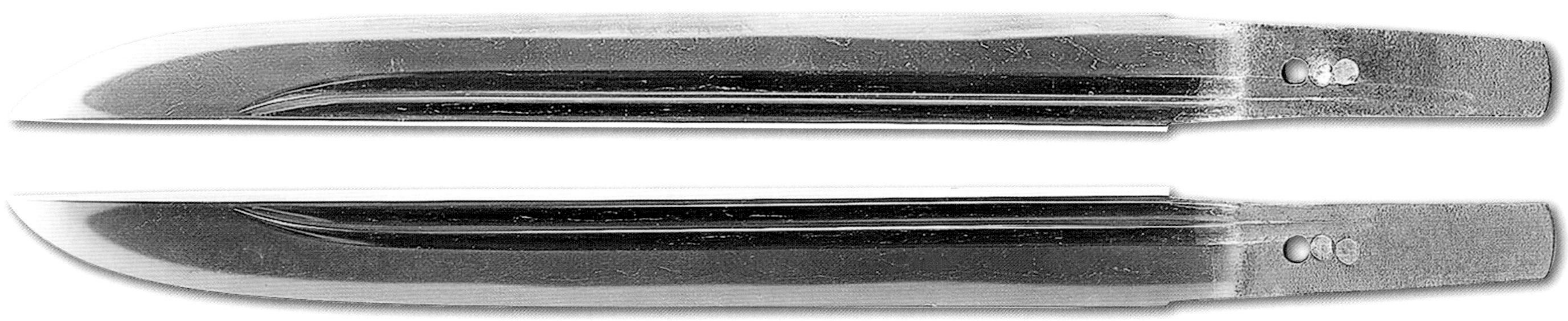

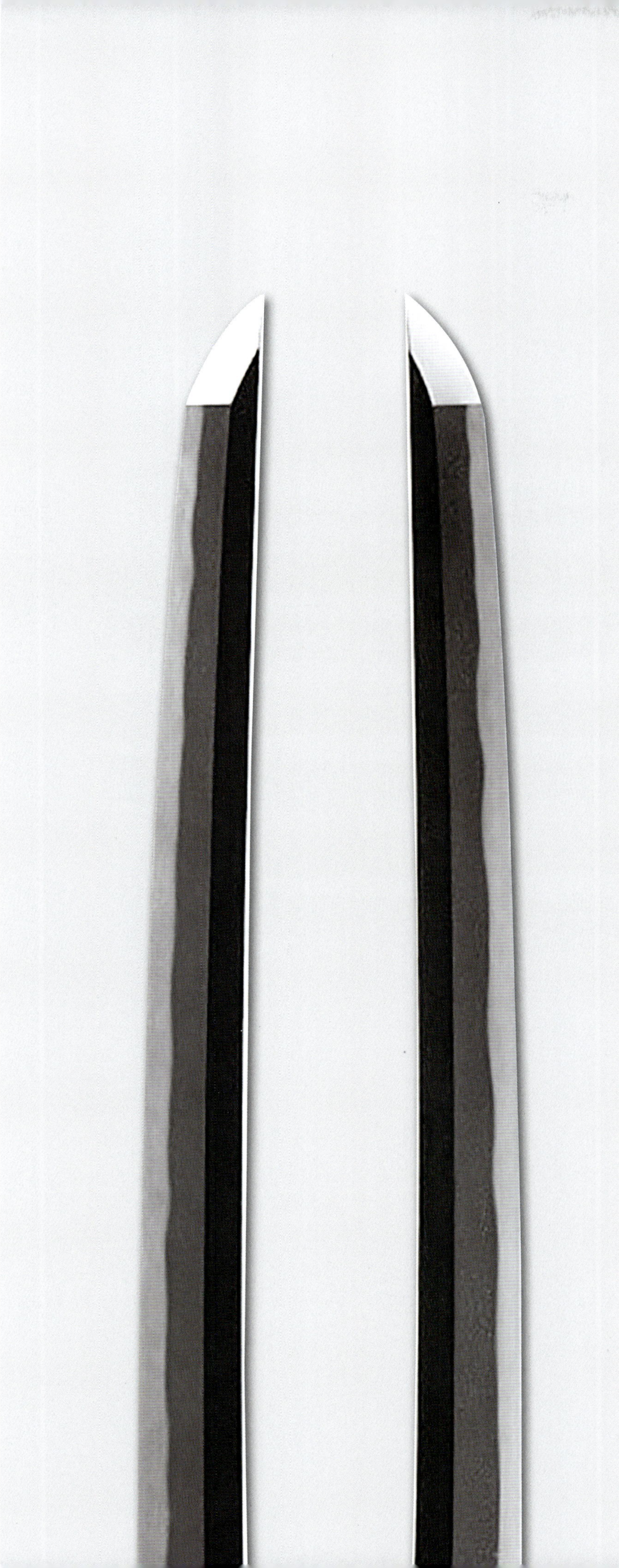

EIN JUYO TACHI VON BIZEN KAGEHIDE

Die Schaffensphase von Bizen no Kuni Jyu Kagehide kann man etwa um das Jahr 1265 (Bunei-Periode) datieren. Er war der jüngere Bruder von Bizen Mitsutada. Nur noch wenige signierte Werke von Kagehide sind erhalten. Seine berühmteste Klinge ist als Kuronbo-giri bekannt, sie befand sich unter den Schätzen des berühmten Date Masamune aus Sendai. Dieses *tachi* ist ein herausragendes Beispiel seiner Arbeit. Es handelt sich um eine *o-suriage mumei*-Klinge, mit sehr eleganter Linie, trotz Kürzung und damit einhergehendem, teilweisen Verlust der originalen *sori*. Die Maße sind:

NAGASA: 70,3 cm
SORI: 1,3 cm
MOTO-HABA: 2,8 cm
SAKI-HABA: 1,6 cm
BOSHI: 2,0 cm
NAKAGO: 19,4 cm
NAKAGO SORI: 0,2 cm

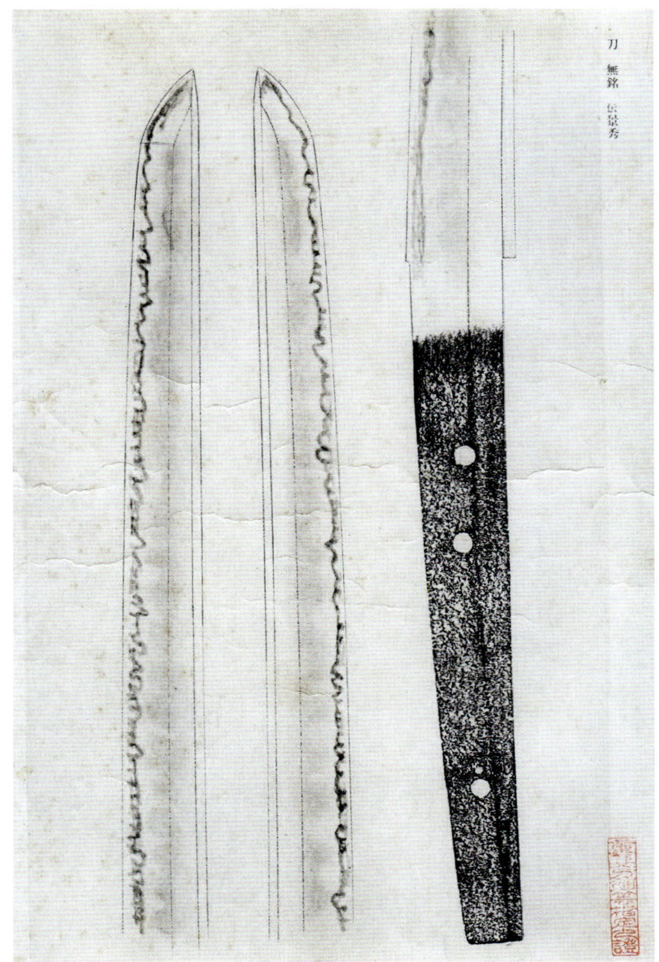

DIE FUKUOKA-ICHIMONJI-SCHULE

Diese *kantei*-Klinge stammt aus der Fukuoka-Ichimonji-Schule aus Bizen. Sie ist *ubu* und mit dem Schriftzeichen *ichi* signiert. Es handelt sich um ein ausdrucksstarkes *tachi* mit einer Länge von 66 cm. Es weist eine tiefe *koshi-zori* auf mit *bi-hi*, die sich bis in die *nakago* auf beiden Seiten erstrecken. Die Form ist sehr typisch für die Kamakura-Ära.

Die Ichimonji-Schule in der Provinz Bizen war eine sehr große Schule, die zu Beginn der Kamakura-Periode gegründet wurde und bis zum Ende der Nambokuchu-Periode bestand. Werke aus dem Beginn bis hin zur Mitte der Kamakura-Periode werden gewöhnlich als Ko-Ichi-monji bezeichnet. Vom Beginn bis zur Mitte der Kamakura-Periode lag das Produktionszentrum dieser Schule in der Gegend von Fukuoka. Seit dem Ende der Kamakura-Periode bis zur frühen Nambokucho-Periode verlagerte sich das Produktionszentrum nach Yoshioka.

Der Name der Schule kommt daher, dass viele der noch existierenden Klingen nur mit *„Ichi"* signiert sind. Bis heute besteht Ungewissheit, ob jene Schmiede, die mit ihren Namen signiert haben, mit jenen, die nur mit *„Ichi"* signiert haben, identisch sind.

Norimune wird als der symbolische Gründer der Fukuoka-Ichimonji-Schule hoch geschätzt. Seine frühen Schwerter im Ko-Ichimonji-Stil weisen eine schwache *sori* auf, sowie einen aus *nioi* bestehenden *suguba-hamon* mit reichlich *nie*, verstärkt mit unterschiedlichen *nie*-Strukturen in den *ji* von *hotsure*, *sunagashi* und *kinsuji*.

Etwa in der Mitte der Kamakura-Periode änderte sich die Form, und der Arbeitsstil wurde prägnanter, mit einer kräftigeren *sugata* und größeren und dichteren *choji*-Formationen, die als *juka-choji*, *o-choji midare*, *o-busa choji*, etc. bekannt sind. Diese Schwerter werden gewöhnlich als der Fukuoka-Ichimo-onji-Schule zugehörig bezeichnet.

Es waren berühmte Schmiede, die Norimune nachfolgten, wie Yoshifusa, Sukezane, Norifusa, Yoshiiye, Sukefusa, Nobufusa, Yoshimune und andere, die den sogenannten Fukuoka-Ichimonji-Stil begründeten. Diese Schmiede sind bekannt für einen von *nioi* geprägten *hamon*, mit *o-busa*, *juka*, *kawazuka* und *kukura*-Variationen der *choji-midare* von verschiedener Breiten- und Längenausprägung. Die lebhaften *midari-utsuri* im *ji* tragen zum großartigen Charakter ihrer Arbeiten bei.

SUGATA: Die *tachi sugata* ist großzügig aber nicht übertrieben, sie bleibt elegant. Es handelt sich typischerweise um *shinogi-zukuri*, *iori-mune* mit *koshi-zori*. Es gibt ein ausgeprägtes *funbari*, das in einer mittelgroßen *kissaki* im *ikubi*-Stil ausläuft.

HAMON: Dichtes *ko-choji* ist selten. Typischerweise ist der *hamon* von ausgeprägtem *choji-midare* mit einer Kombination aus *juka*, *kawazuko*, *gunome* und anderen Strukturen. Die Breite des *hamon* ist unterschiedlich. Die überwiegend von *nioi* geprägten *nioi-guchi* sind mit feinen *ko-nie* begrenzt, und sie enthalten viel *ashi* und *yo*. *Sunagashi*, *kinsuji* und andere von *nie* geprägtem *hataraki* sind augenfällig.

JITETSU: Die *kitae* besteht hauptsächlich aus dichtem *itame-hada*, vermischt mit *mokume-hada*. Vereinzelt sind *o-hada* oder gröbere Formationen vorhanden. Es gibt einen deutlichen *utsuri*, in der Ausprägung von *choji-utsuri*, *midare-utsuri*, *jifu-utsuri* oder *botan-utsuri*.

BOSHI: Das *boshi* ist fleckig oder *ikube*. Im Verhältnis zum *hamon* ist es *midare-komi* und entweder *yakisume* oder von einer kurzen *kaeri* geprägt.

HORIMONO: Originales *horimono* gibt es nicht, jedoch *bo-hi* oder *futatsu-hi*. Die Spitze des *hi* ist prägnant, der Fuß ist *maru-dome*, *kaku-dome* oder *kaki-nagashi*.

Rechts:
SIGNATUR: Nagamitsu
KLINGENLÄNGE: 77,4 cm
SORI: 2,7 cm
BREITE AN DER HAMACHI: 3,0 cm
ÄRA: Kamakura-Periode

FORM: Stark gekrümmtes *shinogi-zukuri-tachi, chi-kissaki, iori-mune.*
HORIMONO: Auf beiden Seiten der Klinge sind *bo-hi* und *soe-hi* eingraviert.
JITETSU: Das *ko-itamae* ist von feinen *jinie, chikei* und typischen *midare-utsuri* geprägt.
HAMON: *Gunome* und *ko-gunome,* kombiniert mit herrlichen *choji-midare* und vielen *ashi,* tiefe *nioi* und *konie.* Die Vorderkante ist leicht nebelig.

Nagamitsu war ein großer Schwertschmied aus der Osafune-Schule der Provinz Bizen, der unter seinem Vater Mitsutada lernte. Nagamitsu bildete viele Familienmitglieder und Nachfolger zu exzellenten Handwerkern aus.

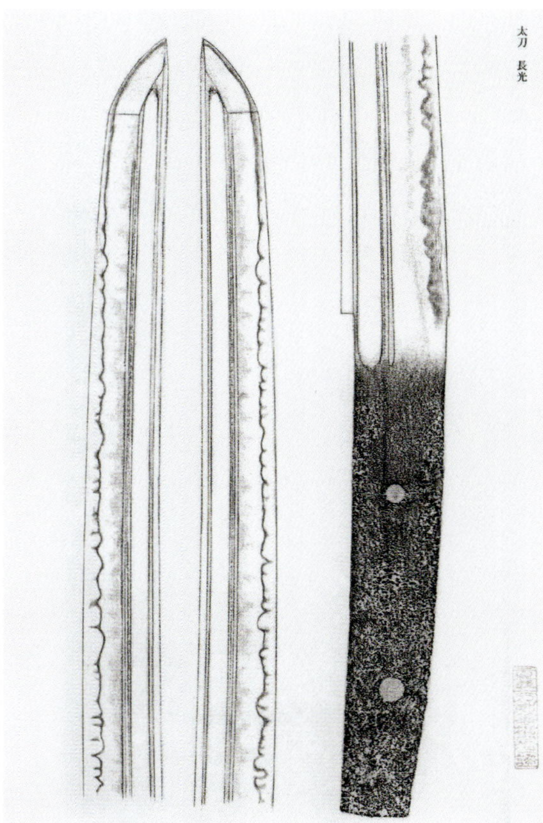

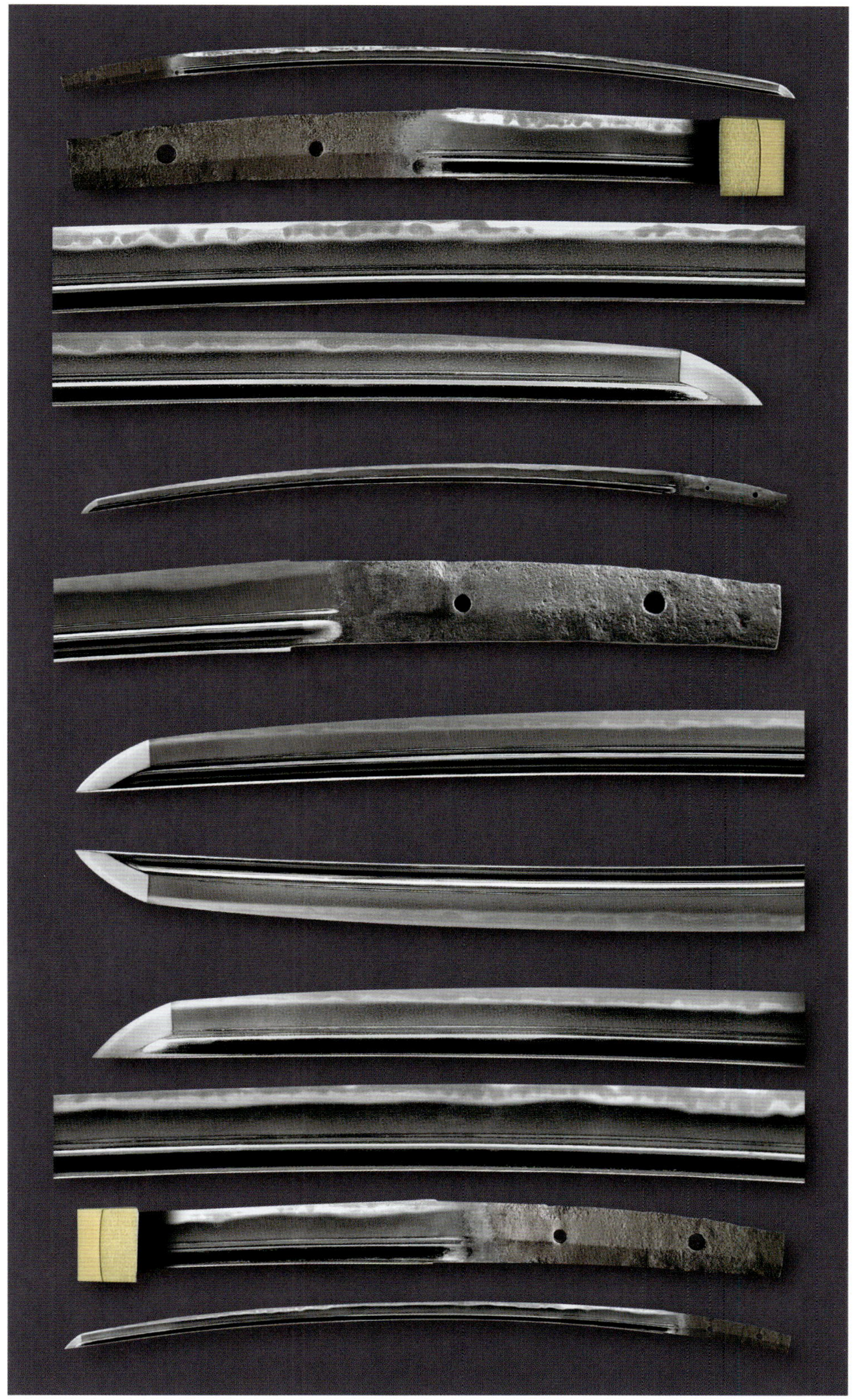

Dieses *tanto*, genannt Dai-Sa, im Besitz eines berühmten Sammlers, wird bei der NBTHK in Tokio aufbewahrt. Das Schwert hat einen schönen, ausgeprägten und typischen *hamon*, gleichrangig mit den Klingen, die als Nationalschätze gelten. Abe Kazunori reichte diese Klinge in die Mukansa-Kategorie des Polierwettbewerbs 2006 ein.

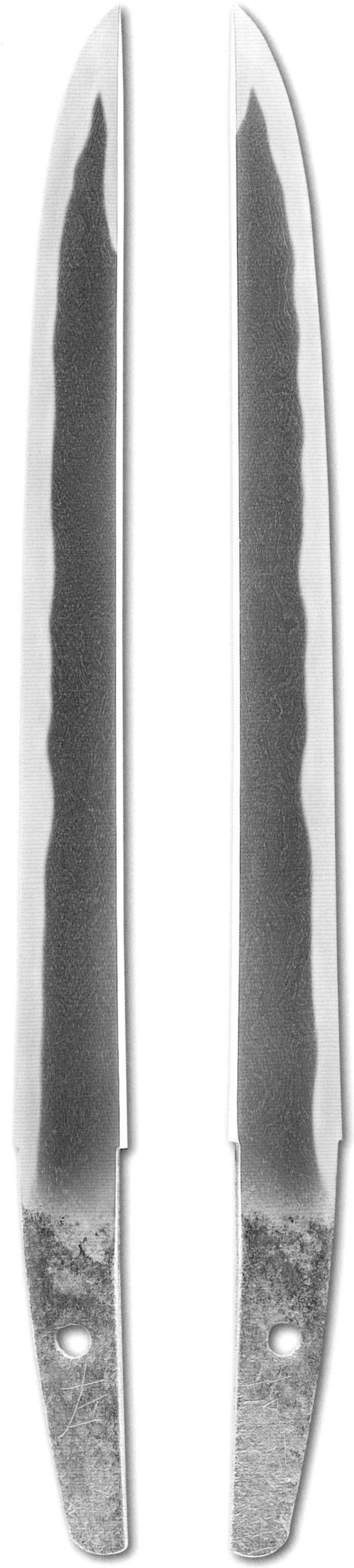

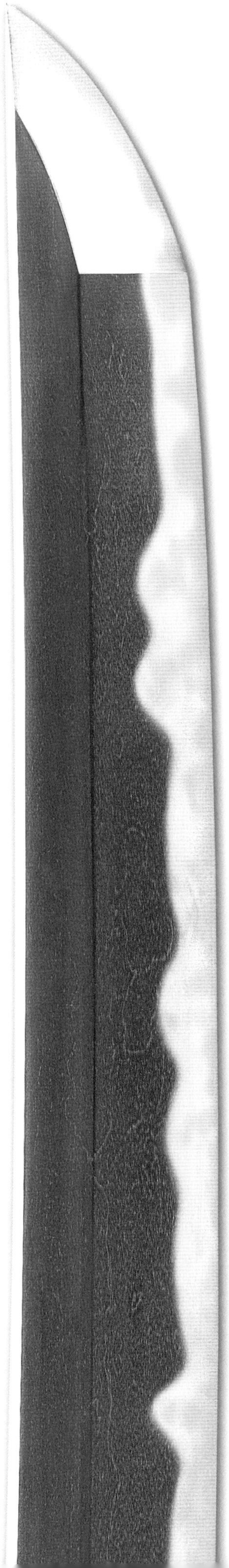

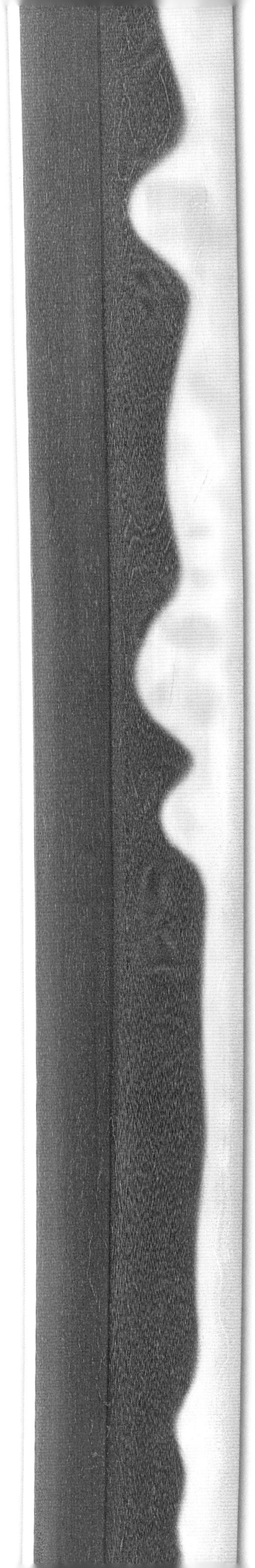

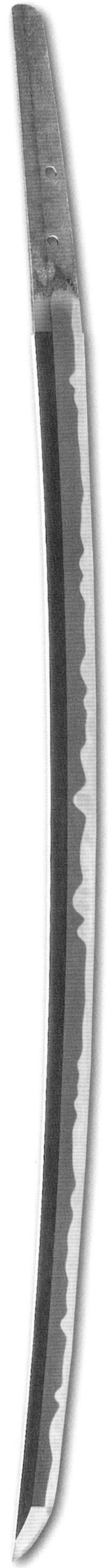

Diese *mumei*-Klinge ist eine typische Arbeit im Shizu-Stil. Das feine Beispiel zeichnet sich durch eine helle *jigane* mit ausgewogenem *hataraki* im *hamon* aus. Vereinzelt werden unsignierte Klingen wegen ihrer Ähnlichkeit mit Masamune-Arbeiten verwechselt. Jedoch weisen die Shizu-Arbeiten eher die für die Koto-Zeit typischen, helleren *jigane*- und *hamon*-Bilder auf. Dies ist eines von Abe Kazunoris Lieblingsschwertern.

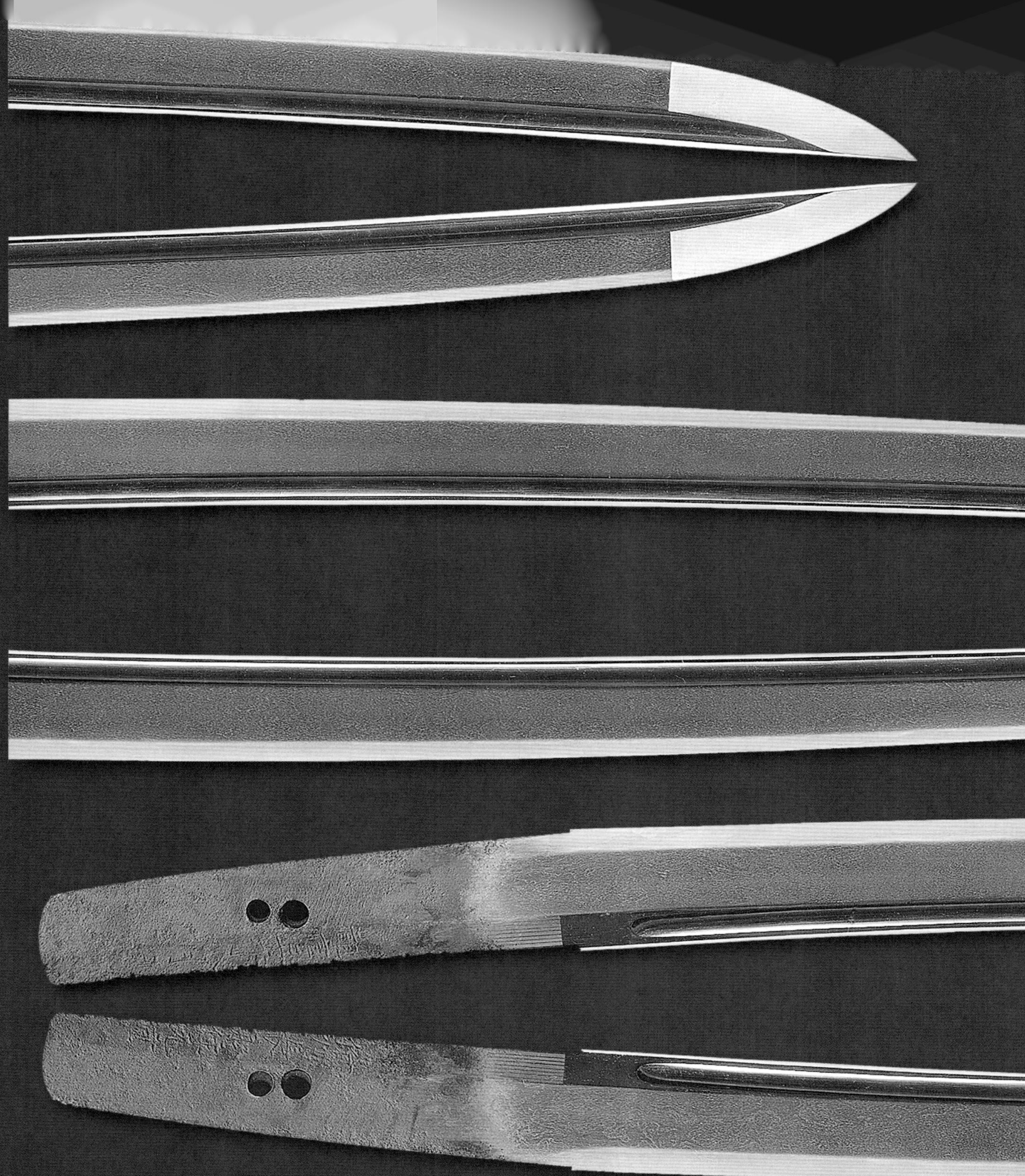

Eine Klinge, bewertet als Juyo Token bei der 31. Shinsa am 18. Oktober 1984. Ko-Dachi, signiert: Bishu Osafune ju Motoshige; Kano san-nen hachi-gatsu hi (ein Tag im 8. Monat, 3. Jahr des Kano, 1352).

LÄNGE: 52,1 cm
KRÜMMUNG: 1,0 cm
BREITE AN DER SPITZE: 1,95 cm
LÄNGE KISSAKI: 6,1 cm
LÄNGE NAKAGO: 22,7 cm
KRÜMMUNG NAKAGO: nahezu nicht gekrümmt.

BAUWEISE:
Die Bauweise ist *shinogi-zukuri* mit einem *iori-mune*. Die Breite nimmt vom Fuß zur Spitze hin ab. Am hinteren Ende der Klinge gibt es kein *funbari*, und das Schwert hat eine *o-kissaki*. Die *kitae* ist *ko-itame* mit einem *ko-mokume*, der in der *jigane* eine fließende Ausprägung hat. Die *jigane* ist mit *ji-nie* ganzflächig bedeckt und enthält kleine *chikei* und hervortretende *bo-utsuri*. Der *hamon* ist *chu-suguha* mit dichtem *nioiguchi*.
Das *habuchi* enthält *ko-ashi* und zeigt eine gerichtete *ashi*-Aktivität. Das *boshi* ist *ko-maru* mit betonter Spitze und *kaeri*. Auf beiden Seiten der Klinge sind an den Enden abgerundete *bohi*-Nutungen. Die *nakago* ist etwas *suriage* mit einem flachen *kurijiri*-Ende. Die *yasuri* sind *sujikai*, und es gibt zwei *mekugi-ana*. Es gibt eine lange Inschrift auf der *hakiomote* nahe dem *mune* mit einem ähnlich platzierten Datum auf der *ura*.

BESCHREIBUNG:
Die frühesten bekannten Werke von Osafune Motoshige stammen aus dem fünften Jahr des Showa (1316), was der späten Kamakura-Periode entspricht. Weitere Arbeiten sind aus der Karyaku-Zeit bekannt (1326-1329). Darüber hinaus gibt es Werke mit Datierung aus der Joji-Ära (1362-1368), was der späten Nambokuchu-Periode entspricht. Daraus folgt, dass sehr wahrscheinlich eine erste und zweite Generation existierte, jedoch gibt es keine Hinweise auf eine klare Trennungslinie zwischen beiden. Hinsichtlich des Arbeitsstils weisen frühe Quellen darauf hin, dass er jenen von Kagemitsu und Kanemitsu oder den Werken aus der Bichu-Aoe-Schule nahe kommt. In dieser Hinsicht zeigen sich in der *suguha* seiner Arbeiten, mit dichten *nioiguchi* und schräg gestellter *ashi*-Aktivität in der *habuchi Aoi* typische Merkmale. In Anbetracht seiner Entstehungszeit ist es ein ungewöhnlich seltenes Exemplar einer *ko-dashi*-Klinge. Die große und breite *kissaki* weist klar auf die Nambokucho-Periode hin, und seine Datierung aus der Kano-Ära macht es zu einem wertvollen Forschungsobjekt im Zusammenhang mit diesem Schmied.

UCHIGATANA
Diese Klinge wurde von Morishige aus Osafune in der Provinz Bizen (heute Präfektur Okayama) etwa Mitte der Muromachi-Periode (1393 – 1573) hergestellt. Ihre geringe Länge und die Krümmung im vorderen Teil der Klinge sind charakteristisch für Schwerter aus dieser Periode. Obwohl dies eine herausragende Klinge ist, wurden viele Schwerter dieser Zeit in Serie produziert, um dem durch die Bürgerkriege hervorgerufenen hohen Bedarf nachzukommen. Sie waren infolgedessen oft von niedriger Qualität.

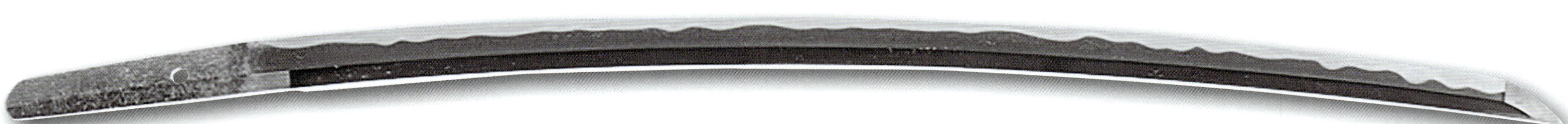

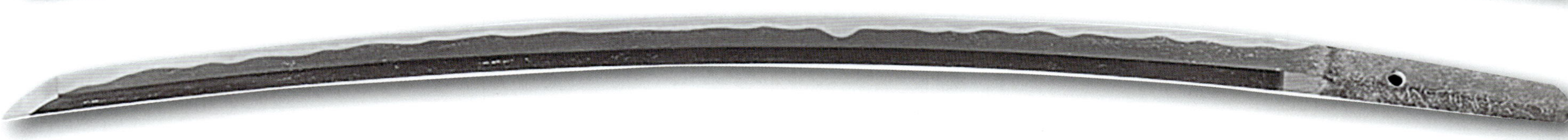

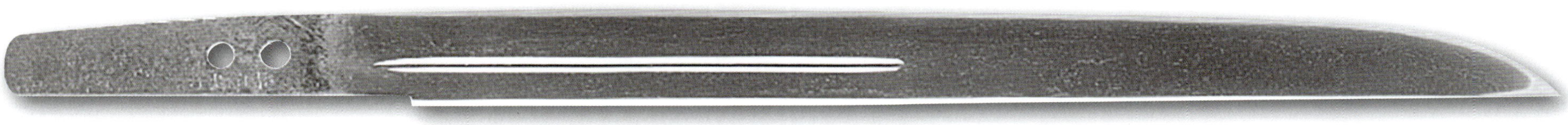

KANETSUNE TANTO

Dieses *tanto* (Dolch) wurde in der Provinz Mino (heute Gifu-Präfektur) etwa zur Tenbun-Ära (1532-1555) vom Schmied Kanetsune hergestellt. *Tanto* sind vorwiegend Waffen für den Nahkampf. Jedoch dienen *tanto* auch als symbolische Glücksbringer und werden als solche neugeborenen Babys geschenkt oder von japanischen Bräuten getragen. In diesem Fall bezeichnet man sie als *omamori-gatana*.

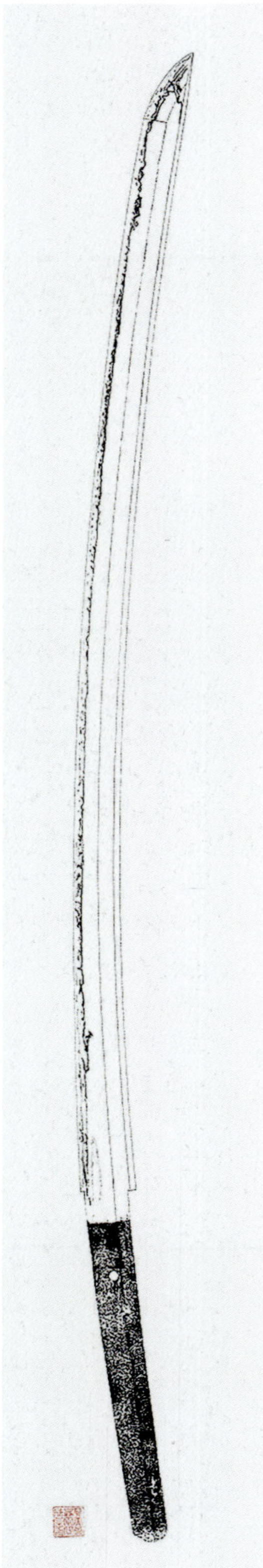

BIZEN KUNI JU OSAFUNE SUKESADA KATANA

SIGNATUR: Bizen Kuni ju Osafune Sukesada
Ganki 2 Nen 8 Gatsu Hi (1570)
KLINGENLÄNGE: 81,3 cm
SORI: 2,8 cm
BREITE BEIM HAMACHI: 3,57 cm
BREITE AN DER KISSAKI: 2,58 cm
ÄRA: späte Muromachi-Periode

FORM: Die Klinge ist breit und stark mit einer tiefen *sori* und langer *kissaki* (Spitze).
JITETSU: *Itame hada* und *mokume hada*, kombiniert mit viel *jinie*.
HAMON: *Niedeki suguha*, kombiniert mit *notare*. Im *ha* sind viele *ashi* und *yo* verteilt. Auch gibt es *kinsuji* und *sunagashi*.

Unter dem Protektorat der Akamatsu-Familie prosperierten die Provinzen Harima, Mimasaka und Bizen. Vor allem Bizen war bekannt für seine vielen talentierten Schwertschmiede. Hier wurden während der späten Muromachi-Periode Schwerter in großen Stückzahlen angefertigt, nicht nur für den Bedarf im Zeitalter der japanischen Provinzkriege, sondern auch zum Export in die Ming-Dynastie nach China. Die massenproduzierten Schwerter hatten meist eine Signatur, die mit „Bisu-Osafune" beginnt. Auftragsarbeiten oder sorgfältig hergestellte Schwerter hatten jedoch eine Signatur, die mit „Bizen Koku Ju Osafune" beginnt. Solche Schwerter wurden meist für einen Daimyo individuell angefertigt.

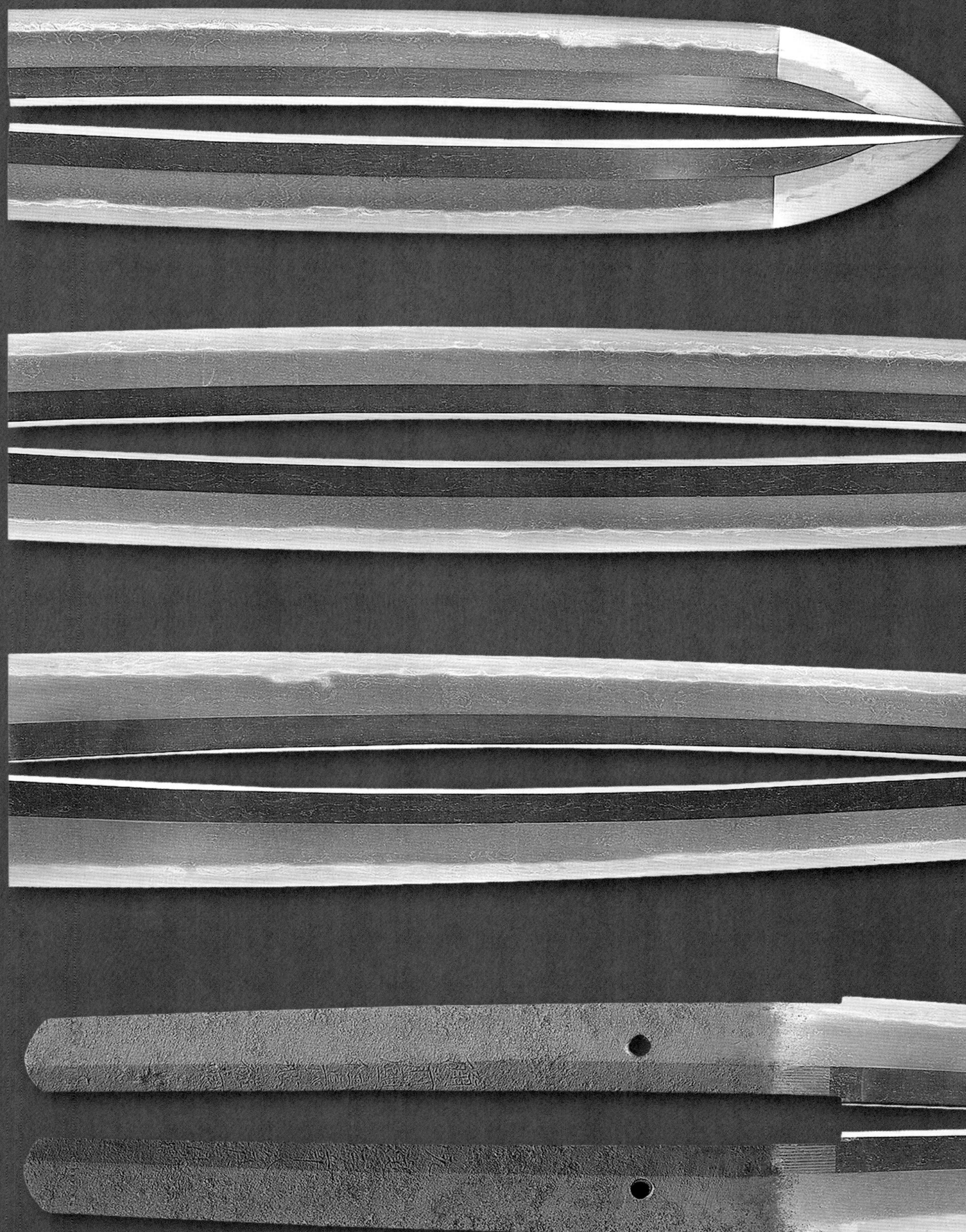

BIZEN OSAFUNE MASAMITSU
Es gibt zwei Generationen mit dem Namen Bizen Osafune Masamitsu. Man geht davon aus, dass die zweite Masamitsu-Generation etwa zur späten Nanbokucho-Periode und der Oei-Ära der Muromachi-Periode arbeitete. Dieses Schwert wurde wahrscheinlich zur Meitoku-Ära in der späten Nanbokucho-Periode hergestellt, es hat einen *hamon* im Stil Kanemitsus und einige Oei-Bizen-Charakteristika. Jedoch ist die Form des Schwerts typisch für die Nanbokucho-Periode.

Abe Kazunori hat sowohl Nanki-Shigekuni- als auch Bizen-Osafune-Masamitsu-Klingen für den Politurwettbewerb 2004 bearbeitet. Er reichte das Masamitsu-Schwert ein und gewann damit den Kuzan-Preis. Der *hamon* ist nicht stark gewellt und besteht aus sehr feinem *gunome*, auf dem sich das *hadori* nur schwer herausarbeiten lässt.

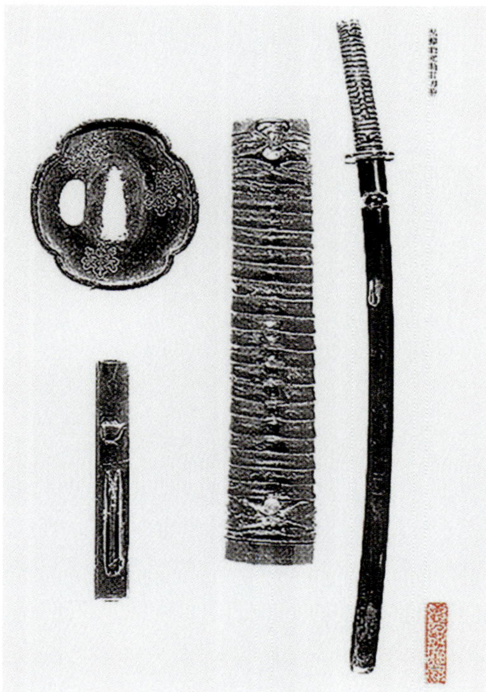

JIDA KOSHIRAE

Dies ist die Übersetzung der Juyo-Token-Zufu-Papiere für dieses feine *koshirae*. Es ist eines der extrem seltenen Beispiele eines gut erhaltenen *koshirae*. Das Schwert wurde von einem Samurai niederen Rangs als Kampfschwert getragen. *Koshirae* aus dem Besitz von Generälen und Daimyo (oft sehr prächtig und dekorativ) sind in der Regel gut erhalten. Dagegen sind *koshirae* aus dem Besitz niederer Ränge eher selten und entsprechend wertvoll.
Eingestuft als Juyo Toso (Schwertmontierung) bei der 46. Shinsa am 5. Oktober 1999.

ART: *Uchigatana koshirae* mit schwarz lackierter *saya*.

MASSE:
GESAMTLÄNGE: 86,0 cm
KRÜMMUNG: 3,2 cm
GRIFFLÄNGE: 18,3 cm
GRIFFKRÜMMUNG: 0,2 cm
SAYA LÄNGE: 67,7 cm
SAYA KRÜMMUNG: 1,9 cm

BESCHREIBUNG DER MONTIERUNG:

Der Griff ist vollständig im *kangimaki*-Stil mit schwarzem Leder bewickelt. Obwohl die *menuki* vollständig durch die Wicklung verdeckt sind, kann man davon ausgehen, dass sie horizontal angeordnet sind und eine lange, schlanke Form haben. Das *fuchi* hat eine polierte *yamagane*-Grundierung und weist kein Dekor auf. Das Grundmaterial ist *shakudo* mit *shigure-yasuri* (gleich wie *sujikai-yasuri*). Das *fuchi* ist unsigniert. Das *kashira* hat eine polierte *shakudo*-Grundierung und ist ohne Dekor. Es gibt einzelne Stellen auf der *saya* mit schwarz lackiertem Horn ohne Design (*kuchi, kurigata, kaeri-tsuno und ura-gawara* (*kozuka*-Aufnahme). Das *kozuka* hat die Form einer Mundorgel (*sho*) mit einer *shakudo-nanako*-Grundierung und erhabener Gravur. Das *kozuka* ist unsigniert. Die *tsuba* ist *mokko-gata* mit einer *yamagane*-Grundierung und *go-san kiri-mon* (drei- oder fünffache Paulownia-Blütendolde), linienförmig eingestochen. Die *tsuba* ist schwarz lackiert, mit einigen Schlagkerben in der *mimi*, ein Zeichen des tatsächlichen Kampfeinsatzes. Die große *mimi* ist rechteckig und schwarz lackiert. Es gibt ein *kozuka-hitsu-ana*. Die *tsuba* ist unsigniert. Es gibt zwei mit Silber plattierte Kupfer-*seppa*. Die Hornteile sind dekorlos und schwarz lackiert, mit einem leichten Rotstich, der auf ihr Alter schließen lässt. Die verschiedenen Horn-Applikationen und Metallteile sind formal eher streng, mit einer Schlichtheit, die ansprechend ist. Besonders die Griffbewicklung im *kangimaki*-Stil ist sehr attraktiv. Das *koshirae* ist zwischen dem Ende der Muromachi-Periode und der Momoyama-Periode zu datieren.

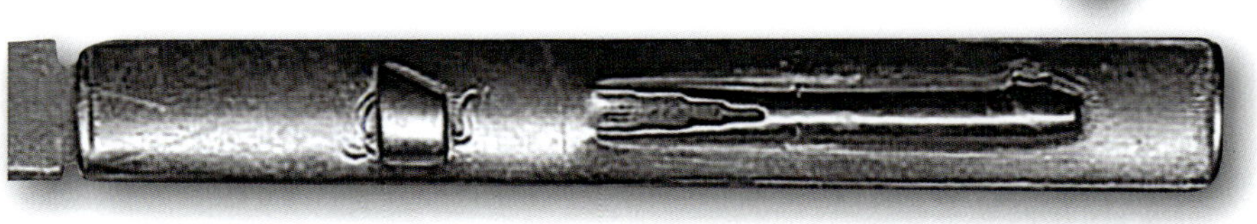

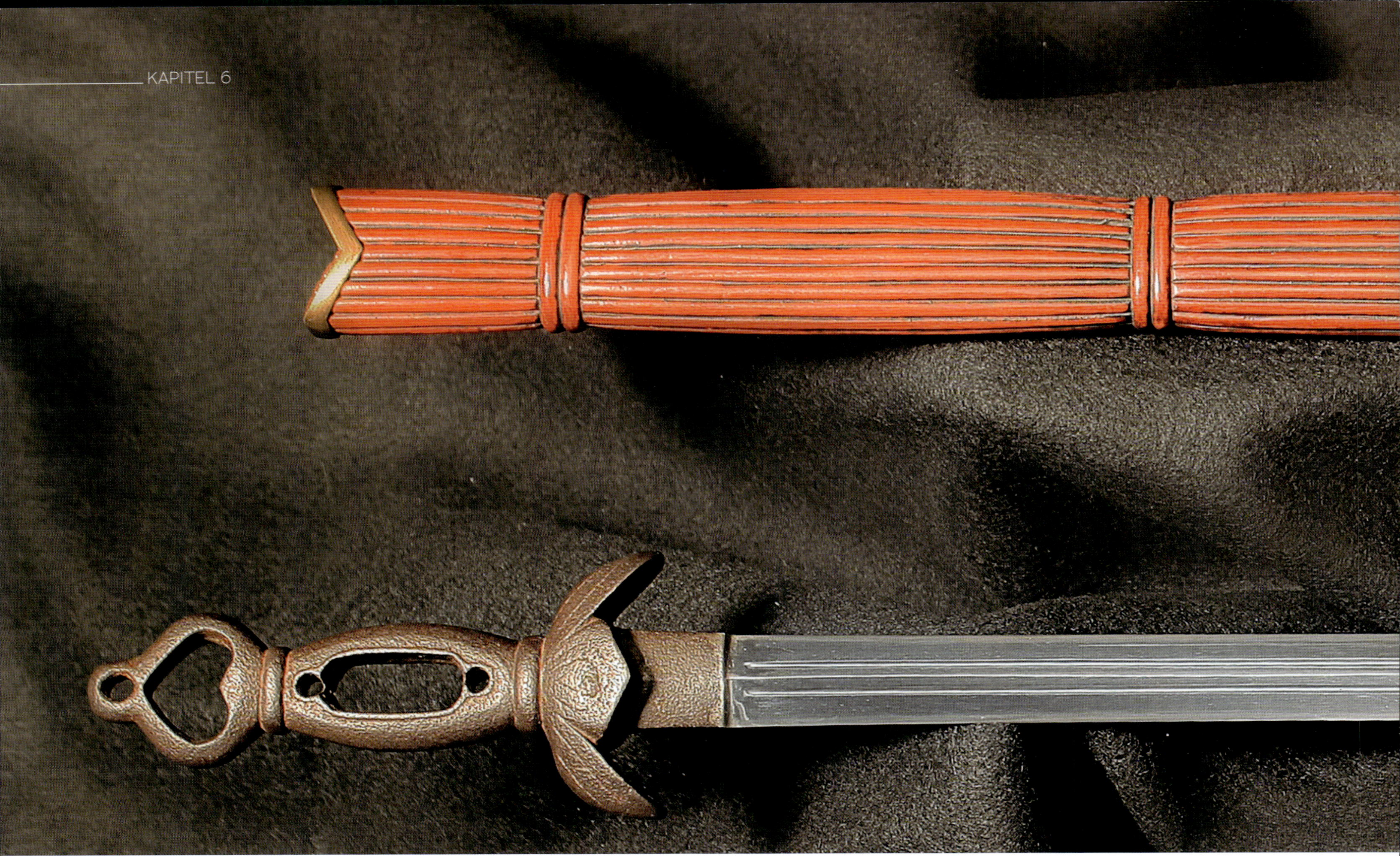

Die Schneidenlänge dieses *ken* beträgt 53 cm. Ein besonderes Merkmal dieses Schwerts ist, dass die Klinge und der Griff in einem Stück geschmiedet sind. Eine Seite der Klinge hat zwei schmale Rillen, die etwa bis zur halben Klingenlänge gehen, es findet sich ein Sanskrit-Zeichen (*bonji*) in der Mitte der Klinge. Auf der anderen Seite gibt es eine zentrale Rille etwa bis zur Klingenmitte, mit einem daran anschließenden Sanskrit-Zeichen. Der *hamon* ist *suguha* und die *hada* überwiegend *masame*. Dieses *ken* wird Echizen Shimosaka zugeordnet und auf die mittlere Edo-Periode, vermutlich Kyoho (1716 – 1736), datiert.

大日本名
右大将源頼朝

SCHWERTER DER EDO-PERIODE

Die Edo-Periode war eine Zeit der Renaissance in Japan, während der die Samurai keine größeren Kämpfe führen mussten und die Künste unter der Kriegerkaste florierten. Es war auch eine Zeit der nationalen Isolation, die fremde Einflüsse von japanischem Boden fernhielt. Während der Edo-Periode entwickelte sich eine neue Vision der konfuzianischen und taoistischen Ideale mit starken gesellschaftlichen Auswirkungen. Die Einheit Japans über nahezu 300 friedvolle Jahre hatte einen nachhaltigen Einfluss auf den Lebensstil, die Spiritualität und die Kampfkunst der Samurai.

Gegen Ende der Edo-Periode wurde der Frieden jedoch erschüttert. Die Auswirkungen eines wachsenden internationalen Drucks auf die japanischen Herrscher, das Land und seine reichen Ressourcen gegenüber dem internationalen Handel zu öffnen, verursachte einen Bruch zwischen dem Tokugawa-Clan und dem japanischen Kaiser. Vor allem der amerikanische Anspruch auf einen bevorzugten Handelsstatus zwang Japan, nicht nur seine Grenzen zu öffnen, sondern führte letztendlich auch zur Abschaffung des Klassensystems – ein Vorgang, der die Samurai-Klasse auslöschte und einen Schub in Richtung Modernisierung mit sich brachte.

Wir haben die Einfügung des Taoismus, Konfuzianismus, Buddhismus und der naiven Shinto-Mythologie in das japanische Weltbild betrachtet. Dieses Kapitel hat die Edo-Periode und die Rolle des Tokugawa-Shogunats zum Thema. Anhand der Literatur bemühen wir uns um ein Verständnis für die für den Schwertstil maßgeblichen Einflussfaktoren. Am Beispiel der *Kashima-Shin-ryu*-Drachen-Schriftrolle wird klar, dass die Prinzipien des Neo-Konfuzianismus und des Taoismus das Denken der *Shin-ryu*-Schwertmänner geprägt haben. Dadurch gewinnen wir einen vertieften Einblick in die historische Verbindung zwischen der Spiritualität und dem Schwert, die auch während der Edo-Periode gepflegt wurde. Für den Krieger war die Symbolik des Schwerts von entscheidender Bedeutung. Zum Schluss des Kapitels werden die Auswirkungen der Zeitenwende auf das japanische Schwert und auf das Handwerk der Schwertherstellung betrachtet.

DIE EDO-PERIODE

(1603 – 1867 n. Chr.)

Die Geschichte Japans war bis ins späte 16. Jahrhundert hinein geprägt durch gierige Daimyos, Kaufleute und Mönche, die alle um die Macht wetteiferten. Vermehrung von Besitztum, Geld, Macht und Status war ein gemeinsamer Nenner aller Stände in der japanischen Gesellschaft.

Ehen, Allianzen und Waffenstillstände wurden gebrochen und erschüttert, in dem Bestreben, den Reichtum des jeweiligen Clans zu mehren. Streitigkeiten zwischen reichen Familien – meist hinsichtlich der Landrechte – eskalierten nicht selten zu blutigen Schlachten, die sich oft über Jahrhunderte fortsetzten. Obwohl die Kultur des Dienens und der Kriegsführung in Japan bereits fest verwurzelt war, stand das Samurai-Ideal noch nicht in seinem Zenit.

Die Edo-Periode wird in der japanischen Geschichte manchmal die „japanische Renaissance" genannt. Tokugawa Ieyasu machte die Stadt Edo (später umbenannt in Tokio) zum Stützpunkt seiner Militärregierung und damit zur japanischen Hauptstadt. Tokugawa war ein diplomatisches Genie. Durch eine Reihe von Verordnungen etablierte er ein raffiniertes Gleichgewicht zwischen politischer Einflussnahme und militärischer Kontrolle. Obwohl er weiterhin gute Beziehungen zum kaiserlichen Hof unterhielt, führte Tokugawa Regeln ein, die die Bewegungsfreiheit der Daimyos einschränkten. Daneben unterband er die Aktivitäten der spanischen und portugiesischen Missionen.

Gegenüberliegende Seite:
Während der Edo-Periode konnten die Samurai verstärkt ihre persönlichen Hobbys pflegen, wie zum Beispiel das Halten von Vögeln, die Kalligraphie und die Teezeremonie.

Während der Edo-Periode waren viele Daimyos gezwungen, einen Teil des Jahres in Edo, der Hauptstadt, zu verbringen.

Zu dieser Zeit begann auch der Handel zwischen England, Holland und Japan. Tokugawa sah im Bleiben der Spanier und Portugiesen keinen Vorteil. Sie sähten seiner Ansicht nach Zwietracht unter den Samurai-Clans. Darüber hinaus verursachten die Spanier und Portugiesen – auch untereinander erbitterte Feinde – weitere Probleme, indem sie über die Vorgehensweise bei der Missionierung uneins waren. Tokugawa wollte den Einfluss dieser Fremdlinge auf seine Berater und Generäle unterbinden. In einem blutigen Handstreich wurden die japanischen Christen fast vollkommen vom japanischen Boden entfernt. Diejenigen, die blieben, gingen in den Untergrund und übten ihren Glauben im Verborgenen aus.

Tokugawa schirmte Japan darüber hinaus durch zunehmende Restriktionen beim Außenhandel ab. Letztendlich wurde nur wenigen holländischen Schiffen das Anlaufen an einer kleinen Insel in der Bucht von Nagasaki erlaubt. Fremde durften das japanische Festland nicht betreten. Ebenso wurde Japanern das Verlassen des Landes nicht erlaubt. Mit Ausnahme geringer Handelsaktivitäten mit den Holländern schottete sich Japan vollkommen von der Außenwelt ab.

Der Kaiser war de facto nur noch ein Strohmann, obwohl ihn Tokugawa immer noch anerkannte. Die Regierungsgewalt hatte jedoch die Kommandozentrale in Edo inne. Tokugawas größte Errungenschaft war vermutlich das Unterbinden der Intrigen und Kämpfe zwischen den Daimyos. Er verpflichtete die Daimyos sowohl eine Niederlassung in Edo als auch ihren Besitz in den Heimatprovinzen zu unterhalten. Jeder Wohnsitz musste voll ausgestattet werden, was für die Daimyos sehr kostspielig war – Befestigungen mussten erstellt, Diener bezahlt werden. Aus diesem Grund hatten viele nicht mehr genug Geld für ihre Kriegskasse. Tokugawa zwang jeden Daimyo, die Hälfte des Jahres in Edo zu wohnen, während gleichzeitig sein Rivale dessen Landsitz bewohnte. Anschließend wurde es den „Gästen" und ihren persönlichen Schutztruppen unter Begleitung der Tokugawa-Eskorten erlaubt, zu ihrem Landsitz zurückzukehren. Gleichzeitig wurden die möglichen Widersacher nach Edo eskortiert, wiederum unter Bewachung durch die Tokugawa-Milizen, um dort für ein halbes Jahr zu leben.

Um seinen Plan zu festigen, bestand Tokugawa darauf, dass „Gäste" bei ihm in Edo verweilen „durften". De facto handelte es sich um eine verfeinerte Art von Geiselnahme, einschließlich Bestechung, Heiratspolitik und der ständigen Drohung, dass ein Familienmitglied als Verräter gebrandmarkt und getötet wird. Jedoch verhinderte dieses System, dass Familien ihren teilweise schon über Jahrhunderte andauernden Streit über Landbesitz durch ständige militärische Auseinandersetzungen ausfochten. Kein Daimyo war lange genug zu Hause oder konnte genug Geld anhäufen, um militärische Aktionen durchzuführen. Die Machtübernahme von Tokugawa und seine unangefochtene Position als Shogun führte damit zu einer lang andauernden Einheit und Stabilität Japans.

Durch den ständigen Strom von Gästen und Reisenden nach Edo hinein und heraus wurde es ein Zentrum der Künste und Kultur. Für die martialischen Samurai, die die Kriegsführung mit der Muttermilch aufgesaugt hatten, begann ein faszinierender Prozess des Wandels.

DIE FÜHRUNGSROLLE DER „GELEHRTEN KRIEGER"

Während der Herrschaft der Tokugawa hatten die Samurai die Zeit und auch das Geld, um künstlerische und andere feinsinnige Elemente der japanischen Kultur zu pflegen. In Rückschau auf die idyllischen Krieger-Ideale der Vergangenheit belebten die Samurai der Edo-Periode die konfuzianischen Ideale wieder.

In dieser Ära des Neokonfuzianismus verschob sich das Weltbild der Edo-Samurai vom Krieger zum Gelehrten. Der Neokonfuzianismus vereinte die drei großen Philosophien, den Buddhismus, Taoismus und Konfuzianismus, um zugleich die Säkularisation innerhalb der japanischen Gesellschaft zurückzudrängen. Besonderes Augenmerk legte man auf die Verfeinerung und Kodifizierung der Respektbezeugung und Umgangsformen innerhalb der vier Gesellschaftsebenen. Die Interaktion der Samurai mit jenen, die über ihnen oder unter ihnen standen, beruhte auf einem Ehrenkodex, in Übereinstimmung mit den konfuzianischen Idealen. Das tägliche Leben war bestimmt durch Rituale und die Beachtung strenger Etiketten.

Im späten 18. Jahrhundert wurden die neokonfuzianischen Gebräuche zunehmend mit Zen vermischt, ein Trend, der die Kampfkünste während der Edo-Periode und darüber hinaus prägte. William Bodiford erkärt:

Unter dem Gesichtspunkt, dass konfuzianische Lehrer mit den Zen-Mönchen sowohl bestimmte Formen der Meditation als auch moralische Prinzipien teilten, haben einige Gelehrte den Konfuzianismus der Tokugawa-Periode als eine Art „Alltags-Zen" für Laien bezeichnet. Das Ergebnis dieser konfuzianischen Lehren war jedoch nicht die Verbreitung der Zen-Praxis, sondern der Niedergang der buddhistischen Frömmigkeit, verbunden mit einer abnehmenden Verehrung buddhistischer Gottheiten.

Die japanischen Krieger mussten erneut lernen, wie sie ihre Pflichten mit ihrer Geisteshaltung in Einklang bringen konnten. Die Kriegerkaste hatte über Hunderte von Jahren einen sehr intensiven, martialischen Lebensstil gepflegt. Während der Edo-Periode waren die Samurai jedoch kaum mit Kriegsführung oder sonstigen militärischen Verpflichtungen befasst und hatten deshalb mehr Zeit, ihre persönlichen Vorlieben zu pflegen. Auf diese Weise wurden verschiedene Ausprägungsformen der japanischen Kultur, wie das *kabuki*-Theater, das *no*-Theater, das *bunraku* (Puppenspiel) oder das *sado* (Teezeremonie) zu höchster Blüte geführt.

Diese Entwicklungen waren dem Umstand zu verdanken, dass sich die Samurai hin zu einem profanen Stand entwickelten. Ihre Funktion beschränkte sich im wesentlichen auf administrative und repräsentative Aufgaben. Dieser Zustand dauerte nahezu drei Jahrhunderte an. Das Zeitalter der japanischen Renaissance begann, und mit ihm entwickelte sich ein neues Bild von der idealen japanischen Gesellschaft. Die Werkzeuge des Kriegers wechselten von Rüstung und Schwert hin zu Pinsel und Tusche. Professor Bodiford erläutert das folgendermaßen:

Die Etablierung der Tokugawa-Militärregierung (bakufu) im Jahre 1603 öffnete die Tür zu einem Zeitalter des Friedens und der Stabilität, das die Allgemeinbildung und die Etablierung einer neuen Klasse professioneller Kampfkunstlehrer förderte. Diese professionellen Unterweiser der Kampfkünste erstellten erstmals in der japanischen Geschichte ein systematisches, schriftliches Unterrichtswerk (15.000 dieser Titel existieren immer noch) und machten es einer breiteren Öffentlichkeit zugänglich. Die Autoren dieser Schriftstücke stützten sich auf ein chinesisches System des Lernens, das unter Berücksichtigung der Kosmologie, der Militärtheorie, der taoistischen Alchemie und des Konfuzianismus die traditionelle „kata" in ein Kleid der Wissenschaft und der Metaphysik hüllte.

Neben Zaubersprüchen fand vor allem die alchemistische Praxis des Atmens („taisoku") Eingang in die japanischen Kampfkünste. In taoistischen Schriften wird das Atmen mit einer kosmischen Lebenskraft in Verbindung gebracht, die man als „qi" „chi", Japanisch „ki") bezeichnet.

Porträt von Tokugawa Ieyasu.

Mit so viel Freizeit wie nie zuvor hatten die Krieger ausreichend Muße, über das Idealbild des Samurai nachzudenken. Sie orientierten sich an berühmten Ikonen aus der Geschichte und Mythologie, wie Prinz Yamato, Susanoo und Monju Bosatsu. Während der Edo-Periode waren die Lehren des Neokonfuzianismus Bestandteil des Schmelztiegels der Philosophien, Götter und Glaubenssysteme. Im Laufe der Zeit formte sich das Bild des „modernen" Samurai. Es zeichnete sich durch eine zuvor nie gekannte Verfeinerung der Verhaltensregeln aus. Zudem war es geprägt durch Aberglauben, esoterische buddhistische Praktiken und den Zwang, sich entsprechend der sozialen Stellung zu verhalten.

Der Samurai der Edo-Periode strebte nach einer höheren Daseinsebene, indem er sein Leben nach dem Ideal des „weisen Kriegers" ausrichtete. Auch in literarischen Arbeiten der damaligen Zeit wurde das Bild des wohlwollenden Beschützers der Schwachen und Unterdrückers des Bösen gepflegt, um das Samurai-Ideal zu beschreiben. Das motivierte die Samurai, ihre Spiritualität zu kultivieren und ihre ethische Verantwortung als Machtausübende ernst zu nehmen. Schriften wie das *Hagakure* erlangten ihre Beliebtheit durch die darin gegebenen, praktischen Richtlinien für einen kultivierten Lebensstil der Samurai. Viele Historiker sind sich darin einig, dass sich diese Regeln so sehr in der japanischen Kultur verwurzelten, dass sie bis heute spürbar sind.

Bei der Ausübung der Kampfkünste der Edo-Periode wurde angestrebt, die Trennung zwischen Geist und Körper aufzuheben. Beim Bemühen des Kampfkünstlers um eine Geist-Körper-Vereinigung spielten die Atemtechnik, das strenge Fokussieren, die Körperspannung und das Herstellen einer mentalen Verbindung mit dem Angreifer eine wichtige Rolle. Entsprechende Meditationsübungen wurden entwickelt und im großen Umfang und in verschiedenen Varianten in die Kampfkünste eingebracht. Die Schwertkämpfer trainierten spirituell, indem sie mit Kampfkunstkollegen oder geistigen Lehrern studierten. Die Tugend, seinem Herrn durch unbedingte Kampfbereitschaft zu dienen, wich zunehmend dem Bestreben, seinem Herrn durch eine höhere Bewusstseinsebene zu dienen. Sowohl die Praxis, als auch das Lehren der Kampfkünste, vollzogen eine Wendung hin zur Introspektive.

Ein Stein-Fudo aus der Taisho-Ära.

Die Weiterentwicklung der Schwertkunst verdankten die Samurai auch ihrer neuen Rolle als Verwaltungselite und der damit gewonnenen Zeit. Die Techniken wurden vor allem unter philosophischen Aspekten verfeinert. Viele Wissenschaftler sind der Meinung, dass die Schwert-Kampfkunst zu dieser Zeit sich von einer praktischen Technik weg entwickelte hin zu einer spirituellen, introspektiven und mehr zeremoniellen Übung. Das Kampfkunsttraining wurde formaler, strukturierter und ritueller, alles in Übereinstimmung mit dem neokonfuzianischen Einfluss.

Dennoch entwickelten sich individuelle Stilarten, in Abhängigkeit von den Schwerpunkten, die von den jeweiligen Samurai-Schulen gesetzt wurden. Zusammenfassend kann man behaupten, dass während der japanischen Renaissance die Kampfkunst „weich gewaschen" wurde, aber dennoch eine hohe Praxisrelevanz behielt. Einige Ausprägungsformen werden später betrachtet. Insgesamt veränderte sich in der Edo-Periode die Kampfkunst sowohl in der Gestalt, als auch in der Ausübung.

DIE SCHWERTKULTUR DER EDO-PERIODE: EIN FALLBEISPIEL

Seit der Übernahme chinesischer Philosophien in der Nara-Periode unterlag die Schwertkultur wiederholten evolutionären Veränderungen. Es gibt einige Beispiele der klassischen, historischen Schwertstile, in denen die neokonfuzianischen Vorlieben für Philosophie, Struktur, Frömmigkeit und Loyalität zum Ausdruck kommen.

In ihnen spiegelt sich bis heute die Annahme wider, dass die Kampfkunst eine Methode zur Einsicht und Selbstfindung darstelle. Das sei am Beispiel zweier wichtiger Schwertschulen Japans gezeigt: Die Jikishin-

Sumo-Ringen geht zurück auf die japanische Vorgeschichte. Der Legende nach wurde die Vorherrschaft über die japanischen Inseln durch einen Sumo-Wettkampf zwischen den Shinto-Göttern Takemikazuchi-no-kami und Takeminakata-no-kami entschieden. Während der Edo-Periode gewann Sumo an Beliebtheit. Es entwickelte sich ein strenges Reglement.

Kage-ryu und die Kashima-Shin-ryu. Wie häufig bei japanischen Kunstformen, so fanden auch bei diesen Schulen Tao-Prinzipien Eingang, zum Beispiel bei den Bewegungsabläufen und Lehrinhalten. Eine weitere Schule, ursprünglich Hayashizaki-ryu genannt (die später noch vorgestellt wird), betont durch die ständige Wiederholung von Schwert-Zug-Übungen die ständige Reaktionsbereitschaft. Obwohl sich die Stile hinsichtlich der Bewegungen, des Lehrplans und der Rang-Kriterien erheblich unterscheiden, drückt sich in beiden die Erwartung aus, dass die praktischen Übungen als Mittel zur geistigen Weiterentwicklung dienen.

Das Edo-Dokument *Ryu no Maki*, oder „Drachenrolle", gibt Einblick in die Kampfkunst-Übungen der Edo-Periode und die Neigung, die Lehrmethoden zu kodifizieren. Jikishin Kage-ryu und Kashima-Shin-ryu sind klassische Schwertstile, die ihre Wurzeln in der Shinto-Mythologie haben. Kashima-Shin-ryu beruft sich auf die Inspiration durch Takemikazuchi no Kami, einen Kriegsgott, der im Kashima-Schrein verehrt wird. Wie in den meisten japanischen Kunstformen beruft sich die Kashima-Shin-ryu auf göttlichen Ursprung, in diesem Fall unter Verweis auf verschiedene religiöse Quellen.

Wir sehen jedoch, dass hier neokonfuzianische und taoistische Philosophien während der Edo-Periode übernommen wurden. Auszüge der Drachenrolle legen dafür Zeugnis ab. Die Rolle, der einzige historische Text der Kashima-Shin-ryu-Linie, datiert aus dem Jahre 1844, jedoch sind seine Quelle und das wahre Alter ungewiss. Verschiedene Versionen der Rolle sind in der Literatur, sowohl der Jikishin-Kage-ryu, als auch der Kashima-Shin-ryu gegeben. In der Drachenrolle finden wir folgende, taoistische Einsicht zu den Qualitäten des Schwerts:

Der Meister sagte: „Wenn ich die Qualitäten des Schwerts betrachte, dann sehe ich, dass Sieg und Niederlage in der Dualität von Ying und Yang gleichermaßen präsent sind. Ying triumphiert, Yang zieht sich zurück; oder Yang triumphiert und Ying zieht sich zurück. Jenes, das wir Ying und Yang nennen, ist seinem Ursprung nach eine einzige Erscheinung. Es gibt einen Übergang oder Wechsel unter den Göttern des Himmels und der Erde und deren Phänomenen. Dem Feind begegnet man durch Anpassung.

Sprich, sollte man jenen, der nach diesen Prinzipien lebt und kräftig und tapfer ist, fürchten? Der Weg des Kriegers ist die Quelle der Kraft und der Überlegenheit. Deshalb blüht der Hof jenes Führers, dem ein heiliges Schwert gegeben ist. Der Sohn des Himmels trägt sein Schwert immer bei sich: Wenn er voranschreitet, hält er es nach vorne, wenn er ruht, bewahrt er es an einem sicheren Ort auf. Selbst wenn er schläft, trennt er sich von ihm nicht. Die moralische Kraft des heiligen Schwerts strömt nach außen und befreit das Volk. Um wie viel mehr sollte der Krieger sein Schwert Tag und Nacht bewahren, es huldigen wie einen Gott und bewachen, als wäre es sein eigener Körper und sein eigener Geist?

Es ist für die Kampfkünste nicht ungewöhnlich, die Strategie am Ying-Yang-Paradigma auszurichten. „Wenn du geschoben wirst, ziehe – wenn du gezogen wirst, schiebe," ist zum Beispiel ein häufiges Postulat im Jujutsu, Judo und Aikido. Dem liegt die Intention zugrunde, die Strategie des Gegners zum eigenen Vorteil umzudrehen. Dasselbe gilt für viele historische Schwertkampftechniken in Japan. Viele berühmte Schwertkämpfer sprechen von einer komplementären Entgegnung auf die Attacke des Angreifers. Die Drachenrolle empfiehlt diese Taktik, die das Verständnis der komplementären Natur von Gegensätzlichem voraussetzt, um siegreich zu sein. Das Ergebnis eines Schwertkampfes hängt demnach davon ab, seine Geisteshaltung und Technik so zu gestalten, dass sie Ausdruck von Ying und Yang sind.

In der Schriftrolle wird zwischen dem ersten und zweiten Absatz ein radikaler Themenwechsel vollzogen: Im ersten Paragrafen wird das Ying-Yang-Prinzip in Bezug auf die Schwertstrategie und die Geisteshaltung dargestellt. Der zweite Absatz befasst sich mit dem Kaiser Japans, der als shintoistische Gottheit gilt. Die Einhaltung der sozialen Strukturen mit der Moral und der kosmischen Ordnung in Verbindung zu bringen, ist in der neokonfuzianischen Literatur ein häufiges Thema.

In diesem Fall sehen wir, dass der Kaiser, „der Sohn des Himmels", durch seine Krieger, die seine Gebote befolgen, wohlwollend regiert. Die Verpflichtung des Kriegers ist es, das Schwert griffbereit zu haben, um des Kaisers Gebote durchzusetzen. Dem Leser der Schriftrolle wird vermittelt, dass dies die natürliche Ordnung des Universums sei und dass ein Leben im Einklang mit

Dem Samurai wurde beigebracht, dass er sein Schwert Tag und Nacht bei sich tragen solle, ihm wie einem Gott huldigen und es gebrauchen solle, als wäre es sein eigener Körper und Geist.

Gegen Ende der Edo-Periode wurde mit dem Niedergang der Samurai-Klasse der Beginn des modernen Japan markiert. Die Tage der Krieger und ihrer prächtigen Rüstung, wie dieser Helm mit Maske, waren gezählt.

Drachen-Figuren und Symbole sind in China und Japan allgegenwärtig. Einige, wie das Beispiel aus dem Kurama-Bergtempel rechts unten, speien sogar Wasser aus, so dass sich die Besucher reinigen können, bevor sie den Tempel betreten. Der Berg Kurama, der Platz, an dem Minamoto Yoshitsune von König Sojobo in der Schwertkunst unterrichtet wurde, ist auch der Geburtsplatz der *reiki*-Heilkunst. Wie von *tengu*, so glaubt man auch von Drachen, dass sie magische Kräfte besäßen, die gelegentlich auch auf Menschen übergingen.

dieser Struktur das moralisch richtige sei. Der Autor der Schriftrolle stellt zweifellos den göttlichen Ursprung in den Mittelpunkt. Das ist offensichtlich durch die Verwendung des Begriffs „Heiliges Schwert", das auch im Vokabular des Nihon Shoki vorkommt. Man muss sich in Erinnerung rufen, dass die japanischen Inseln der Legende nach von Wassertropfen gebildet wurden, die von der Spitze eines „Heiligen Speers" fielen.

Auch innerhalb dieses Abschnitts gibt es dezidiert taoistische Untertöne. Interessant sind die Ähnlichkeiten zwischen Chuang Tzus „Diskurse über Schwerter" und der Drachenrolle. Den idealen Weg des Kriegers mit dem Schwert des Himmelssohns gleichzusetzen, entspricht genau dem, was Chuang Tzu (je nach Schreibweise auch Zhuang Zhou oder Zhuangzi) in den „Diskursen über Schwerter" tat. Chuang Tzu bezog sich jedoch nicht auf einen Kaiser göttlichen Ursprungs. Sein Diskurs war metaphorisch und bezog sich auf die Symbolik des Schwerts. In die Drachenrolle andererseits fließt mehr von der Bildhaftigkeit der „Diskurse über Schwerter" ein. Ohne die wahren Intentionen des Autors zu kennen, ist es dennoch naheliegend, dass Chuang Tzu entweder direkt oder indirekt einige Themen der Drachenrolle beeinflusst hat. Ein anderes Beispiel ist der Abschnitt, in dem dargelegt wird, wie das Schwert eine Erweiterung des Kriegers darstellt. Im neokonfuzianischen Sinn wird dadurch der Weg zur kosmischen Harmonie und militärischen Überlegenheit geebnet:

Die Werkzeuge der Kriegskunst sind Klauen und Zähne. Wer das wahre Wesen der Dinge erkennt, der sieht, dass jene mit Zähnen beißen, jene mit Krallen kratzern, jene mit Stacheln stechen. Dies ist keine Lehre, es ist das Gesetz der Natur … was tun jene, die den Weg der Mannhaftigkeit beschreiten? Zähne und Krallen – das Schwert. Männer tragen Schwerter. Auch wenn sie nicht in Gebrauch sind, gehören sie zur militärischen Bereitschaft. Wer dies leugnet, ist blind für den Kampf.

Im dritten Abschnitt der Drachenrolle tritt der Einfluss des Taoismus wieder zutage. Dieses mal bezieht sich die Rolle auf Lao Tzu (Laotsi, Laotse), den alten Meister und seine Bilderwelt in den „Fähigen Kriegern der alten Zeit", um daraus Anweisungen für die Schüler der Schwertschule abzuleiten.

Tokugawa Yoshinobu in traditioneller Kluft.

Das Wappen der Tokugawa-Familie ist eines der bekanntesten Symbole des Samurai-Adels.

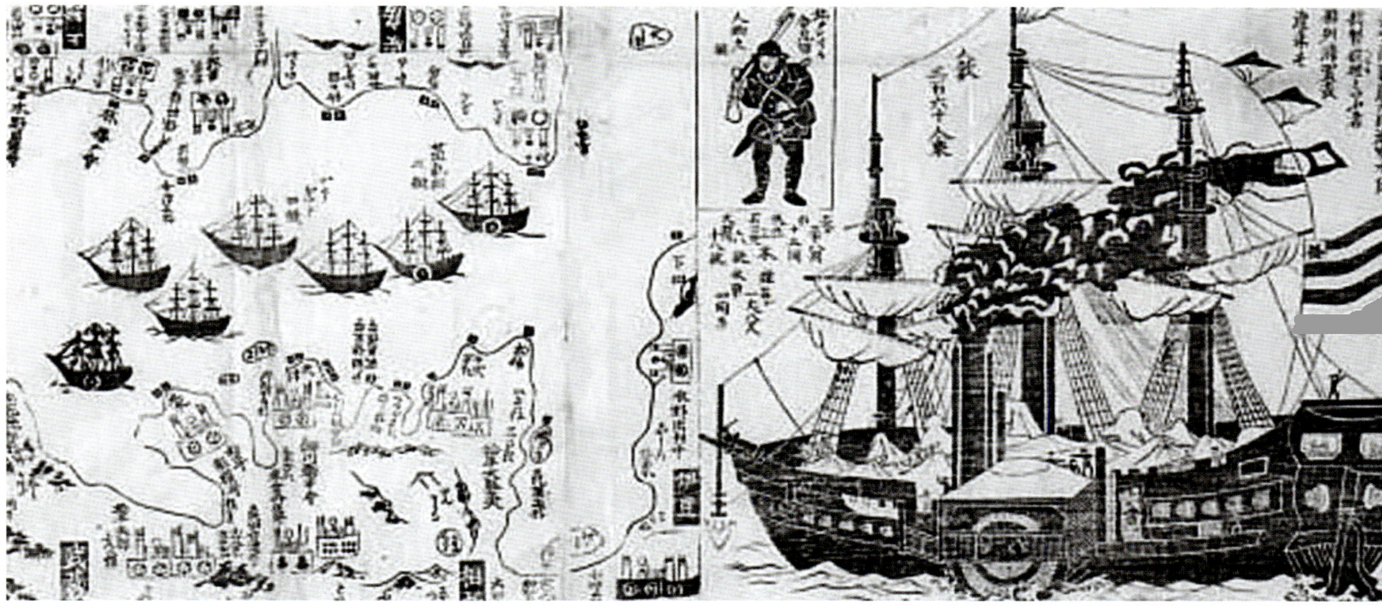

Die „schwarzen Schiffe" versetzten die japanischen Samurai in Schrecken. Um der Vernichtung der japanischen Armeen zuvorzukommen, ging Tokugawa auf die Forderungen der Amerikaner ein. Die meisten Daimyos unterstützten Tokugawas Position. Es gab jedoch konservative Daimyos und Mitglieder des kaiserlichen Hofs, die die Öffnung für Fremde ablehnten. Schließlich konnten die Samurai aufgrund ihrer Isolationspolitik auf Hunderte von Jahren relativen Friedens zurückblicken.

Die alten Kampfkünste werden Hyoko genannt. Die Krieger mussten diesen Pfad beschreiten und unablässig üben. Für die Männer der alten Zeit hatten diese Lehren die gleiche Bedeutung wie der Himmel und die Erde. Sie brachten ihren Geist zum Leuchten, vergleichbar mit der Helligkeit der Sonne und des Mondes. Die leuchtende Tugend stärkt die Kraft und führt zur Überlegenheit. Dies nennt man den wahren Mut. Weisheit kann man nicht von Ignoranz trennen. Indem er diese Einsicht nährt, wird die Stellung des Kriegers erhöht. Gib nicht nach in deinem Bemühen um Erleuchtung und dem Streben nach Vollkommenheit. Ein Edelstein ohne Politur wird nie von Nutzen sein, ein Mann ohne Bildung wird nie den Weg finden.

Ob direkt oder indirekt, es scheint klar, dass die frühe taoistische Literatur den Autor der Drachenrolle beeinflusste. Die oben zitierte Passage lehnt sich eng an die Sprache und die Aussage von Lao Tzus Gedicht „Die Gelehrten Krieger der alten Zeit" an. Der Weg des neokonfuzianischen „weisen Kriegers" wird als der Weg des Lebens dargelegt, eine spezifische Weltsicht der Edo-Periode. Wie wir noch sehen werden, ist dieses Thema auch in heutiger Zeit bei Praktizierenden traditioneller Kampfkünste noch präsent.

DER HERBST DER EDO-PERIODE

Trotz der Fortschritte und der Prosperität war auch die Zeit der japanischem Renaissance nicht von unbegrenzter Dauer. Während der späten Edo-Zeit wuchs seitens anderer Nationen der Druck auf Tokugawa, die Grenzen für den Handel zu öffnen. Vor allem die mächtigen, dampfbetriebenen Kriegsschiffe der Vereinigten Staaten setzten dem Widerstand Japans gegen den Außenhandel ein Ende. Die „schwarzen Schiffe" des Commanders Perry waren riesig und furchteinflößend. Sie stießen Rauch aus und waren mit einer beeindruckenden Bewaffnung ausgestattet. Die Amerikaner legitimierten ihre Aggression mit dem „Manifest des Schicksals", einer Art moralischer Verpflichtung „unterentwickelten Zivilisationen" die westliche Kultur nahe zu bringen.

Widerstrebend kapitulierte das Tokugawa-Shogunat gegenüber der Drohung der amerikanischen Marine und öffnete die japanischen Gewässer für den internationalen Handel. In der Folge verlor das Shogunat an Beliebtheit und Macht. Die anderen Daimyos erkannten, dass das nicht nur das Ende ihrer Traditionen und kulturellen Errungenschaften bedeutete, sondern auch der langen Friedenszeit. Obwohl sie damit recht hatten, konnten sie diese Entwicklung nicht verhindern. Als Tokugawa den internationalen Handel erlaubte und damit Japans Isolierung beendete, waren die Ereignisse nicht mehr aufzuhalten. Es war tatsächlich der Anfang vom Ende einer über tausendjährigen Sozialstruktur und Kriegerkultur in Japan.

Unter diesen Umständen war das Tokugawa-Shogunat gezwungen, zurückzutreten und die militärische Macht dem Kaiser Meiji zu übergeben. Um die Gefahr eines Krieges zu vermeiden, musste der früher so mächtige Tokugawa-Shogun seinen Titel aufgeben. Unter der Bevölkerung herrschte hinsichtlich des Machtwechsels und der damit verbundenen Veränderung der Sozialstrukturen sowie der Wirt-

Die Samurai betrachteten ihre Schwerter als Objekte von funktionaler Schönheit, die sich oft durch feinste Verarbeitung der Klingen wie auch der Beschläge auszeichneten. Bei diesem Stück sind goldverzierte Eisenbeschläge mit Seide kombiniert, um die funktionelle Ästhetik mit seiner tödlicher Bestimmung in Einklang zu bringen.

schaftspolitik große Uneinigkeit. Die Nation war geteilt in Tokugawa-Loyalisten und solche, die die kaiserliche Monarchie befürworteten.

DIE SCHWERTER DER EDO-PERIODE

Die Edo-Periode brachte hinsichtlich der Schwerter einige wichtige Veränderungen mit sich. Diese Klingen werden als *shinto* oder „neue Schwerter" bezeichnet. Damit wird ausgedrückt, dass die Schwerter nach dem Zeitalter der Staatenkriege hergestellt wurden. Die Nachfrage nach Schwertern fiel dramatisch, und die Handwerker mussten sich entweder mit einem bescheidenen Einkommen durch gelegentliche Verkäufe abfinden oder alternative Einnahmequellen erschließen. Als Ergebnis dieses Trends haben sich viele alte Methoden der Herstellung verändert oder gerieten in Vergessenheit. Die Schulen der Schwertherstellung gaben ihre Geheimnisse mündlich weiter, um das Wissen innerhalb dieser elitären Zunft zu bewahren.

Deshalb ging viel tradiertes Wissen mit dem technologischen und gesellschaftlichen Wandel verloren. Die Veränderungen an den Schwertern der Shinto-Ära gehen weit über kleinere, formale Anpassungen hinaus. Wenn man zum Beispiel eine *koto-* mit einer *shinto*-Klinge vergleicht, kann man die Unterschiede im Stahl unmittelbar sehen. *Shinto*-Klingen haben einen anderen Glanz als ihre *koto*-Vorfahren. *Koto*-Klingen weisen eine eher graue, samtähnliche Oberfläche auf. *Shinto*-Klingen haben eine chromähnlich glänzende, wie nass wirkende Oberfläche. Wie bei jeder Verallgemeinerung gibt es auch bezüglich dieser Aussage Ausnahmen. Jedoch sind sich die meisten Fachleute darin einig, dass diese Unterscheidungsmerkmale zutreffen.

Eine weitere Veränderung bei den *shinto*-Schwertern betrifft die Gravuren. Anstatt religiöser *horimono*-Motive bevorzugten die Samurai der Edo-Periode ornamentale Gravuren. Aufgrund der geringen Kriegsgefahr spielte der Aberglaube nur noch eine kleine Rolle. Eine weitere Veränderung betrifft die Kennzeichnung der Testschnitte in der Angel.

Aufgrund der fehlenden Erprobung in der Schlacht wurde das Testen an toten Körpern von hingerichteten Kriminellen gebräuchlich. Für den Schwertschmied war die positive Beurteilung durch einen anerkannten Prüfer ein probates Mittel, um zur Meisterwürde zu gelangen. Meisterschmiede konnten sowohl höhere Preise erzielen, als auch in Friedenszeiten mehr Aufträge erhalten.

Kozuka und *kogai* sind oft Bestandteile der Schwertmontierung. Das *kozuka* besteht aus einem Griff mit eingeschobener, kleiner Gebrauchsklinge. Die *kogai* wurde als Haarnadel benutzt.

HIGO KOSHIRAE
Hier wird ein *higo koshirae* nach dem Vorbild der *nobunago koshirae* gezeigt, die sich an der Hosokawa-Schule mit ihrem Konzept des *wabi no bi* (die Schönheit des Einfachen) orientiert.

Anerkannt als Juyo Toso (Schwertmontierung) bei der 45. Shinsa am 29. Oktober 1998.

TYP:
Higo uchigatana koshirae mit schwarz lackierter, polierter yanagi-zame saya.

MASSE:
GESAMTLÄNGE: 92,3 cm
GESAMTKRÜMMUNG: 2,2 cm
GRIFFLÄNGE: 21,2 cm
GRIFF-KRÜMMUNG: 0,4 cm
SAYA-LÄNGE: 71,0 cm
SAYA-KRÜMMUNG: 1,2 cm

BESCHREIBUNG DER MONTIERUNG:
Der Griff ist mit schwarz lackierter *same* (Rochenhaut) bezogen und mit hellbraunem Leder bewickelt. Die *fuchi* hat eine *arikoshi*-Form (am Fuß gerundet und breiter, nach oben zu enger und geradliniger), und sie ist mit rot-braunem, narbigem Leder belegt. Die *kashira* ist auf einer *yamagane*-Grundierung schwarz lackiert, graviert mit Wellen- und Serpentinenmotiven. Die *menuki* haben eine *shakudo*-Grundierung und sind mit dem Motiv zweier Krabben graviert. Die runde *tsuba* aus Eisen weist vertikale Feilstriche auf. Beide Seiten zeigen *sukashi* in Seegurken-Form. Die *sukashi-tsuba* wird Nishigaki zugesprochen. Die *mimi* ist quadratisch mit leicht gerundeten Ecken. Der Rand ist mit Zickzack-förmigen *nunome*-Einlagen aus Silber verziert. Es gibt zwei *hitsu-ana*. Die *tsuba* ist unsigniert. Es gibt zwei vergoldete *seppa* aus Kupfer. Das *kozuka* mit poliertem, silbrigem Blatt ist unsigniert. Die *kogai* weist das Motiv von drei Krabben und eine *shakudo-nanako*-Grundierung auf. Die Krabben sind reliefartig graviert und vergoldet (*iroe*). Die *warabite* weisen Goldeinlagen auf. Die *kogai* ist unsigniert. Die *shakudo kogai* mit dem Dreikrabben-Design gilt als der Ko-Goto-Schule zugehörig. Die *saya* ist schwarz lackiert und im *yanagi-zame*-Stil poliert. Die *kojiri* besteht aus Eisen. An mehreren Stellen der *saya* ist schwarz lackiertes Horn appliziert (an der *kuchi*, *kurikata* und *ura-gawara* (dem *kozuka*-Schlitz). Die *yanagi-zame-saya* ist äußerst geschmackvoll und harmoniert perfekt mit dem *kozuka*, der *kogai* und dem braun umwickelten Griff. Das *koshirae* datiert aus der zweiten Hälfte der mittleren Edo-Periode.
Die *higo koshirae* wurden unter der Leitung des Führers der Higo-Dynastie, Hosokawa Sansai Tadaoki (1564 – 1645) entwickelt, einem profunden Kenner der Teezeremonie. Er war Meisterschüler von Sen no Rikyu (1522 – 1591) und sowohl in der Literatur als auch der Kriegskunst in hohem Maße gebildet. Das Herausragende an dieser *koshirae* ist der Verzicht auf aufdringlichen Zierrat zugunsten einer vornehmen Eleganz der Schlichtheit.

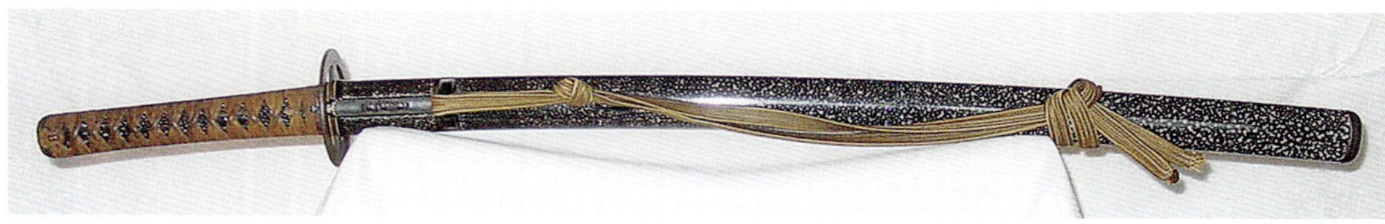

Oben:
Diese Klinge von Nanki Shigekuni weist in der *hada* fleckig hervortretende *masame* auf. Die Klinge hat eine für die Koto-Ära typische Form. Das Werk scheint eine frühe Arbeit des Meisters zu sein.

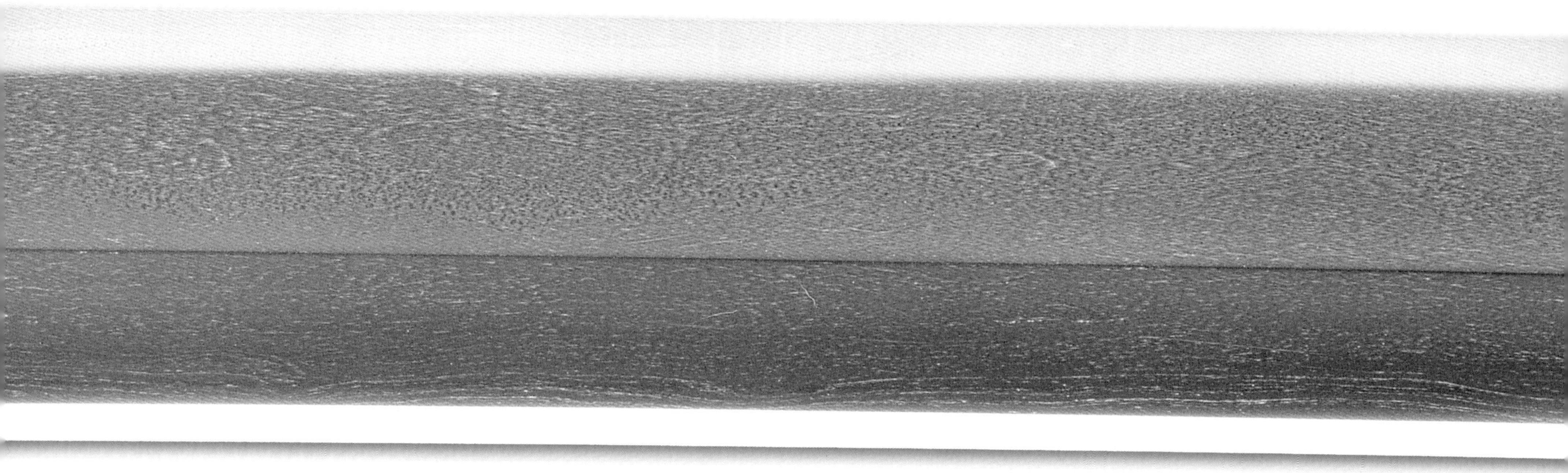

Unten:

IZUMI NO KUNISADA

Diese Klinge wurde von dem Osaka-Schmied Kunisada etwa zur Kan'ei-Ära (1624 – 1644) hergestellt. Diese *sugata* (Form) ist typisch für Klingen aus der frühen Edo-Periode.

Oben und rechts: Eine Klinge von Kurihara Kenji Nobuhide.

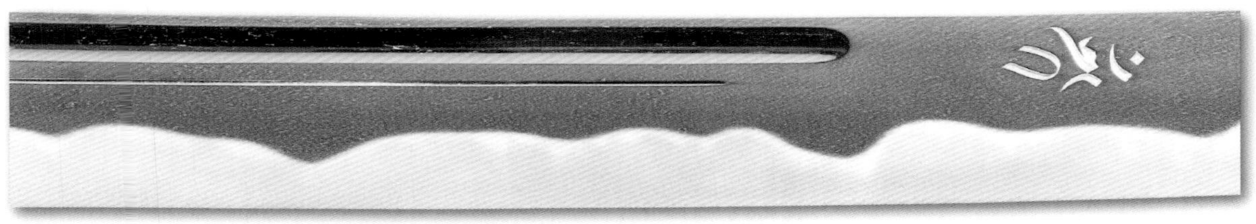

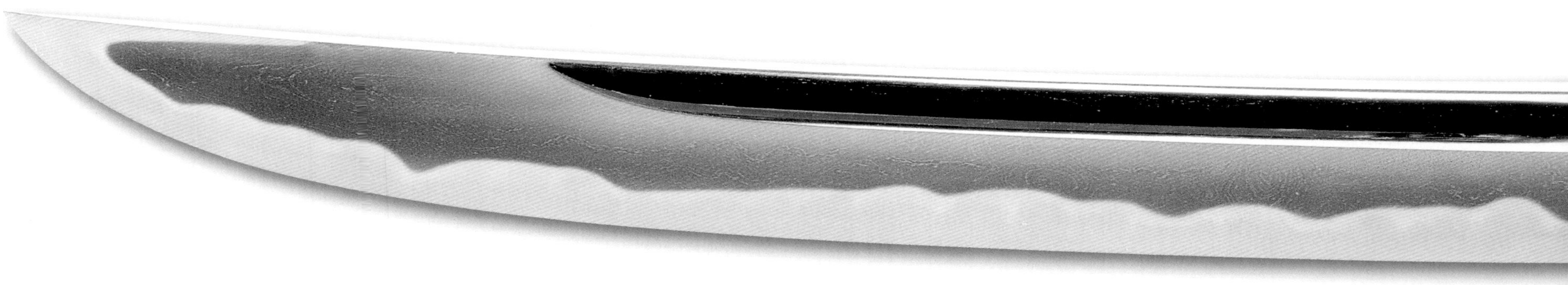

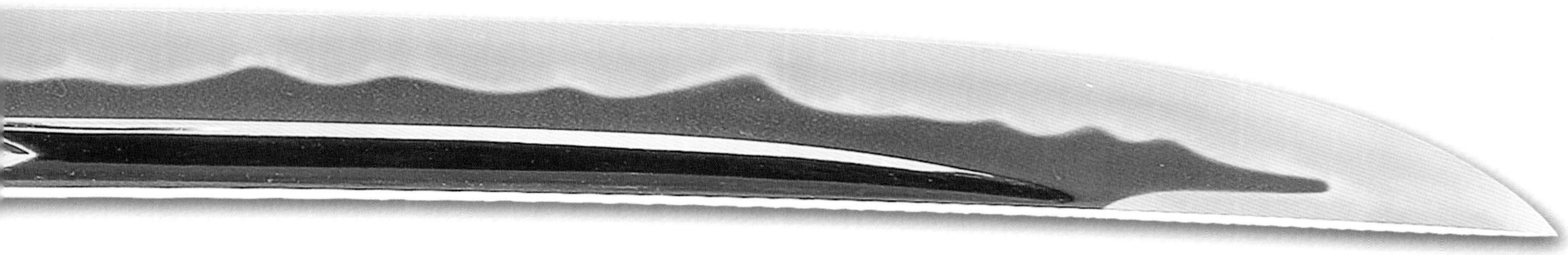

Links und unten:
Eine Arbeit von
Taikei Naotane.

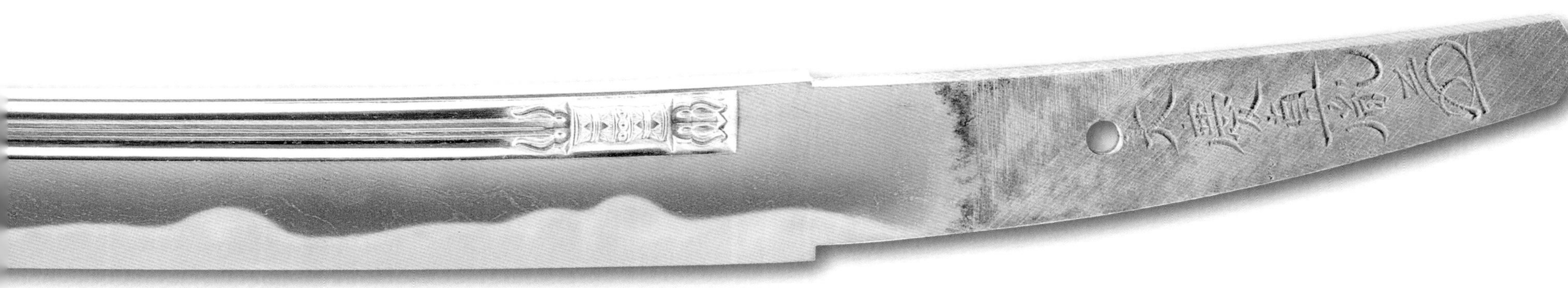

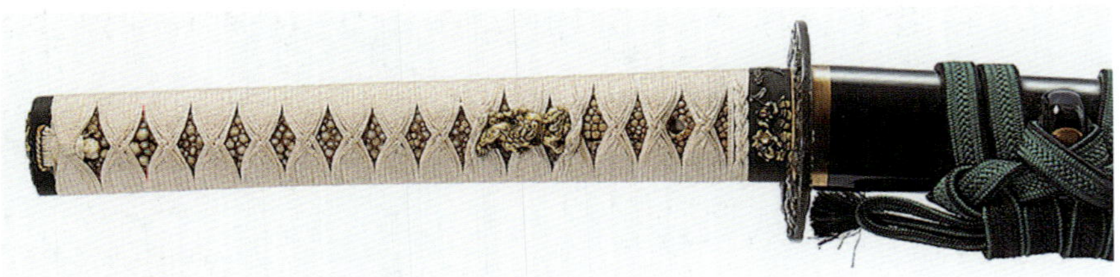

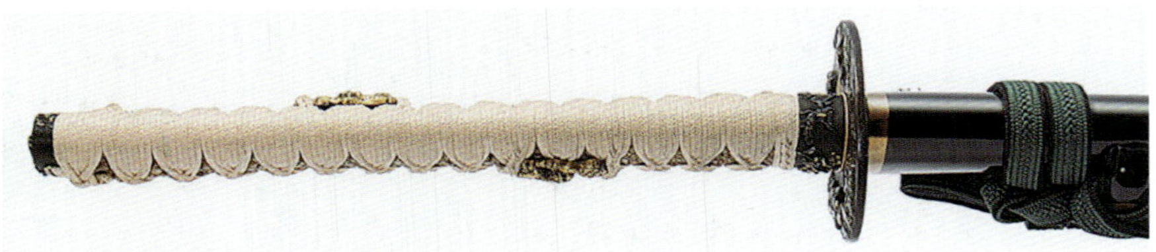

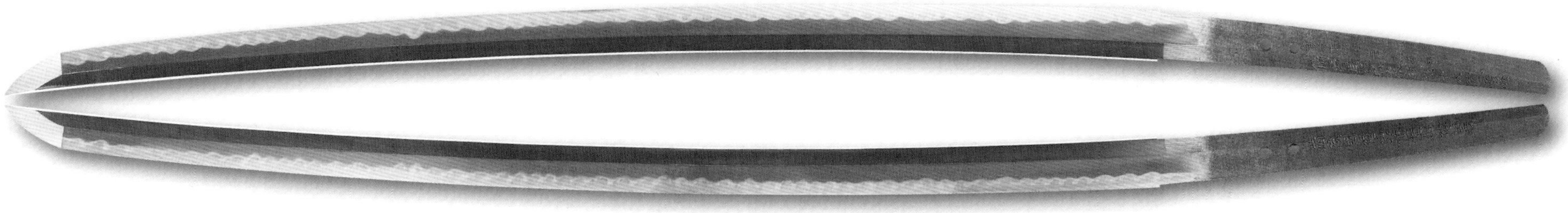

Links und oben:

Katana mit *koshirae* (NBTHK Hozon Zertifikat)

SIGNATUR: Bingo no kuni Fukuyama han Yokoyama Sukeyoshi
Keio 2 nen 2 gatsu hi Bizen Osafune Tomonari 58 dai no mago

KLINGENLÄNGE: 69,4 cm

SORI: 1,5 cm

MEKUGI: 2

BREITE AN DER HAMACHI: 3,18 cm

BREITE AN DER KISSAKI: 2,29 cm

KASANE: 0,71 cm

ÄRA: späte Edo-Periode (ca. 1865)

FORM: etwas *suriage* und *machi-okuri*. Ein breites und starkes *katana* mit relativ langer *kissaki*.

JITETSU: *Koitame hada* mit ausgeprägten *jinie*-Stukturen, ähnlich *muji hada*.

HAMON: *Konie deki* und *nioi deki*. *Gunome midare* vermischt mit *choji midare*. Viele *ashi* im *ha*.

Unten:

MINAMOTO MASAYUKI

(Kiyomaro)

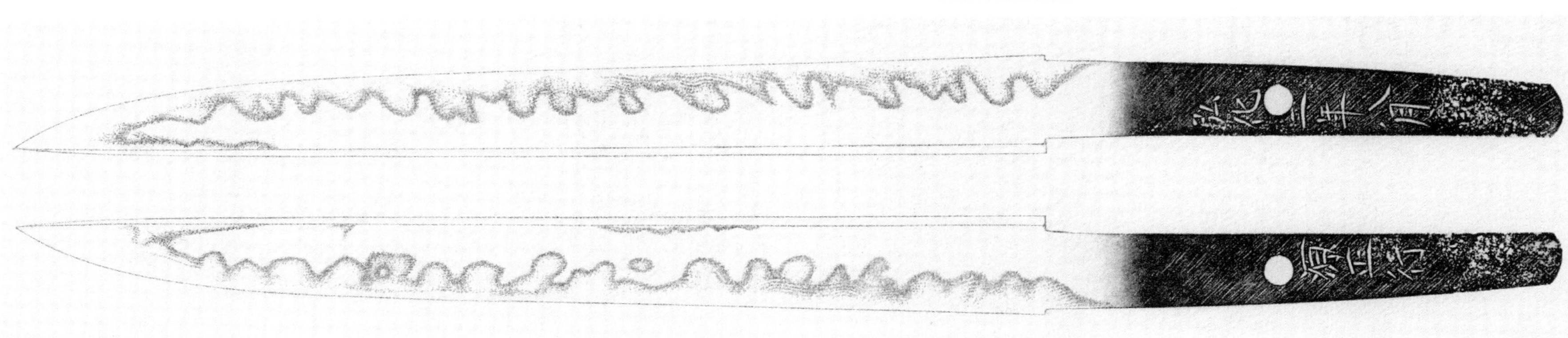

MODERNE JAPANISCHE SCHWERTER

Die ereignisreiche Zeit zwischen dem späten 19. und dem frühen bis mittleren 20. Jahrhundert war gekennzeichnet durch den Niedergang der Samurai-Klasse, verbunden mit den Modernisierungsbemühungen der japanischen Nation. Soziale und ökonomische Faktoren, genauso wie die neue spirituelle Identität, trugen dazu bei, das Ideal des Kriegers zu demontieren. Diese Dinge geschahen in einer Zeit, als Japan sich von einem Land, dessen Militär noch immer Schwerter, Bögen und Pfeile benutzte, hin entwickelte zu einer modernen militärischen Supermacht mit einer Marine, die sich mit jeder anderen in der Welt messen konnte.

Ein anderer Aspekt dieser Periode ist, dass individuelle, persönliche Geisteshaltungen durch eine vereinheitlichte, ultranationalistische Propagandamaschine verdrängt wurden. Paradoxerweise geschah das zu einer Zeit, als Japan erstmals seit 300 Jahren wieder christliche Einflüsse erlebte. Vor und während des Zweiten Weltkriegs förderte Japan den Ultranationalismus, indem es sowohl das Bild des traditionellen Kriegers als auch das des Schwerts verfremdete. Vorbilder aus der Samurai-Geschichte schwebten den als lebende Bombe dienenden Kamikaze-Piloten vor, die natürlich in ihrem Cockpit Schwerter mit sich führten, während sie ihre letzte Pflicht erfüllten. Das militante Japan unternahm die größte Verfremdung des traditionellen Ideals des Krieger in seiner Geschichte. Doch ebenso erstaunlich war im Nachkriegsjapan das Wiederauferstehen der Kampfkünste, des Mythos des Kriegers und des Schwerts.

MEIJI-PERIODE

(1868 – 1912 n. Chr.) und danach

Das späte 19. Jahrhundert war geprägt durch die Errichtung einer neuen parlamentarischen Regierung. Als Folge der Kapitulation von Tokugawa und der amerikanischen Forderungen nach Öffnung der Handelsgrenzen übernahm Kaiser Meiji die Regierung und die Kontrolle über das Militär. Meiji war entschlossen, Japan gegenüber dem Westen zu öffnen, um von den westlichen Technologien zu profitieren und ein modernes, imperiales Militärwesen einzuführen. Im Jahre 1871 wurde den Samurai offiziell ihr Status aberkannt, das Tragen von Schwertern war ihnen aber offiziell noch freigestellt.

Im Jahre 1876 allerdings wurde durch das Haitorei-Dekret das Tragen von Schwertern in der Öffentlichkeit verboten. Dieses Verbot ihres ständigen Begleiters und alltäglichen Werkzeugs betraf alle Samurai, außer den militärischen Offizieren im Dienste des Kaisers. Nach fast 300 Jahren des Friedens und der Isolation vollzog Japan eine radikale Wandlung. Trotz einiger Versuche durch manche Samurai, an ihrem alten, feudalen Lebensstil festzuhalten, wie beispielsweise durch die bekannte Satsuma-Rebellion (1876) von Saigo Takamori, war der imperiale Aufstieg nicht mehr aufzuhalten.

Unter der Führung von Meiji erlebte Japan einen noch nie dagewesenen Wandel. Der junge Kaiser war von der Effektivität der westlichen Technologien fasziniert. Er begann eine neue Art des Militärwesens aufzubauen. Besonders von den militärischen Erfolgen der preußischen Armee im Kampf gegen Frankreich war der Kaiser angetan. Der Kaiser stellte eine Armee aus Männern der Zivilgesellschaft und früheren Samurai zusammen. Die legendären Krieger, obwohl sie offiziell keiner Samurai-Klasse mehr angehörten, wurden in das Militärwesen des modernen Japan eingebunden. Innerhalb von 20 Jahren hatte Meiji den Feudalismus abgeschafft, sein Land restrukturiert und eine moderne militärische Ordnung eingeführt.

Leider wurde während der neuzeitlichen Perioden der japanischen Geschichte das Idealbild des Samurai-Kriegers wiederholt manipuliert und missbraucht. Dennoch ging die ursprüngliche Idee des Kriegers nicht vollständig verloren. Sie überlebte letztlich die Periode der Modernisierung im kollektiven Bewusstsein der Japaner.

In der späten Phase der Meiji-Zeit ließ sich Japan erneut auf internationale militärische Auseinandersetzungen ein. Angeregt durch die westliche Außenpolitik und gestärkt durch militärische Technologien und eine expansionistische Agenda versuchte Japan wieder die Kontrolle über Korea zu gewinnen. Das war ein schwieriges Unterfangen, da China die Souverä-

Gegenüber iegende Seite:
Eine Reproduktion einer der wenigen existierenden Fotos des Meiji-Kaisers Mutsuhito (1852 – 1912), hier in westlicher Uniform.

Dieses Bild zeigt drei Männer, vermutlich Commander Anan, Commodore Perry und Captain Adams, die zusammen Japans Handelsgrenzen gegenüber dem Westen öffneten. Der Text bezieht sich vermutlich auf einen Brief von Präsident Fillmore an den Kaiser von Japan, der den Weg für die Meiji-Restauration bahnte.

Dieses Bild trägt den Titel „Die neue, rechtschaffene Regierung“ (*shinsei kotoku*). Auf das beachtliche Arsenal an Waffen sei hingewiesen.

nität über Korea beanspruchte. Die japanischen Truppen landeten in Korea und verdrängten das chinesische Militär in Richtung Norden von der Halbinsel. Im Jahre 1894 erklärten sich die beiden Länder zu Kriegsgegnern. Nachdem die japanischen Truppen ihre Gegner in Korea bezwangen, expandierten sie in Richtung Norden bis zur Liaodong-Halbinsel. Die beiden Länder schlossen schließlich einen Friedensvertrag, in dem China zustimmte, Japan für die Kosten des Krieges zu entschädigen.

Der Sieg erregte die Aufmerksamkeit der Russen. Russland war durch den Expansionismus Japans und seine aggressive militärische Haltung alarmiert. Die Spannungen zwischen Japan und Russland stiegen. Im Jahre 1904 wurde zwischen Japan (das etwa die Größe Kaliforniens hat) und Russland (das etwa so groß ist wie der ganze nordamerikanische Kontinent) der Krieg erklärt. Wieder ging Japan daraus siegreich hervor. Im Jahre 1905 musste Russland eine beschämende Niederlage zu Land und zur See hinnehmen. Besonders die russische Marine fühlte sich gedemütigt. Japan bestärkte damit seinen Anspruch auf die koreanische Halbinsel, die in der Folge offiziell dem japanischen Territorium zugesprochen wurde. Unter dem Kommando des Kaisers Meiji und seines Kabinetts schien Japan unbezwingbar.

Die Meiji-Restauration markiert den Ausklang der Samurai-Kultur und den Beginn eines modernen Zeitalters. Nach dem Tod Meijis im Jahre 1912 wurde Prinz Yoshihito der neue Kaiser. Mit ihm verbindet man die Taisho-Periode, eine Zeit turbulenter ökonomischer und militärischer Veränderungen. Japans Hunger nach Vorherrschaft wurde durch die Siege über China und Russland nicht gestillt. In der Erwartung, dass die deutsche Führung durch den Krieg in Europa (der später der Erste Weltkrieg wurde) geschwächt sei, erklärte Japan gegenüber Deutschland den Krieg. Die japanischen Truppen besetzten in einer schnellen Aktion einige von Deutschlands asiatischen Außenstellen. Gleichzeitig schränkte Japan die Souveränität der chinesischen Regierung weiter ein, durch Ultimaten hinsichtlich der Kontrolle über die chinesische

Eisenbahn, Ansprüche auf Küstenregionen, Inseln und Erzgruben. China kapitulierte schließlich und ging auf viele japanische Forderungen ein.

Japan trat 1914 in den Ersten Weltkrieg ein. Die Kriegspartei Deutschland hatte zu der Zeit bereits einige Regionen in China und Inseln im Pazifik besetzt. Dieses Vorgehen war für Japan, in Allianz mit den Briten, der offizielle Grund für den Kriegseintritt, verbunden mit einem Ultimatum an die Deutschen, ihre Truppen zurückzuziehen. Die umstrittenen Niederlassungen waren Außenstellen des Deutschen Reichs mit wenig militärischer Präsenz. Im Verbund mit ihren Alliierten gelang es Japan, diese schwach besetzten Niederlassungen zu besiegen und zurückzugewinnen. Mit überschaubaren Risiken und Kosten konnte sich Japan damit eine Position auf Höhe der neuen Großmächte verschaffen. Obwohl diese Stellung im Laufe der Zeit wieder erodierte, gab sie den Japanern Vertrauen in die neue imperiale Regierung, verbunden mit einer Stärkung des nationalen Selbstbewusstseins. Die Einrichtung einer funktionierenden Demokratie war noch im Gange, während sich Japan bereits eine Stellung als moderne, industrielle Supermacht geschaffen hatte.

Im Jahre 1919, im Anschluss an den Ersten Weltkrieg, war Japan unter den fünf Großmächten, die den Vertrag von Versailles aufsetzten und unterzeichneten. In einem Passus dieses Vertrags wurde Japan die chinesische Provinz Shandong als Kompensation für seinen Kriegsaufwand zugesprochen. Das wiederum erzürnte die Chinesen.

Der wirtschaftliche Kollaps und die Rezession zu Beginn der Meiji-Periode und die damit verbundene Verletzlichkeit Japans führten schließlich zu einem Zusammenhalt des Volkes unter einer militanten, nationalistischen Regierung. Prinz Hirohito wurde als Kaiser Showa während der Nachwehen des Ersten Weltkrieges gekrönt. Er übernahm die Führung und versuchte die Nation zu einen. Es gelang ihm, die Bevölkerung hinter sich zu bringen und eine neuen gemeinsamen Geist und einen Kaiserkult aufzubauen. Er begann seine Regierungszeit mit einer rigorosen

Dieses gezeichnete Luftbild der Halbinsel Korea zeigt die Hauptschlachtfelder des russisch-japanischen Kriegs.

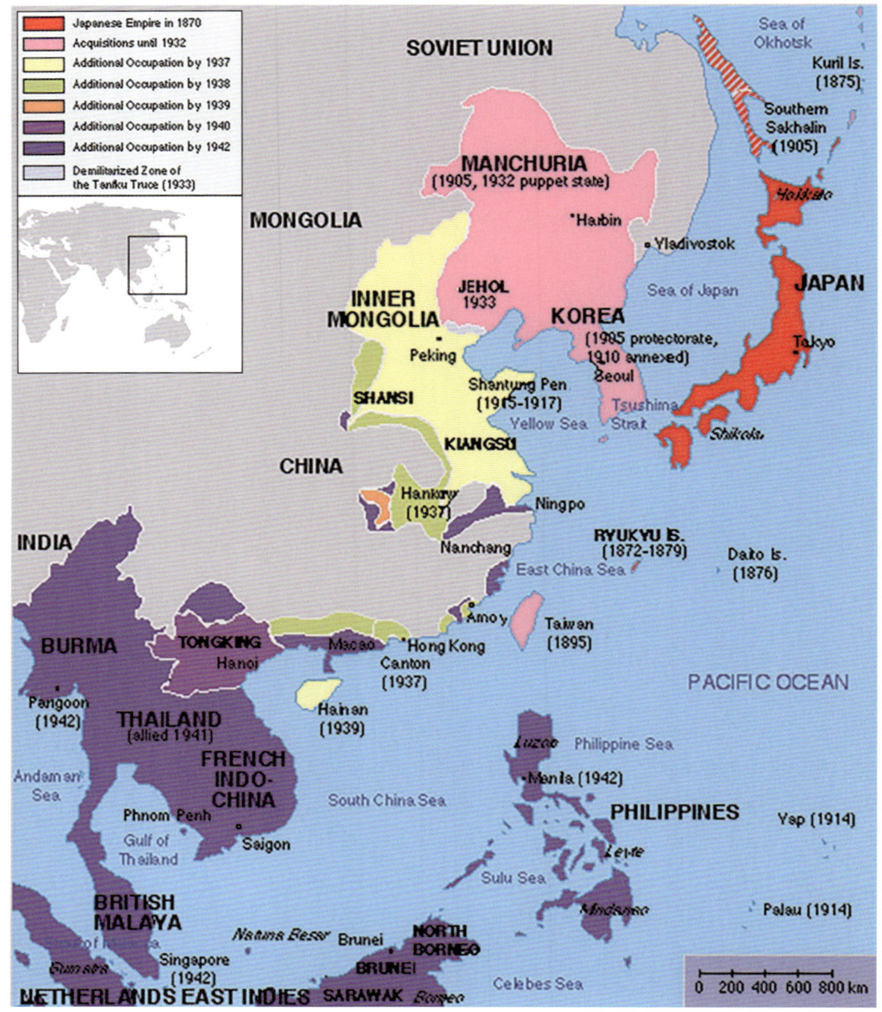

Eine Darstellung der Expansion des japanischen Reichs zwischen 1870 und 1942.

Verfolgung der Kommunisten und linker Gruppen. Kaiser Showa förderte das Nationalbewusstsein bis hin zu einem rasenden Militarismus, in dem Männer, Frauen und Kinder für den Krieg und für das Sterben für ihren göttlichen Kaiser trainierten. Durch die nationale Propagandabewegung bemühte sich Japan, die wirtschaftliche Krise zu überwinden und gegen die Feinde zu bestehen.

Japan fiel 1931 in die Mandschurei ein und 1937 in das übrige China. Die Truppen gingen dabei außergewöhnlich brutal vor, was bei den übrigen militärischen Großmächten auf Ablehnung stieß. Die aggressive japanische Militärkampagne führte letztlich zum Krieg mit Amerika und der Attacke auf Pearl Harbour am 7. Dezember 1941. Sie war der Auslöser für die Teilnahme der Vereinigten Staaten am Zweiten Weltkrieg und den blutigen Konflikt mit Japan.

Dieses Mal verband sich Japan nicht mit den europäischen Alliierten, sondern mit den Achsenmächten Nazi-Deutschland und dem faschistischen Italien. Schlacht um Schlacht zeichnete sich die Schlagkraft des japanischen Militärs ab. Japanische Soldaten kämpften furchtlos an Land, auf See und in der Luft. Deutschland kapitulierte gegenüber den Alliierten im Mai 1945, aber Japan kämpfte weiter. Schließlich drehte sich der Wind, und die alliierten Kräfte nahmen einige Schlüsselstellungen ein, die das häufige Bombardieren und schließlich die Besetzung der japanischen Hauptinseln ermöglichte. Doch der Kult um den Shinto-Staat hatte die Bevölkerung Japans so sehr indoktriniert, dass die alliierte Führung davon ausging, dass jeder Mann, jede Frau und jedes Kind bis zum Tode kämpfen würde, um die Besetzer zu vertreiben.

Am 26. Juli 1945 setzten die Alliierten die Potsdamer Erklärung auf, die die bedingungslose Kapitulation Japans forderte. Kaiser Showa, obwohl um Deeskalation bemüht, lehnte eine Kapitulation ab. Um ein weiteres Hinausziehen und blutige Kämpfe auf dem japanischen Festland zu vermeiden, entschieden die

Amerikaner, Atombomben auf die strategischen militärischen Ziele Hiroshima und Nagasaki zu werfen. Am 9. August 1945 fielen die Bomben, die damit einen Tiefpunkt im Zeitgeschehen und in der Humanität markierten. Sieben Tage später akzeptierte der japanische Kaiser die Bedingungen der Potsdamer Erklärung.

Die Besetzung Japans in der Nachkriegszeit schuf die Voraussetzung für den regen Austausch der japanischen Kultur mit dem Rest der Welt. Obwohl Europa schon während des ersten halben Jahrhunderts der Meiji- und Taisho-Periode einen regen Austausch mit Japan pflegte, brachte erst die Nachkriegszeit für Japan eine Welle der kulturellen und wirtschaftlichen Erneuerung mit sich.

In der Nachkriegszeit nahm die Orientierung in Richtung Westen wieder Fahrt auf. Allerdings erschütterten die Besetzer durch grobe und arrogante Umgangsformen, destruktive Maßnahmen und die erzwungene Befriedung auch die kulturellen Grundlagen Japans. Dennoch waren viele von der subtilen Schönheit und faszinierenden Kultur Japans begeistert. Im Nachfolgenden besprechen wir die Rolle des Schwerts als Ikone und die Entwicklung der japanischen Kampfkünste dieser Epoche. Sie machten in den Jahrzehnten nach Kriegsende eine deutliche spirituelle und technische Neuerung durch. Indem wir auf die Meiji-, Taisho- und Showa-Perioden zurückblicken, verdeutlicht sich das Bild des modernen, spirituellen Wandels in den Kampfkünsten.

SPIRITUALITÄT, MODERNISIERUNG UND KAMPFKÜNSTE

Die Meiji-Restauration führte zu einer kompletten Erneuerung der spirituellen Identität Japans und des Lebensstils der Bevölkerung. Die Meiji-Regierung war bestrebt, die Bevölkerung Japans zu vereinen, eine Maßnahme, die im Klassensystem der Edo-Periode undenkbar gewesen wäre. Jeder Bauer, Kaufmann, Händler oder Krieger sollte nun den gleichen gesellschaftlichen Status bekommen. Anstatt den Familien der lokalen Kriegsfürsten zu dienen, wurde den einfachen Leuten aufgetragen, ihr Leben nur dem Kaiser zu widmen. Diese neue soziale Ordnung verursachte Reibungen zwischen den Samurai-Familien und jenen, die vorher niedrigen Ständen angehörten. Die Regierung bot dazu eine Lösung an: Die Schaffung einer neuen nationalen Identität durch den sogenannten Staats-Shinto. Dieses Kapitel markiert eine ungünstige Vereinnahmung der Spiritualität des japanischen Kriegers durch den Staat und setzte damit den Grundstock für das auch heute noch verzerrte Idealbild des Samurai. Dennoch stellte der Übergang vom feudalen zum modernen Krieger erneut Japans Fähigkeit unter Beweis, sowohl innovativ als auch belastbar zu sein.

Während der Meiji-Restauration und der anschließenden Zeit bis zum Zweiten Weltkrieg verwandelte sich die männliche Bevölkerung Japans in glühende Kriegsbefürworter, die bereit waren, für ihren Kaiser zu sterben. Im Jahre 1873 wurde ein Wehrpflichtgesetz erlassen, das jeden jungen Mann unabhängig von seinem Stand verpflichtete, drei Jahre Wehrdienst zu leisten, gefolgt von vier Reservistenjahren. Das war ein radikaler Bruch mit der 300-jährigen Tokugawa-Epoche. Aber die Nation trug diese Entscheidung mit und ging daraus mit einem völlig neuen Nationalbewusstsein hervor. Um die damit verbundene Verzerrung des japanischen Idealbilds des Kriegers zu verstehen, muss man sich mit dem Kult des sogenannten Staats-Shinto befassen.

Mit der Öffnung der Grenzen für Ausländer begann für Japan nicht nur eine umfangreiche Handelstätigkeit, sondern auch ein noch nie dagewesener kultureller Austausch mit der Außenwelt. Das bedeutete einen radikalen Gegensatz zur Abschottungspolitik während der Tokugawa-Periode. Der Kulturaustausch war vergleichbar mit einer Flut. Ein wesentlicher neuer Einflussfaktor war die Religion. Tatsächlich gab es in Japan nie einen sprachlichen Begriff für das Phänomen der Religion, bis Diplomaten das chinesische Wort *shukyo* („Grundlagen-Lehre") in Verträgen, die die Religionsfreiheit für zugezogene Christen garantieren sollten, benutzten.

Kaiser Meiji wollte auf der politischen Weltbühne als ein mächtiger Player mit seiner eigenen, einzigartigen nationalen Identität auftreten. Der Staats-Shinto war dazu das Mittel der Wahl. Im Bemühen, das Ansehen Japans zu reformieren und zugleich das frühere Klassenwesen aufzuheben, wurden die zuvor existierenden religiösen Institutionen unterdrückt. William Bodiford erklärt die Intentionen im Bestreben nach einer neuen spirituellen Identität Japans:

Kaiser Showa bei seiner Inthronisierung 1928.

Die Meiji-Führer leiteten eine Kulturrevolution in die Wege, die zum Ziel hatte, die religiösen Traditionen Japans zu zerstören, um diese durch einen neuen Staatskult, später Staats-Shinto genannt, zu ersetzen. Zur Legitimation beriefen sie sich auf die göttliche Herkunft des Kaisers als Nachfolger jener antiker Götter, die Japan schufen. Um die Götter eng mit Japan in Verbindung zu bringen, befahlen die Führer eine Loslösung vom Buddhismus. Dies bedeutete, dass aus allen Gebetshallen buddhistische Inschriften, Kunstwerke und Symbole entfernt wurden, um den Stätten eine neue Identität zu verleihen. Im Jahre 1872 zwang man die buddhistischen Mönche, sich als säkulare Personen zu registrieren. Niemand weiß, wie viele bud-

Zwei Darstellungen von Soldaten und Offizieren in der kaiserlichen japanischen Armee.

dhistische Mönche und Nonnen im Anschluss an das Jahr 1868 laisiert wurden, aber ihre Zahl fiel landesweit von 82.000 im Jahr 1872 (das Jahr mit dem ersten modernen Zensus) auf 21.000 im Jahr 1876.

Der Einfluss der Meiji-Restauration beschränkte sich nicht auf politische und spirituelle Veränderungen. Auch die Kampfkünste durchliefen eine faszinierende, wenn auch befremdliche Transformation. Der Niedergang der Samurai und die Bildung einer neuen imperialen Armee bedeutete für den Archetyp des Kriegers eine nie zuvor erlebte Adaption. Mit dem Gebrauch moderner Militärtechnik verloren die Japaner für eine kurze Zeit das Interesse an den traditionellen Kampfkünsten. Tatsächlich überstanden viele Schulen der traditionellen Kampfkünste diese Modernisierungsepoche nicht. Die wenigen, die diese wechselvolle Periode überlebten, haben sich im Umfeld des modernen Japans völlig neu strukturiert. Doch wo fand sich ein Ort für die „alten Krieger“ innerhalb dieses neuen Paradigmas?

Schwerter waren im Post-Samurai-Japan nicht mehr von Nutzen. Sie wurden fast vollständig durch Gewehre und neuzeitliche Militärtechnik ersetzt. Doch die Kampfkünstler verwandelten sich in eine Art „moderne Samurai“. Die Kampfkünste dienten sowohl zur Stärkung der Solidarität mit dem Kaiser, als auch als Antrieb für ultranationalistische Tendenzen. Das Training für die Kampfkünste, das während der Edo-Periode zunehmend strukturiert und professioneller wurde, verlor unter dem Druck der Europäisierung zunehmend an Bedeutung. Für eine kurze Periode traten die Kampfkünste zu Gunsten westlicher Sportarten zurück, mit denen man Weltoffenheit und einen nationalistischen Teamgeist verband. Doch die expansive Politik Japans förderte den Bedarf an leidenschaftlichen und loyalen Kriegern. Der Staats-Shinto appellierte an das Pflichtbewusstsein, indem er in zwei Schlüsselgebieten, der Erziehung und dem Militär, seine Propaganda verbreitete.

Der Staats-Shinto diskreditierte den persönlichen Glauben und ersetzte ihn durch die Loyalität gegenüber dem Kaiser und der Nation, sowohl in der zivilen als auch in der nicht zivilen Bevölkerung. Japan benötigte harte Arbeiter und loyale Truppen. Um eine starke Armee zu schaffen, bestehend aus kampfbereiten Kriegern, die bereit waren für ihren Kaiser zu sterben, setzte Japan bei der Indoktrinierung der Kinder an. In den Schulen wurde die Kampfkunst gleichgesetzt mit der spirituellen Erziehung im Sinne des Staats-Shinto. Bodiford betont, dass im selben Jahr, als die Armee die Kampfkunst mit der spirituellen Erziehung in Verbindung brachte, ein Gesetz verabschiedet wurde, das das Erziehungsministerium zwang, Lehrpläne für *jujutsu* und *gekken* zu entwerfen. Im Jahre 1907 wurden die Kampfkünste in die Lehrinhalte aller öffentlichen Schulen aufgenommen.

Vor der Meiji-Restauration setzte sich die Glaubenswelt der Krieger aus Ritualen und Göttern verschiedensten Ursprungs zusammen. Deshalb gab es kein einheitliches Idealbild des Kriegers. Obwohl bereits die Tokugawa-Samurai schon begannen, eine Idealvorstellung der Samurai-Geisteshaltung zu definieren, gab es bis zur Meiji-Restauration dazu keinen einheitliche Auffassung. Jede Schule oder Organisation hatte ihre eigenen Standpunkte und Philosophien.

Paradoxerweise wurde der Kodex des japanischen Kriegers, *bushido* genannt, erst in modernen Zeiten verfasst, und zwar von den christlichen Japanern, nicht von den Kriegern selbst. Ein Autor namens Uemura Masahisa (1858 – 1925) verfasste erstmals im Jahre 1894 ein Buch, in dem das Wort *bushido* im Titel vorkam. Unter dem Titel „Kirisutokyo to Bushido“ (Christentum und Bushido) versuchte das Werk eine Verbindung zwischen Christentum und *bushido*, den Weg des Kriegers, durch eine Verknüpfung mit der neokonfuzianischen Sozialethik herzustellen.

Heute, in der japanischen Taisho-Periode, dominiert ein einzelnes Wort, um den Typus des Kriegers zu

Kaiser Showa inspiziert seine Armee von seinem Lieblingsschimmel Shirayuki aus.

General Douglas MacArthur mit Kaiser Hirohito in Tokio.

definieren. Obwohl der ursprüngliche Gebrauch des Begriffs *bushido* zur Legitimierung des Christentums diente, wurden die Inhalte alsbald von der japanischen Regierung übernommen, um die geistige Entwicklung der Nation zu beeinflussen. In der Taisho-Ära entwickelte sich ein neuer Typus eines Samurai, der von Kindheit an gedrillt wurde, um der expansionistischen Regierung bedingungslos zu dienen. Der populäre Gebrauch des Wortes *bushido* förderte die Gewohnheit, den Suffix „do", der historisch eine Verbindung mit dem Taoismus anzeigte, nun an Begriffe anzuhängen, um sie in einem nationalistischen Sinn „japanischer" zu machen. Mit dem neuen *bushido* verband sich die Assoziation, dem Kaiser bis zum Tod getreu zu dienen.

In den 1930er Jahren wurde durch die Politik des Kaisers Showa eine explizite Verbindung zwischen Kampfkunst und Staats-Shinto hergestellt. Die Polizei kontrollierte in Kampfkunstschulen, ob sie einen kleinen Shinto-Schrein, genannt *kamidana*, in ihren Übungsräumen aufgestellt hatten. Der *kamidana* war der spirituelle Mittelpunkt der Trainingsräume. Es gehörte für die Teilnehmer zur vorgeschriebenen Etikette, sich vor und nach dem Training vor dem *kamidana* zu verneigen. Diese Praxis ist auch heute noch obligatorisch, wenn auch eher als eine Form der kulturellen Denkmalpflege.

Während die historischen Samurai in ihrem Handeln eine Verkörperung der Weisheit ihres Führers sahen, fühlten sich nun alle Japaner verpflichtet, dem Kaiser zu dienen. Viele Kampfkunstbezeichnungen wurden im Sinne des Ultranationalismus umbenannt. Das geschah hauptsächlich durch anfügen des Suffix „do" an die Bezeichnungen athletischer Aktivitäten und insbesondere der Kampfkünste. *Jujutsu*, Übungen zur Verbesserung der körperlichen Geschmeidigkeit, wurden zu *judo*, der Weg der Geschmeidigkeit.

Gekken (Schwerttechnik) wurde *kendo*, der Weg des Schwerts. *Iaido* (ebenfalls eine Schwerttechnik, die später vorgestellt wird), die bis dahin nur mit dem Namen der jeweiligen Schule bezeichnet wurde, hat man in *iaijutsu* umbenannt, um dem Nationalgefühl der damaligen Zeit gerecht zu werden. *Iaijutsu* stand eigentlich für die gemeinsame Philosophie der individuellen Schulen, die sich der Technik des Schwertziehens widmeten. Während der Modernisierung Japans erlebte Iaido einen Boom und wurde unter den kaiserlichen Kriegern sehr populär. Sogar die Organisationen, die sich mit Kampfkunst befassten, folgten der Mode und fügten die Silber „do" ihrem Namen hinzu. Bodiford schreibt dazu:

In den späten 1930er Jahren wurde aus Freizeitsport „supootsu-do", ein Ausdruck, der die Selbstaufopferung und den fanatischen Tod (shikyo) für den Kaiser beschrieb.

Zu dieser Zeit wurden auch die Übungshallen für Kampfkünste in *dojo* umbenannt. Das ist vielleicht der deutlichste Beweis für die Aneignung des Begriffs „do" durch den Staats-Shinto, mit der Intention, die frühere Begrifflichkeit und Spiritualität auszulöschen und eine Verbindung mit dem Ultranationalismus herzustellen. Eine Kampfkunstschule als *dojo* zu bezeichnen, ist von dem ursprünglichen japanischen Gebrauch des Wortes weit entfernt. Historisch wurde der Begriff für Zen-Meditationshallen verwendet. Es ist wohl auf diese Sinnentfremdung zurückzuführen, dass später

Während des Staats-Shinto wurde mit ultranationalistischer Propaganda die Zivilbevölkerung einschließlich der Kinder militarisiert.

Kaiser Hirohito (1901 – 1989), hier in formaler westlicher Uniform.

in der öffentlichen Wahrnehmung das Kampfkunsttraining ausschließlich mit Zen in Verbindung gebracht wurde.

Gegen Ende der Showa-Periode schrieb ein bedeutender Autor einige Werke, die die Wahrnehmung und Spiritualität der japanischen Kampfkünste auf Dauer verändern sollten: D.T. Suzuki (1870 – 1966) gab mehrere Bücher heraus. Eines davon, „Zen und die Kultur Japans" (1958) hatte einen erheblichen Einfluss auf das Denken der Japaner, wie auch außerhalb Japans. In diesem Buch behauptete Suzuki, dass seine Version des Zen (die de facto wenig mit dem tatsächlichen Zen-Buddhismus und dessen Lehre zu tun hatte), eng mit der japanischen Psyche und dem neuen Nationalbewusstsein verknüpft sei. Wie bereits im Kapitel über Buddhismus erwähnt, war Suzuki weder ein Experte für Zen noch für Kampfkunst. Er war vielmehr ein Gelehrter, der das spirituelle Denken der Japaner Außenstehenden vermitteln wollte. In diesem Bemühen übersetzte er sehr frei und oft inkorrekt. Zusammenfassend entwarf er ein verzerrtes und offensichtlich falsches Bild des Zen als alleinige spirituelle Grundlage der Kriegerkultur. Doch paradoxerweise schenkte ihm die Welt in einem Ausmaß Glauben, das zur Selbstbestätigung seiner Aussagen gereichte.

Suzukis mystische und esoterische Sprache war für die Außenwelt, die bis dato wenig diplomatischen Kontakt mit Japan hatte, sehr ansprechend. Die japanische Kultur, insbesondere die Kriegerkultur, wurde von Außenstehenden als archaisch und exotisch aufgefasst. Seine Werke fanden in der Öffentlichkeit starke Beachtung. Darüber hinaus gibt es ein weiteres grundlegendes Buch, das den bis dahin wenig beachteten Einfluss des Zen auf die japanische Kultur betrachtete. Der deutsche Philosophieprofessor Eugen Herrigel (1848 – 1955) verbreitete bezüglich Zen auch Halbwahrheiten unter seiner nichtjapanischen Leserschaft. Bodiford erklärt das Verhältnis zwischen Herrigel und seinem Lehrer, Awa Kenzo:

Im Jahre 1948 schrieb Herrigel ein neues Buch „Zen in der Kunst des Bogenschießens", in dem er zusätzlich zu umfangreichen Zitaten aus Suzukis Werk, Awas Lehren als jahrhundertealte Zenpraktiken beschrieb. Dies ist völlig abwegig. Im Jahre 1920 gründete Awa eine neue

Religion, die er Daishakyodo (wörtlich „der Weg der großen Lehre des Schießens") nannte. In seinem Buch nennt Herrigel Awas Religion „Die große Lehre" und setzt sie mit Zen gleich. Awa tat das nicht. Awa war weder in Zen geschult noch praktizierte er es. Weder Awa noch Herrigel waren in der Sprache des jeweils anderen kundig. Herrigels Auffassung jedoch wurde als eine genaue Beschreibung der traditionellen Zen-Lehrmethoden sehr unkritisch übernommen, nicht nur in Europa und den USA, sondern auch in Japan, wo es 1956 übersetzt wurde.

Suzukis Werke waren, trotz ihres innnovativen Charakters, eine sich selbst erfüllende Prophezeiung. Herrigels Beitrag war die erste Publikation über Zen in der Kampfkunst durch einen Nichtjapaner. Seither haben zahllose andere Autoren zur übertriebenen Bedeutung des Zen in diesem Zusammenhang beigetragen und damit der historisch gegebenen Spiritualität einen Bärendienst erwiesen. Das Verhältnis zwischen den Kriegern, ihren Glaubensrichtungen und den spirituellen Strömungen in der japanischen Kultur widersetzt sich auch unter Verwendung einer esoterischen Sprache einfachen Erklärungen. Japan, ein Land das bis zur Ankunft des Christentums nicht einmal ein spezifisches Wort für Religion kannte, hat sich schließlich mit dem Zen identifiziert.

KAMPFKÜNSTE IN DER NACHKRIEGSZEIT

Viele Gelehrte behaupten, dass der Anfang der „modernen Kampfkünste" in der Edo-Periode liege, als das Training formalen Charakter annahm. Andere verweisen darauf, dass der Beginn mit der Abschaffung der Samurai-Klasse während der Meiji-Periode zusammenfällt. Beide Argumente haben ihre Berechtigung. Es ist naheliegend, dass die „modernen" Versionen der Kampfkünste mit der Verbreitung der Fehlinformationen bezüglich Zen ihren Anfang nahmen. Wie erläutert, wurden die Schriften Suzukis sowohl von den Japanern als auch von der Außenwelt sehr unkritisch aufgenommen, ebenso wie die Arbeiten Herrigels.

Nach dem Zweiten Weltkrieg wurde vielen japanischen Kampfkünstlern und schwertbezogenen Handwerkern die Ausübung ihrer Disziplin verboten. Den Besatzern war bewusst, was der ultranationalistische Eifer in einer Bevölkerung, die dazu angestachelt wurde, für den Kaiser zu sterben, auf dem Schlachtfeld anrichten konnte. Die Japaner galten als furchtlose und rücksichtslose Gegner mit übernatürlichem Mut.

Viele Lehrer der Kampfkünste verbanden sich, um an die Besatzer eine Petition zu richten. Sie wollten ihr Training wieder aufnehmen. In diesem Zusammenhang musste das Bild des japanischen Kriegers einer erneuten Korrektur unterzogen werden. Suzukis Ansatz eines „nationalistischen Zen" war dafür die ideale Grundlage. Meister wie Kano Jigoro (*judo*), Otsuka Hironori (*karatedo*), Oe Masamichi (*iaido*) und zahllose weitere appellierten an die Besatzer mit dem Postulat, dass die Kampfkünste ein immer währender und unauslöschlicher Teil der japanischen Identität seien. Mit Verweis auf Suzukis Zen machten sie geltend, dass ihre Kunst nicht militärisch sei und lediglich dem Zweck des Kulturerhalts diene.

Während der 1950er-Jahre wurde der Suffix „do" erneut als Hinweis darauf herangezogen, dass die Kampfkunst ein zenähnlicher Weg zur spirituellen Weiterentwicklung sei. Diese Auslegung war jedoch mehr eine Reaktion auf den soziopolitischen Druck, den kriegerischen Aspekt ihrer Übungen herunterzuspielen. In der Folge begannen tatsächlich viele japanische Lehrer, die Kampfkunst mit einem dezidierten Suzuki-Zen-Einschlag zu unterrichten.

Die Studenten wurden mit einer neuen Art von Kampfkünsten vertraut gemacht, bei der die Varianten mit der Endung „do" spirituell geprägt waren und jene mit der Endung „jutsu" einen Charakter „mit Anleitung zum Töten" hatten. Diese Unterscheidung geht auf den Kampfkünstler und Gelehrten Donald F. Draeger zurück. Aber wie wir gesehen haben, ist nichts in der japanischen Kultur auf ein einfaches Erklärungsmuster reduzierbar. Bei genauer Betrachtung ist diese Unterscheidung auch nicht haltbar. Bodiford erklärt:

Unabhängig davon, wie sehr sich diese lexikografische Unterscheidung zwischen -jutsu und -do schon festgesetzt hat, es gibt dafür einfach keine historische Evidenz. Kampfkunstarten mit der Endung -do haben eine lange Geschichte. Bis ins zweite Jahrzehnt des 20. Jahrhunderts wurden die Begriffe wechselseitig und sehr variabel verwendet, einige mit der Endung -jutsu oder auch nicht, ohne dass ein Bedeutungszusammenhang oder religiöser Bezug ersichtlich wäre.

Obwohl die Verbindung zwischen Zen und Kampfkünsten im wesentlichen eine neuzeitliche Erfindung ist, unterliegt die Ausübung dieser traditionellen Techniken heute einem deutlichen Zen-Einfluss.

Aikido wird häufig als eine moderne Adaption des *daito-ryu* und Zen betrachtet. Das ist ein Irrtum. Obwohl es richtig ist, dass der Aikido-Gründer Ueshiba Morihei *daito-ryu* studierte, hat Aikido keinen Zen-Bezug. Vielmehr handelt es sich um ein komplexes Amalgan, das sich aus martialischen, spirituellen und politischen Einflüssen zusammensetzt.

Trotz dieser Unwägbarkeiten wurden Draegers Schriften von Kampfkünstlern oft für eine Positionsbestimmung herangezogen. „Jutsu-Praktizierende" beziehen sich oft auf diese Unterscheidung, um zu betonen, dass ihre Sparte dem alten System angehöre, bevor der Zen-Einfluss es „verweichlichte". Im Gegenzug üben „-do"-Praktizierende ihre Kunst auf einem Podest aus, um damit eine moralische Überlegenheit zu signalisieren. Schließendlich müssen alle japanischen Kampfkünstler bei genauer Betrachtung zugestehen, dass ihre Kunst sich während der letzten 100 Jahre stark verändert hat, unabhängig von dem jeweiligen Suffix.

Es wurde viel darüber geschrieben, was die jeweilige Kampfkunst hinsichtlich ihrer Überlieferung oder Rechtfertigung besonders auszeichnet. Doch allen ist gemeinsam, dass sie die zweihundertfünfzigjährige Friedensepoche während der Tokugawa-Periode überstanden haben, ebenso wie die Gräuel der ultranationalistischen Aggression und den Übergang zum „modernen" Zen nach Suzuki. Dies gilt für Lehrer wie für Studenten, für Japaner ebenso wie für Nichtjapaner. Ähnlich wie die Krieger früherer Zeiten, so bemühen sich auch die heutigen Kampfkünstler, eine Verbindung zwischen der Spiritualität und der physischen Praxis herzustellen. Auch die heutigen Ausübenden sind bestrebt, eine Bedeutung in ihrem Tun zu finden. Diese Angelegenheiten bleiben kompliziert und sind im hohen Maße persönlich geprägt.

SCHWERTER DER MEIJI-, TAISHO- UND SHOWA-PERIODE

In der Meiji-Periode wurden Schwerter in erster Linie für die kaiserliche Armee hergestellt. Diese Klingen waren in der Regel von bescheidener Qualität. Obwohl einige wenige Schwertschmiede ihr Handwerk weiterführten, war es nahezu vom Aussterben bedroht. Die Zeit der Samurai war vorbei. Das Schwert hatte seinen praktischen Nutzen als alltägliches Werkzeug verloren, es diente nur noch als Statussymbol für die kaiserlichen Offiziere. Für die japanische Gesellschaft im allgemeinen hatten Schwerter keine Bedeutung mehr. Sie galten als nutzlos, altmodisch und unpraktisch. Schwerter wurden zu dieser Zeit zuhauf in Lagerhäusern dem Rost preisgegeben oder zu Nägeln, Äxten oder Kutschenbeschlägen recycelt. Für die einst so stolzen Samurai und Traditionalisten waren dies düstere Zeiten. Zu sehen, wie das kulturelle Symbol einer Nation zu einem Dekorationsartikel für schusswaffenaffine Soldaten verkam, muss für sie erniedrigend und bedrückend gewesen sein.

Für die Offiziere des neuen Militärwesens wurden die Schwerter in großen Stückzahlen in industriellem Rahmen produziert. Durch unterschiedliche Designs und farbige, am Griff befestigte Kordeln zeigte das Schwert die dienstliche Zugehörigkeit des jeweiligen Offiziers an. Die Montierung und die Beschläge für die Klingen wurden dagegen vereinheitlicht. Die Schwerter unterlagen hinsichtlich der Form und der Beschläge strengen Regularien. Auf Wunsch einiger Offiziere wurden zwar handgefertigte Klingen (in einigen Fällen auch familiär vererbte Stücke), mit modernen Beschlägen ausgestattet, aber in der Regel wurden die Klingen während der Meiji-Periode zunehmend in maschineller Fertigung hergestellt.

Diese Serienprodukte, *showato* genannt, sind von niedriger Qualität und für Sammler in der Regel uninteressant. Ihr einziger Wert besteht darin, dass sie charakteristisch für ein bestimmtes Kapitel in der Geschichte des japanischen Schwerts sind. Als Symbole vermittelten *showato* den kaiserlichen Truppen die Aufforderung so zu kämpfen, wie es die historischen Samurai taten. Für Sammler sind allenfalls jene Stücke von Bedeutung, bei denen ein kaiserlicher Offizier eine gute Klinge neu montieren ließ.

In den Meiji-, Taisho- und Showa-Perioden entstanden nur wenige traditionell gefertigte Klingen. Das Handwerk des Schwertschmieds war vom Aussterben bedroht. Während der Taisho-Periode war das Schwertschmieden sogar offiziell verboten. Doch einige wenige Meister konnten das Handwerk bewahren, vor allem durch die Herstellung zeremonieller Schwerter als Opfergaben für Shinto-Schreine. Die Klingen dieser Perioden nach 1876 werden in zwei Kategorien eingeteilt: Die *showato* (maschinell hergestellt) und die *gendaito* – neue, moderne Schwerter (handgeschmiedet). Der Übergang von den maschinell hergestellten Klingen zu den traditionell geschmiedeten war der hohen Wertschätzung gegenüber diesem traditionellen Kulturgut geschuldet.

Angesichts der bedrohten Kunst des Schwertschmiedens gründete ein Mitglied des Repräsentantenhauses, Kurihara Hikosaburo, das japanische Schwertschmiedeinstitut. Dieses und eine weitere traditionelle Schwertschmiedegruppierung, namens „Japanisches-Schwert-Trainingsinstitut", wurden die Hauptquellen für die Schwertherstellung in der Neuzeit. Als Gegenpol zum enormen Ausstoß von Fabrikklingen für Offiziere, die im Namen des Kaisers in den Krieg zogen, fühlten sich diese beiden Institutionen berufen, die alten Handwerksmethoden weiterzuführen. Sie konnten ihre Arbeit bis zum Ende des Zweiten Weltkriegs fortsetzen. Mit der Kapitulation war jedoch ein Verbot der Schwertherstellung in Japan verbunden. In der Nachkriegszeit verschwand daher das Handwerk des Schwertschmiedens nahezu vollständig.

Die Schwertherstellung und damit verwandte Handwerkszweige sind wichtige kulturelle Errungenschaften. Aus diesem Grund stimmten die Besatzer einer Aufhebung des Verbots zu und erlaubten im Jahre 1953 den Japanern wieder die Ausübung dieser Berufszweige. Dies setzte den vorerst letzten Meilenstein in der Entwicklungsgeschichte des japanischen Schwerts. In der japanischen Bevölkerung wurde die Aufhebung des Verbots und das Wiederaufleben des Schwerthandwerks euphorisch begrüßt.

Die Öffnung zum Westen hin und die Modernisierung führte überraschenderweise zu einer Wiederbelebung der traditionellen japanischen Künste. In Bezug auf das Schwert bedeutete es die Geburt des *shinsakuto*, des modernen japanischen Kunstschwerts. Da die Produktion der Schwerter als Beitrag zum kulturellen Denkmalschutz gilt, werden die Klingen als Kunstobjekte betrachtet.

Die in der Neuzeit nach traditionellen Methoden hergestellten Klingen sind überaus funktional. Die Arbeiten der Schwertschmiede unterliegen strengen Vorschriften, was die Produktionszahlen aber auch die handwerkliche Güte betrifft. Mit der Bezeichnung *shinsakuto* unterscheiden moderne Schmiede und auch Sammler ihre Klingen von den älteren *gendaito*. Die heute hergestellten *shinsakuto* weisen eine große stilistische und preisliche Bandbreite auf.

Während des Schmiedeprozesses wird der Schwertstahl wiederholt gefaltet.

Ein Großteil der täglichen Aufgaben des Lehrlings dreht sich um die sorgsame Vorbereitung der Holzkohle, dem Brennstoff für das Schmiedefeuer.

IMPRESSIONEN EINES SCHWERTSCHMIEDE-LEHRLINGS

VON PIERRE NADEAU

Die japanischen Schwertschmiede des 21. Jahrhunderts sind eine spezielle Spezies: unzeitgemäß, unwirtschaftlich, sehr konservativ und zielstrebig. Einige hundert Schmiede, zusammen mit weiteren Hunderten von schwertbezogenen Handwerkern, gehen diesen eigenwilligen Weg – einige aus Freude im Umgang mit alten Werkzeugen und Techniken, andere fast wissenschaftlich auf den Spuren der Meisterstücke des 13. Jahrhunderts. Irgendwo dazwischen schwimmt seit viereinhalb Jahren ein französisch-kanadischer Lehrling, im Bemühen nicht unterzugehen. Das bin ich.

Ich fühle mich „zwischen zwei Gewässern", wie die Franzosen zu sagen pflegen – hin und her gerissen zwischen der Angst vor dem Ungewissen, die beim Eintritt in die Lehre schwer auf einem lastet, und der zunehmenden Herausforderung, den Erwartungen meines Meisters gerecht zu werden.

DIE LEHRE IN JAPAN

Eine Handwerkslehre in Japan ist einerseits sehr besonders, andererseits aber auch ganz natürlich. Wir Menschen aus dem Westen neigen sehr zum Rationalen, während Japaner sehr viel intuitiver sind. Natürlich hat das moderne Japan seine Gepflogenheiten den heutigen weltweiten Standards angepasst, aber wir schätzen das traditionelle Handwerk, gerade weil es uns eine authentische und gründliche Lernerfahrung ermöglicht.

Im wesentlichen dreht sich die Kultur der traditionellen Lehre immer um den jeweiligen Meister. Durch seine Reputation und seine Werke fühlen sich diejenigen angezogen, die von ihm lernen wollen. Der Meister selbst – außer er sucht gezielt nach Helfern – lädt niemanden zur Mitarbeit ein. Es ist der hoffende Lehrling, der Zugang zur Arbeitswelt des Meisters sucht, um von dessen Fähigkeiten und reichen Wissensschatz zu profitieren. Jede Kritik und auch jedes Urteil von Seiten des Lehrlings ist unangebracht. Auch der Verweis auf Hintergrundwissen durch den Lehrling ist nicht willkommen. Wie ein Zen-Spruch sagt:

Wie dieser Becher bist du voll von Meinungen und Spekulationen. Wie kann ich dir Zen vermitteln, ohne dass du zuerst deinen Becher leerst?

In anderen Worten, wie sollte jemand das Bäckerhandwerk in Frankreich erlernen, wenn er von den Vorteilen des deutschen Brotes schwärmt? Falls ein Lehrling bei einem bestimmten Meister ansucht, dann deshalb, weil er der Meinung ist, dass es keinen besseren Platz zum Lernen gibt. Ansonsten wäre es naheliegender, er würde sich einen anderen Platz suchen. Der Meister ist auch keine Schule. Es gibt keinen Lehrplan und keine bestimmten Abschlüsse. Mögliche Beweggründe für die Akzeptanz von Lehrlingen können sein, dass der Meister seine handwerkliche Tradition weitergeben möchte oder dass er einfach gern unterrichtet oder auch, dass er eine billige Arbeitskraft braucht. Aber keinesfalls sollte man erwarten, dass er einen Plan oder schriftliche Arbeitsanweisungen für seine Schüler zusammenstellt. Im Grunde liegt es am Lehrling, Wissen zu sammeln, während er in das Umfeld des Meisters eintaucht. Aufgrund persönlicher Vorlieben sind vielleicht manche Meister großzügiger mit ihren Erklärungen. Zu viele theoretische Erläuterungen sind jedoch nutzlos, wenn nicht sogar kontraproduktiv im Hinblick auf eine gute Handwerksausbildung. Erfahrung ist der einzig wahre Weg für den Wissenszuwachs.

Die Ausbildungswege zum Schwertschmied haben im schnelllebigen 21. Jahrhundert verschiedene Formen angenommen. Die traditionelle Form des Zusammenlebens mit dem Meister ist kaum mehr – oder nur noch gegen Bezahlung erheblicher Unterhaltskosten – gebräuchlich. Diese setzt voraus, dass man über genügend finanzielle Reserven verfügt, um die fünf bis sieben Jahre Lehrzeit zu bestreiten. Immer häufiger findet man die Konstellation, dass der Lehrling seinen Meister in Teilzeit besucht, an den Wochenenden oder an einem Tag in der Woche beispielsweise. Die so ausgebildeten Schmiede findet man jedoch bei den Wettbewerben kaum in den oberen Kategorien. Hat es etwas damit zu tun, dass die Ausbildung schlecht ist oder seitens der Schüler mit zu wenig Hingebung betrieben wird?

Bis jetzt und soviel ich weiß, gibt es nur einen Nichtjapaner, der eine traditionelle Lehre als Schwertschmied in Japan abgeschlossen hat. Der Amerikaner

Keith Austin hat bei zwei Schmieden gelernt, unter anderem in den 1960er Jahren bei Kawachi Kunihira unter dem damaligen Lebenden Nationalschatz Miyairi Yukihara. Austin starb leider im April 1997, nachdem er sich über einen Zeitraum von 30 Jahren auf einer kalifornischen Farm mit dem Schmieden des japanischen Schwerts und dem Stahl wissenschaftlich befasste. Wie gern hätte ich ihn getroffen! Ich besuchte im Juni 2008 in der Präfektur Nagano eine Ausstellung seiner Arbeiten und der seines Meisters. Er war ein vollendeter Schwertschmied. In meinem besonderen Freundeskreis befindet sich auch die wohl einzige weibliche japanische Schwertschmiede-Auszubildende, Misono Nanako. Sie stammt aus einer angesehenen Messerschmiede-Dynastie und wird derzeit bei ihrem Großvater in Sakai, im Süden der Präfektur Osaka, unterrichtet.

MEINE ERFAHRUNGEN ALS LEHRLING

Ich selbst kam im Jahre 2002 während einer Reise mit Freunden durch die Präfektur Okayama mit dem Handwerk des Schwertschmiedens erstmals in Berührung. Wir reisten durch ein Gebiet namens Bizen, das bis zum Jahre 1871, als das feudale System abgeschafft wurde, eine eigene Provinz war. Bizen war das wichtigste Zentrum für die Stahl- und Schwertproduktion in ganz Japan. Dort hatte ich die Gelegenheit, einem Schwertschmied drei Stunden lang bei der Arbeit zuzuschauen. Dies berührte mich auf eine tiefe und friedliche Weise. Ich habe in meinem Leben viel gesehen, aber in diesem Moment fühlte ich mich ganz in meinem Inneren angekommen.

Die ländliche Umgebung, das Feuer, die vollkommen selbstzentrierte Arbeitsweise, während der Stahl – so ein widerspenstiges Material – geformt wurde! Und dann bekamen wir das Schwert zu sehen: welche Schönheit! Komplett aus Stahl, ohne Dekoration – ich traute meinen Augen nicht und kann es immer noch nicht fassen. Dann vergingen vier Jahre, bevor ich offiziell eine Lehrstelle antrat. Ich verbrachte meine Zeit zur Hälfte damit, einen Studienabschluss in Montreal zu erlangen und zur anderen Hälfte damit, Schmiede und andere Schwertinteressierte in Japan zu besuchen. Während des Aufenthalts im Sommer 2004 akzeptierte mich der Meister als seinen Lehrling. Erst kürzlich wurde mir bewusst, dass er zwei Gründe hatte, mich anzunehmen: Der erste war, dass er vermeiden wollte, dass ich als Dilettant nach Kanada zurückkehrte, um dort nur japanisch aussehende, gekrümmte Eisenstäbe zu formen. Der zweite Grund war, dass er ernsthaft daran zweifelte, dass ich meine Lehrzeit antreten würde. So konnte er höflich mir gegenüber auftreten, ohne die Perspektive, mich ausbilden zu müssen. In dieser Hinsicht hat er sich definitiv geirrt. Die Auffassung, dass ich ohnehin nicht weitermachen würde, vertrat er auch noch während der ersten Jahre. Im Laufe der Zeit änderte sich diese Haltung, und er bekannte sich zu seiner Verantwortung.

Ich hatte das Glück, eine eigene Wohnung zu finden, um von dort meinen Meister jeden Tag aufzusuchen. Das gab uns beiden mehr „Luft" hinsichtlich kultureller Differenzen und ermöglichte mir eine stärkere Fokussierung auf die Arbeit. Dennoch meinte Kamachi: „Eine Lehre in Wohngemeinschaft mit dem Meister ist noch mal etwas völlig anderes!" Tatsächlich befreit es dich wohl von allen anderen Ablenkungen, wenn du rund um die Uhr in die Ausbildungsumgebung eingetaucht bist.

Meine Situation war hinsichtlich der Wissensvermittlung gewiss nicht ideal. Da ich jedoch auf kein Familienvermögen zurückgreifen konnte und nicht über die erforderlichen 40.000 bis 60.000 Dollar verfügte, die ich für die „Vollpensions-Lehrzeit" in Japan benötigt hätte, war der eingeschlagene Weg der einzig mögliche für mich. Während des ersten Jahres arbeitete ich Freitag und Samstag als Lehrer in einer der vielen Englisch-Konversationsschulen und besuchte meinen Meister von Montag bis Donnerstag.

Eine weitere Schwierigkeit war, dass sich meine Schule in Nara befand, während die Schmiede meines Meisters in den Bergen von Wakayama eine dreistündige Anreisezeit erforderte. Ich verbrachte damals, wie auch heute noch, jedes Wochenende in meinem Zimmer in Nara. Auf meinem Motorrad genoss ich die Fahrten während der kühlen Herbsttage, jedoch waren die schwüle Sommerhitze und der klirrende Winterfrost eine Herausforderung!

Zu Beginn des dritten Jahres tauschte ich mein Motorrad gegen einen Minivan und fand eine Stelle als Englischlehrer in der Nähe der Küste, 40 Fahrminuten von meinem Wohnort entfernt. Nach meiner Hochzeit im November 2008 ermöglichte mir die Unterstützung durch meine Frau sowie ein Nebenerwerb durch die Vermittlung, Restaurierung und Begutachtung von Schwertern, mich nahezu täglich auf das Schmiedetraining zu konzentrieren. Ich fühle mich sehr gut. Doch wenn ich an meine ersten Jahre zurückdenke, würde mich nichts in der Welt dazu bringen, diese Strapazen nochmals auf mich zu nehmen! Aber zu jener Zeit habe ich es einfach getan, ohne groß zu überlegen, auf was ich mich eingelassen hatte.

DAS JAPANISCHE SCHWERT LEBT

Wenn alles gut läuft, sollte ich in der Lage sein, innerhalb von weiteren zwei Jahren von der japanischen Regierung die Lizenz zum Schwertschmieden zu erhalten. Spätestens wenn ich ein Schwert mache, das auch Menschen bewegt, die zuvor möglicherweise noch nie an japanischen Schwertern interessiert waren, wird mich meine Arbeit mit Stolz erfüllen. Doch ist die Aussicht, dass ich der einzige nichtjapanische, lizenzierte Schwertschmied sein werde, eine ausreichende Belohnung für all die Mühen und den Schweiß – vor allem unter dem Aspekt, dass ich dann noch immer nicht wirklich kompetent in diesem Handwerk sein werde. Obwohl ich alle Ressourcen zur Hand habe, ist für mich letztlich das „Bemühen immer besser zu werden" der Antrieb für meine Arbeit.

Die meisten japanischen Schwertschmiede des 21. Jahrhunderts gehen diesen Weg des Strebens nach Perfektion. Dabei experimentieren sie mit kreativen und individuellen Methoden. So bleibt das japanische Schwert am Leben und für die Welt sichtbar. Die herrlichen Werke, die Meisterschmiede aller Epochen geschaffen haben, sollten weiterhin bewundert und studiert werden.

Für Neulinge ist es oft eine Herausforderung, über den eigentlichen Zweck der Schwerter hinwegzusehen: dass sie Waffen waren, um Leben zu nehmen und zu schenken. Aber wahre Meisterwerke sprechen ihre eigene Sprache, sie benötigen keine Erklärung. So appelliere ich an alle Interessierte, auch die hervorragenden Beispiele der gegenwärtigen Epoche des japanischen Schwerts zu studieren und zu würdigen.

Der Kanadier Pierre Nadeau kam erstmals im August 2002 nach Japan und begann seine Lehre im Frühjahr 2006. Im November 2008 heiratete er Rina, eine Japanerin aus Nara. Website: www.soulsmithing.com

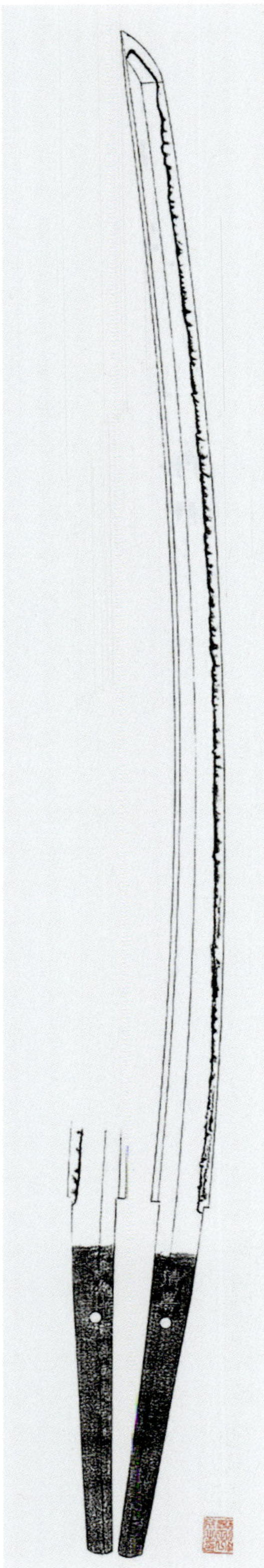

KATANA

SIGNATUR: Showa 16 (März 1941) NBTHK-Hozon-Papier – Yasuoki

Sayagaki (Zertifikat): Yasuoki Katana (Kudan Kji-kai Yu-saku), vermutlich Goto-Schule.

KLINGENLÄNGE: 69,8 cm

SORI: 2,1 cm

MEKUGI: 1

BREITE AN DER HAMACHI: 3,05 cm

BREITE AN DER KISSAKI: 1,95 cm

KASANE: 0,73 cm

ÄRA: Showa (März 1941)

FORM: Diese Klinge ist ein breites und starkes *katana* mit starkem *sori* und relativ langer *kissaki*.

JITETSU: Deutlich ausgebildete *koitame hada* mit *jinie*.

HAMON: *Niedeki gunome midare*. Im *ha* viele längliche *ashi* und *koashi*.

Das *boshi* ist rund, im *kaeri*-Stil.

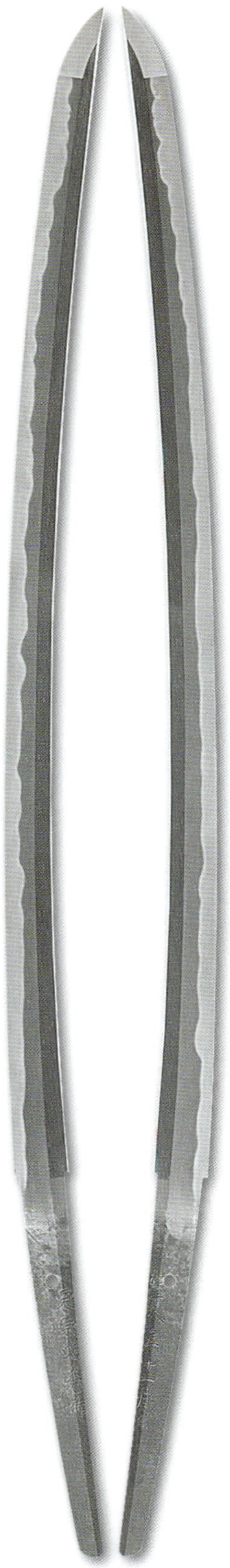

KATANA
SIGNATUR: Kurihara Akihide saku (NBTHK-Hozon-Papier), Showa 18 (1943)
KLINGENLÄNGE: 67,26 cm
SORI: 1,8 cm
MEKUGI: 1
BREITE AN DER HAMACHI: 3,13 cm
BREITE AN DER KISSAKI: 2,23 cm
KASANE: 0,84 cm
ÄRA: Gendai-Periode (modern)
FORM: Diese Klinge ist breit und stark, mit langer *kissaki*.
JITETSU: Deutlich ausgebildete *itame hada* mit *jinie* und *chikei*.
HAMON: *Niedeki gunome midare*, gemischt mit *cyoji midare*. Im *ha* viele ashi und *sunagashi* und auch kleine *kinsuji*-Formationen.

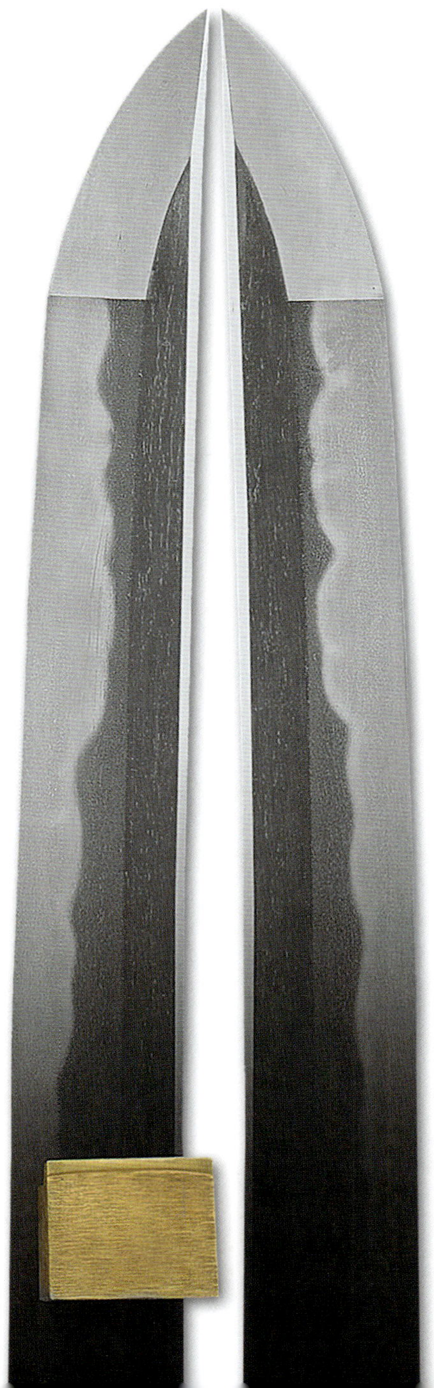

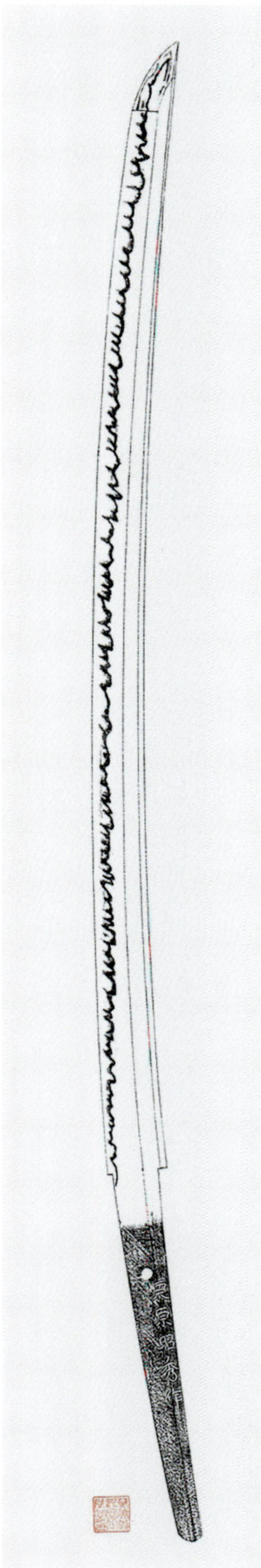

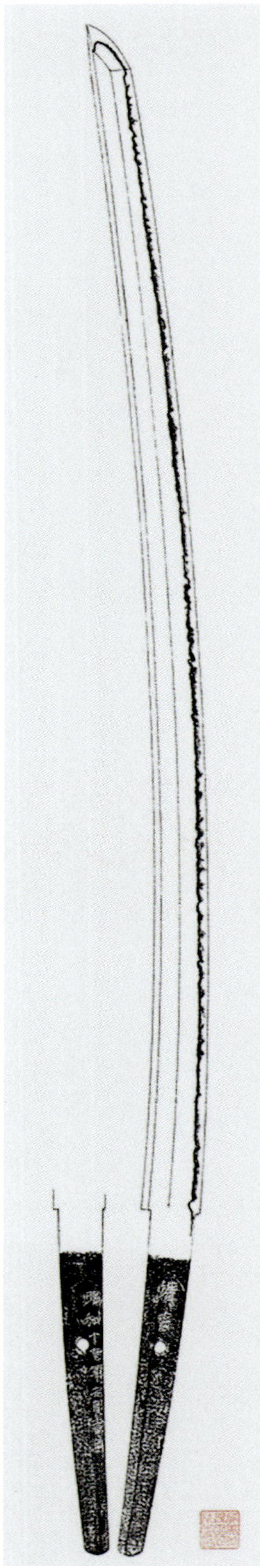

KATANA (NBTHK-Hozon-Papier)
SIGNATUR: Yasuyoshi Showa 17 (Februar 1942)
KLINGENLÄNGE: 66,5 cm
SORI: 2,0 cm
MEKUGI: 2
BREITE AN DER HAMACHI: 2,86 cm
BREITE AN DER KISSAKI: 1,96 cm
KASANE: 0,71 cm
ÄRA: Gendai-Periode (Showa)
FORM: Die Klinge ist mit der typischen, stark ausgeprägten *sori* der Kamakura-Periode nachempfunden.
JITETSU: Deutlich ausgebildete *koitame hada* mit *jinie* und *chikei*-Formationen.
HAMON: Im wesentlichen *niedeki suguha hamon* mit kleinen *gunome midare*, vermischt mit reichlich *ashi*-Formationen.

Yasuyoshi, geboren als Ajiki Haruyoshi um 1911/12 in der Präfektur Yamagata, trat 1933 in den Nihon-to Taren-kai ein. Er lernte unter Kajiyama Yasutoku, Kotani Yasunori und Miyaguchi Yasuhiro. Haruyoshi begann seine Arbeit bei Kotani Yasunori im Jahre 1935. Er signierte seine Schwerter mit „Yasuharu", bevor der 1940 den Namen Yasuyoshi annahm. Er schmiedete etwa 730 Schwerter. In der Nachkriegszeit begann er 1955 erneut und schmiedete Schwerter in der Stadt Togane, Präfektur Chiba. Er starb 1994.

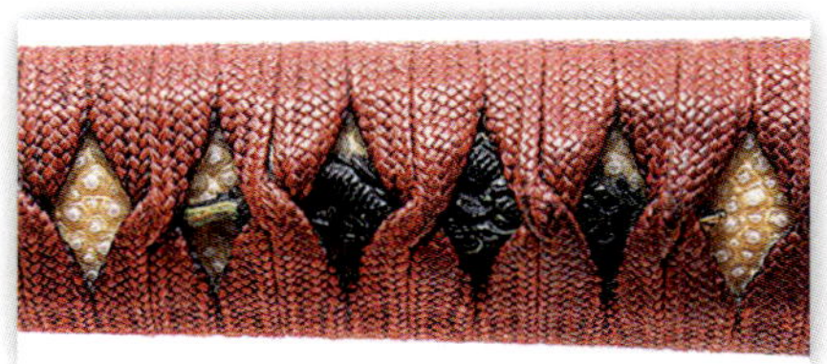

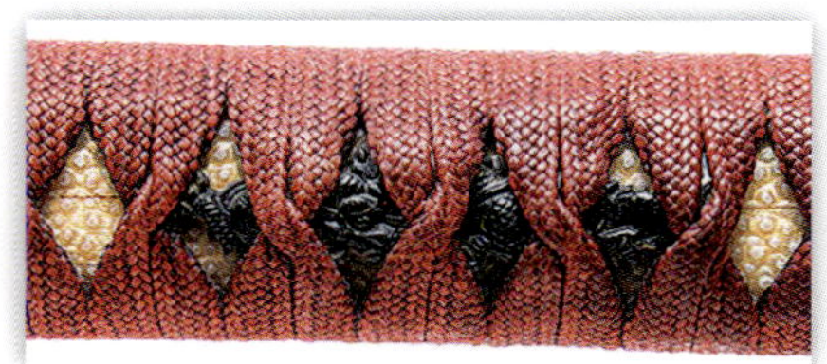

KATANA OVN YASUYOSHI

(NBTHK-Hozon-Papier)

Dieses Schwert ist vermutlich eine Kopie nach der Rai-Schule, eine berühmte Schmiede aus der Kamakura-Periode. Die Klinge hat eine sehr attraktive Härtelinie.

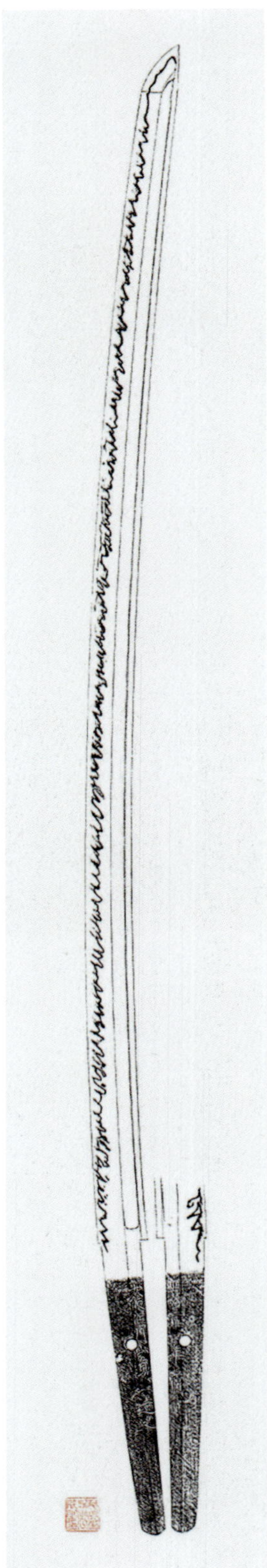

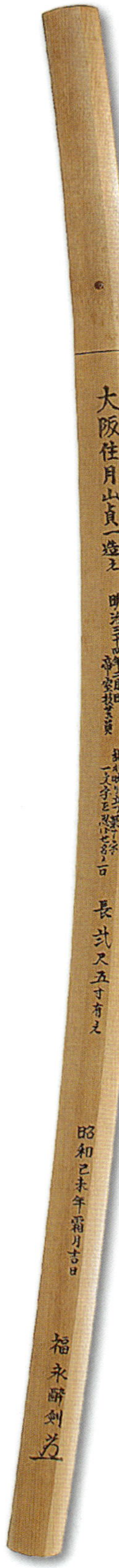

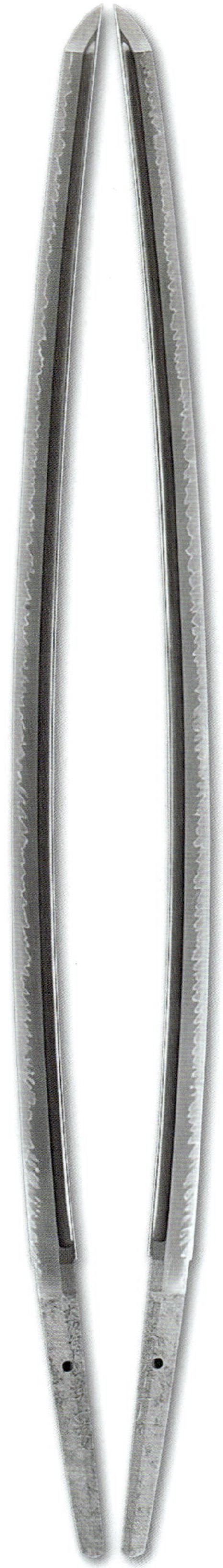

SIGNATUR: Osaka ju Gassan Sadakazu tsukuru (NBTHK-Hozon-Papier), Showa 18 (1943), Meiji 34 nen 2 gatsu hi (Februar 1901) (Shinshinto-Jojo-saku-Einstufung. Provinz Settsu)
KLINGENLÄNGE: 75,8 cm
SORI: 2,8 cm
MEKUGI: 1
BREITE AN DER HAMACHI: 2,76 cm
BREITE AN DER KISSAKI: 1,96 cm
KASANE: 0,75 cm
ÄRA: Meiji-Periode
FORM: Diese Klinge ist hinsichtlich *mihabe* und *kasane* typisch dimensioniert. Es ist ein langes Schwert.
JITETSU: Deutlich ausgebildete *koitame hada* mit *jinie* und herrlicher *jigane*.
HAMON: *Niedeki gunome midare* und *sakasa cyoji midare* mit tiefen *nioikuchi*. Im *ha* viele *sunagashi* und auch fein verteilte, attraktive *kinsuji*-Formationen.

Ein *gendai katana* (modern).

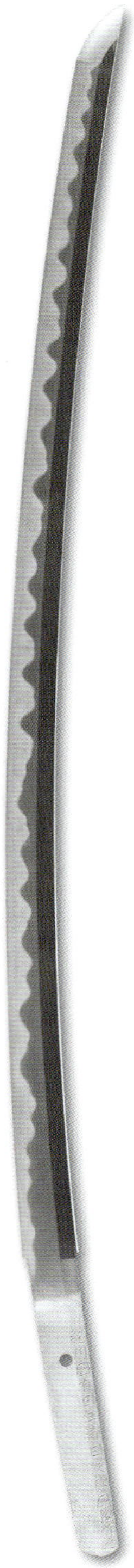

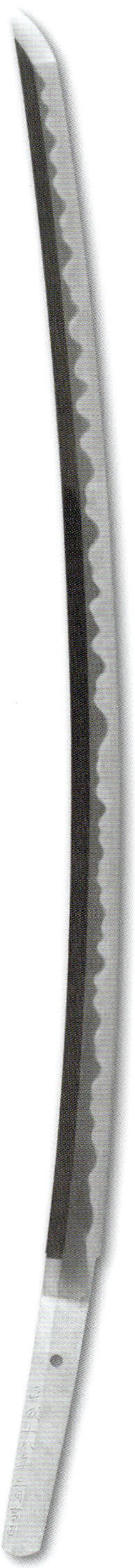

MODERNES KATANA

Dieses Schwert wurde vom Meisterschmid Ogawa Kanekuni aus der Präfektur Gifu angefertigt. Ogawa ist bekannt für seine Bemühungen, Klingen im Stil von Sukehiro aus der Osaka-Shinto-Schule des 17. Jahrhunderts herzustellen. Man bezeichnet diese Art von hamon als *toranba*, da er große Meereswellen nachzeichnet. Viele heutige Schmiede nehmen sich die Arbeiten alter Meister zum Vorbild, um ihr eigenes Können zu verbessern.

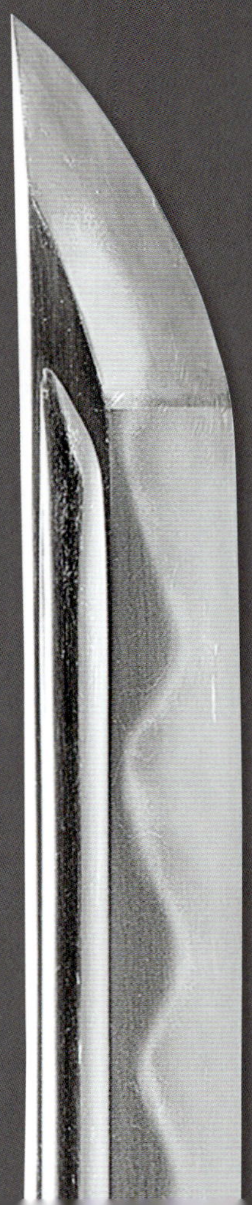

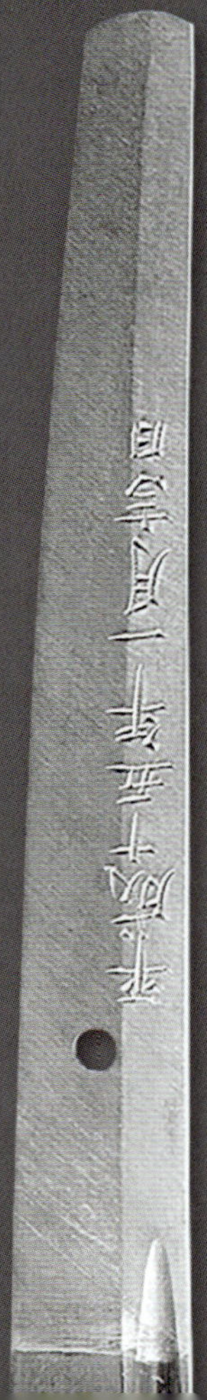

合気道

TEIL III

DIE KUNST DER SCHWERTFÜHRUNG

Nach der anfänglichen Verbeugung ruhen *iaido*-Praktizierende in der *seiza*-Stellung, bevor sie sich erheben und ihre Übungen beginnen.

JAPANISCHE SCHWERTKUNST HEUTE

Es gibt heute zahllose Schulen für Kampfkünste. Die gegenwärtige Szene verkörpert in noch nie dagewesenem Maße Adaptionen der traditionellen Stilrichtungen. Die meisten Unterrichtsstätten für Kampfkünste sind moderne Vermischungen amerikanischer, chinesischer, koreanischer und japanischer Stile, oft angereichert durch eine Dosis Hollywoodflair. Sowohl japanische wie auch nichtjapanische Traditionalisten sind angesichts dieses Zustands frustriert und traurig. Das Problem ist nicht, dass diese modernen Schulen existieren. Tatsächlich haben wir bereits gesehen, dass auch viele historische Kampfkünste hinsichtlich Form und Geisteshaltung Veränderungen erlebten. Das Problem ist, dass die meisten Schüler heute die traditionellen Lehrer nicht mehr von jenen unterscheiden können, die nur vortäuschen, eine traditionelle Kunst zu vermitteln. Wir sollten uns bewusst sein, dass in einer Zeit der Globalisierung und des Profitdenkens die traditionellen Künste durch die Massen, die nach oberflächlicher Spiritualität und falscher Tradition streben, ernsthaft bedroht werden.

In diesem Zusammenhang muss man zwischen Schulen für moderne, gemischte Kampfkünste (MGK) und jenen, die fälschlicherweise behaupten, traditionelle Strukturen zu verkörpern, unterscheiden. MGK sind moderne Adaptionen und berechtigte neue Sparten der Kampfkünste. Diese Schulen berufen sich nicht auf alte Samurai-Weisheiten oder fordern etwa einen Blutschwur. Sie haben einfach den Ansatz, den Schülern das Kämpfen mit unterschiedlichen Methoden zu vermitteln – dagegen gibt es nichts zu sagen. Das Problem ist, dass viele Lehrer unberechtigt behaupten, ein traditionelle Richtung zu vertreten und damit ihre gutgläubigen Schüler hinters Licht führen. Oft berufen sie sich dabei auf zweifelhafte Zertifikate, die von jenen vertrauenswürdiger Schulen oder Lehrer schwer zu unterscheiden sind.

DIE KLASSICHE SCHWERTKUNST DES IAIDO

Von den japanischen Kampfkünsten, die heute vermittelt werden, haben nur wenige ihre Wurzeln vor der Meiji-Restauration, eine Voraussetzung um als „traditionelle Kunst" zu gelten. Nur eine Handvoll geht zurück auf die Meister der Edo-Periode, wodurch sie als „klassische Künste" eingestuft werden. Die wenigen, die noch in diesem Stil unterrichten und üben, tun dies zur kulturellen Bestandserhaltung. In diesem Kapitel befassen wir uns mit einer Sparte, die auf das mittlere 16. Jahrhundert zurückgeht, der Kunst des Schwertziehens, *iaido*.

Für die Samurai war der Umgang mit den Klingen schon immer von kulturellen Einflüssen geprägt, beginnend mit dem japanischen Ursprungsmythos, bis hin zum Import der buddhistischen Gottheiten. Heute werden die japanischen Künste auch unter Nichtjapanern immer populärer. Die einst geheimnisvolle und verschlossene japanische Kultur öffnet sich und gibt täglich mehr von ihren Geheimnissen preis. Im folgenden betrachten wir eine Schwertkunst, die sowohl die vergangenen wie auch die gegenwärtigen spirituellen Traditionen Japans repräsentiert. Wir werden sehen, wie die klassische Kunst des *iaido* auch heutzutage noch ein probates Mittel zur Selbstfindung sein kann.

Unter den vielen Formen der heute praktizierten Schwertkünste befasst sich das stark philosophisch ausgerichtete *iaido* mit weit mehr als nur der Schnitttechnik. *Iaido* ist für viele eine sehr ernste und tief-

Diese Kalligraphie des geehrten *shodo*-Lehrers Hugh Davey stellt die Zeichen für *iai* dar.

greifende, persönliche Erfahrung. Die Schwertziehtechniken selbst, obwohl sie das Herz der Übungen darstellen, sind für die Übenden nur ein kleiner Teil des Erkenntnisgewinns. Der Lohn der Auseinandersetzung mit *iaido* liegt im Zusammenspiel der physischen Herausforderungen, des philosophischen Reichtums und der geschichtlichen Tiefe. Die Wurzeln von *iaido* reichen rund 450 Jahre zurück und machen es zu einer der ältesten heute noch praktizierten Schwertkünste.

Die chinesischen Buchstaben im Wort *iaido* haben folgende Bedeutungen: i = existieren, ai = treffen, zusammenkommen, do = Weg oder Pfad. Das Suffix „*do*", auch in *judo*, *kendo*, *aikido* und *karatedo* vorhanden, beschreibt einen Weg zur Selbsterkenntnis und gibt vor allem Studenten der Budodisziplinen die spirituelle Richtung vor. So könnte eine Übersetzung des Wortes *iaido* lauten: „Der Weg zum Auffinden der eigenen Existenz." Die *iaido*-Praktizierenden werden in Japan als *iaidoka* bezeichnet, was so viel wie „*iaido*-Person" oder „*iaido*-Experte" bedeutet. Der Name legt nahe, dass *iaido* mehr ist als eine Schwertkunst, es ist auch ein grundlegendes System zur Selbstverwirklichung. Die hier besprochene *iaido*-Schule ist die Muso Jikiden Eishin-ryu. Muso bedeutet „göttlich inspiriert" und Jikiden steht für „direkt übertragen". Eishin ist der Vorname des 7. Leiters der Schule (Hasegawa Eishin). Ryu besagt, dass der Stil zu Ehren Eishins nach seinem Namen benannt wurde.

Muso Jikiden Eishin-ryu gilt als sehr esoterischer, historischer Schwertstil. Seine philosophischen und praktischen Prinzipien sind einfachen Erklärungen nicht zugänglich. Eine Veranschaulichung der Strategie jedoch verdeutlicht den Charakter, den *iaido* ausmacht.

IAIDO VISUALISIERT

An einem visualisierten Beispiel wird das Wesen von *iaido* für den Leser besser erkennbar. Man stelle sich ein Duell zwischen zwei Schwertkämpfern auf einer Wiese im mittelalterlichen Japan vor. Zur Verblüffung des klassisch trainierten, mit gezogener Waffe auftretenden Schwertkämpfers, in diesem Fall des Aggressors, findet er seinen Gegner, einen *iaido*-Kämpfer, ganz ruhig in Meditationshaltung vor. Ohne eine Kampfhaltung einzunehmen, ohne zu schreien oder sein Schwert zu ziehen, verharrt der *iaido*-Kämpfer in Warteposition. Er steht ganz still, das Schwert in der Scheide, gleichmäßig atmend, mit starrem Blick, die Hände entspannt, aber bereit. Das ganze Auftreten zeugt jedoch von hoher Wachsamkeit.

Obwohl es so aussieht, als wäre der *iaidoka* im Nachteil, da er sein Schwert noch nicht gezogen hat, ist für ihn diese Haltung ein strategischer, ja sogar psychologischer Vorteil. Zudem hat er einen moralischen Vorteil, da die Situation durch das nicht gezogene Schwert auch noch deeskalieren könnte. Im günstigsten Fall könnte der Gegner die Fähigkeiten des *iaidoka* richtig einschätzen und damit Blutvergießen vermeiden.

Der *iaidoka* ist darauf trainiert, den Gegner durch Entschlossenheit und Standhaftigkeit zu besiegen. Er ist zum sofortigen Angriff bereit, falls der Aggressor tatsächlich den Kampf sucht. Der Moment des Angriffs würde beim Aggressor einen Nachteil in seiner Deckung bedeuten. In diesem Moment würde der *iaidoka* blitzschnell sein Schwert in einer perfekten Bewegung ziehen und den Angreifer möglicherweise mit einem Hieb töten. In Ruhe verharrend, in einem Moment erhöhten Bewusstseins, würde der *iaido*-Meister das Blut von seinem Schwert abwischen und es würdevoll in die Scheide zurückführen.

Aufgrund des geringen Verbreitungsgrads der *iaido*-Techniken im japanischen Mittelalter waren derartige Geschehnisse vermutlich selten. Trotzdem beschreiben sie die Idealvorstellung des historischen und modernen *iaidoka*. Seine strategische Brillianz und vornehme Bescheidenheit ist bis heute bewundernswert. *Iaido* entstand in der Muromachi-Periode, der Zeit der landesweiten Kriege. Seine Bewegungsabläufe wurden sowohl nach praktischen als auch nach spirituellen Gesichtspunkten gestaltet. Als sich die japanische Gesellschaft wandelte, veränderte sich auch *iaido*. Der Fokus war nicht mehr der Kampf, sondern das Schneiden als Metapher.

DIE GESCHICHTE DES IAIDO

Jinsuke Minamoto no Shigenobu (auch bekannt als Hayashizaki) war der Gründer jener Schwertschule, aus der die heutigen *iaido*-Varianten hervorgingen. In

Mitglieder der Yama Oroshi Dojo verfolgen *iaido*-Vorführungen mit größter Aufmerksamkeit, während sie in *seiza*-Position verharren.

居合道

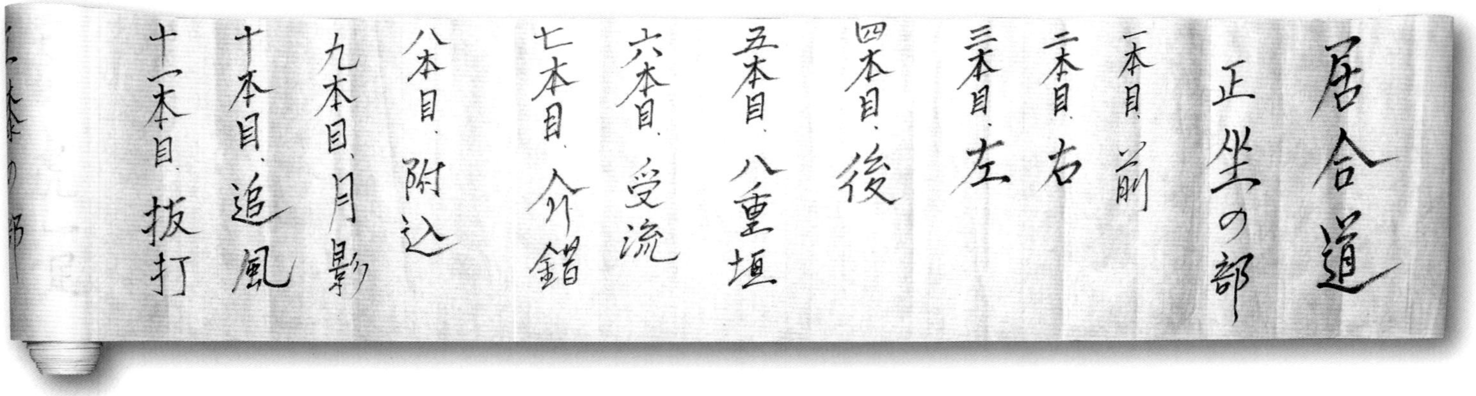

Diese Schriftrolle, ein Geschenk von Iwasa Sensei aus Tokio, gibt die Lehren des Muso Jikiden Eishin-ryu wieder.

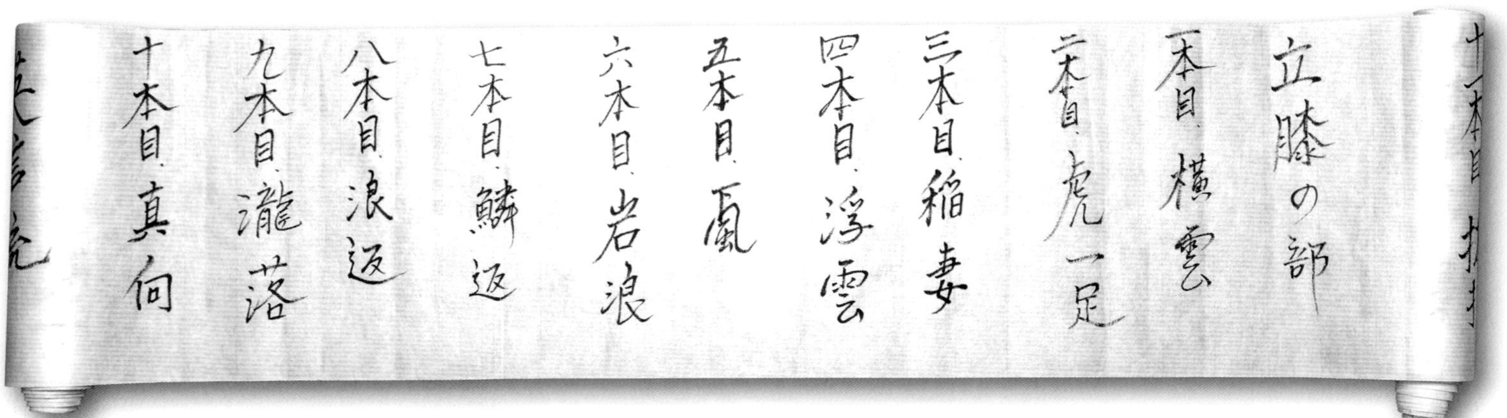

Diese Rolle bezieht sich auf Hayashizaki Iai Daimyojin, ein Ehrenname, der später Kumano Meijin, dem Schutzgott des Hayashizaki-Schreins und der *iaido*-Praktizierenden, verliehen wurde.

der Chronik Bugei Ryuha Daijiten wird die Lebensspanne von Jinsuke mit 1546 – 1621 angegeben.

Die Informationen über Jinsukes Leben sind nur spärlich. Man geht davon aus, dass er in Kyoto geboren wurde. Da er in einer sehr kriegerischen Zeit aufwuchs, kann man annehmen, dass er schon früh mit verschiedenen, schlachtenerprobten Schwertkampftechniken vertraut wurde. Im Alter von sechs Jahren wurde vermutlich sein Vater ermordet. Auf Rache sinnend und um göttlichen Beistand bittend, reiste er in die Präfektur Yamagata und gab sich im Kumano-Meijin-Schrein (auch genannt Hayashizaki iai Jinja) der Askese und dem Gebet hin. Nach 100-tägigem Gebet erhielt er vom Schutzgott des Schreins, Kumano Meijin, die göttliche Erleuchtung. Sie bestand aus einer Vision, wie man in nur einer Bewegung das Schwert zieht und den Hieb ausführt. Diese Erfahrung war so gewaltig, dass er sich fortan Hayashizaki nannte.

Das zentrale Moment seiner Technik, das schnelle Ziehen des Schwerts, hat sich bis ins moderne *iaido* erhalten. Hayashizaki gründete den Shinmei Muso-ryu (den göttlich inspirierten, mit nichts vergleichbaren Schwertstil). Asakura Kazuyoshi beschreibt ihn wie folgt:

Hayashizakis Iai bestand aus neun vokalisierten Atmungsmethoden, die er Kuji-Kokyu nannte. Diese Schreie waren mit verschiedenen Bewegungen verknüpft und dienten zur Fokussierung der Angriffsenergie. Sie lauten Rin, Pyo, To, Sha, Kai, Jin, Retsu, Zai und Zen. Man sagt, dass er „Rin“ schrie, wenn er einen tödlichen Streich ausübte und „Pyo“ immer, wenn er den Gegner traf. Leider ist über seine Techniken ansonsten wenig bekannt.

Hayashizaki nahm eine Stelle als Wachsoldat in seiner Geburtsstadt Kyoto an, die damals japanische Hauptstadt war. Er wurde berühmt, und als er einen Enkel (Nobuyoshi) bekam, verfügte er schon selbst über Wächter. Einige seiner Wachsoldaten unterrichtete er in Iaido-Techniken. Einige von ihnen wurden ebenfalls berühmt und trugen seine Lehren weiter.“

Ihm zu Ehren benannten seine Schüler die Technik in Shinmei Muso Hayashizaki-ryu um, indem sie seinen Namen an die Stil-Bezeichnung anfügten. Ein Schüler Hayashizakis, Tamiya Choshu, auch genannt Tamia Heibei Shigemasa, wurde der persönliche Schwertkampflehrer von drei Tokugawa-Shogunen: Ieyasu (1542 – 1616), Hidetada (1578 – 1632) und Iemitsu (1604 – 1616). Dadurch wurde diese Kunstfertigkeit unter Japans Militärelite sehr populär. Die Kampfkünste nahmen in der Edo-Periode unter der Leitung professioneller Lehrer eine streng strukturierte und vereinheitlichte Form an. Ein weiterer Schüler Hayashizakis diente als Elite-Samurai. Asakura erklärt:

Ein weiterer Wächter, Nagano Muraku Shosanro, genannt Juro, hat ebenfalls zum Ruhm von Hayashizakis Iaido beigetragen. Juro war ein Mitglied der Wachmannschaft von Takeda Shingen. In der Schlacht von Mirinjo erlitt er eine Niederlage, konnte jedoch entkommen. Als Folge davon wurde er in die entlegene nördliche Region

Akita geschickt, bekannt für ihre schönen Mädchen. Juro, ein eigenwilliger Charakter, war dem anderen Geschlecht sehr zugetan. Er hatte viele Frauen, um die er vom Rücken seines Pferdes aus warb. Doch während er in Akita weilte, wuchs seine Sorge, dass sein Iaido vernachlässigt würde. Deshalb reiste er nach Nagano, studierte den Ryuha (Schwertstil) namens Murakusho und erreichte als Lehrer den höchsten Rang Jo-ryu. Später schloss er sich wieder den Truppen von Takeda Shingen an und kämpfte in der Schlacht von Joshu. Durch seinen heldenhaften Einsatz wurde er berühmt.

Dieses Bild zeigt Kumano Meijin, wie er die göttlichen Schwertstil-Rollen an Hayashizaki übergibt.

Mit originellen Typen wie Juro, die im Land umherziehen, um Frauen werben und Schwertkunst lehren, wurde *iaido* landesweit immer beliebter. Tatsächlich verbreitete sich Hayashizakis Schwertstil wie ein Lauffeuer. Viele seiner Schüler bildeten wiederum Schüler aus. So wurde er Urheber einer bis heute andauernden Tradition. Ihre führenden Köpfe haben die Lehren weitergetragen und geformt. Ihren jeweiligen Beitrag zur Gestaltung des *iaido* darzustellen, überschreitet die Möglichkeiten dieses Buches, doch einige wesentliche Entwicklungsschritte seien erwähnt.

Im 17. Jahrhundert gliederte der damalige Leiter der *iaido*-Bewegung, Hasegawa Eishin, die Techniken in die Kategorien *shoden* (beginnende Stufe), *chuden* (mittlere Stufe) und *okuden* (geheime Stufe). Er fügte auch Techniken „des erhobenen Knies", genannt *tatehiza*, hinzu. Diese Veränderungen, verbunden mit seinem außerordentlichen Fähigkeiten, führte zur Namensänderung von Shinmei Muso Hayashizaki-ryu zu Muso Jikiden Eishin-ryu.

Der berühmte Meister Oe Masamichi änderte den Namen der Schule zu Ehren von Eishin. Zudem fügte er das Wort *jikiden* an, um darauf hinzuweisen, dass die Lehre jeweils vom Meister an den Schüler weitergegeben werden soll. Diese Maßnahme beruhte auf seiner Ansicht, dass die Eishin-ryu-Sparte in der direkten Nachfolge von Hasegawa Eishins Schule steht. Während der Taisho-Ära integrierte Oe Masamichi auch Techniken der Omori-ryu-Schule in das grundlegende Ausbildungsprogramm der Muso Jikiden Eishin-ryu.

Die Tanimura-ha-Sparte von Muso Jikiden Eishin-ryu wurde durch die legendären *iai goshi*, die Bauernkrieger des Tosa-Clans, berühmt. Sie stehen in einer langen und stolzen Tradition, die ihre Spuren in der gesellschaftlichen Entwicklung Japans hinterlassen hat. Die Tradition von Muso Jikiden Eishin-ryu wurde durch *iai goshi* gepflegt. Sie konzentrierte sich bis zur Wende des 19. Jahrhunderts auf die Region Tosa. Einige *iaido*-Lehrer sind der Auffassung, dass diese Abgeschlossenheit zum authentischen Erhalt des historischen *iaido* beitrug. Jedoch hatte sich innerhalb des Stils eine Nebengruppierung names Shimomura-ha abgespalten, die später die Grundlage für eine andere populäre *iaido*-Schule, die Muso Shinden-ryu, bildete.

Im späten 18. Jahrhundert spaltete sich der Stil in zwei Fraktionen auf: Die Shimomura-ha, die den Stil aus der Region Tosa nach Tokio und Umgebung trug; und die Tanimura-ha, die fast bis zum Jahre 1900 in Tosa verblieb. Die Muso Shinden-ryu gilt als Schwesterschule, die ebenfalls aus der traditionellen Jinsuke Hayashizaki Shigenobu hervorging. Die Übungen sind ähnlich, bei leichten Unterschieden hinsichtlich der Schwerpunkte und des Bewegungsspektrums. Der Shimomura-ha ist die Popularität des modernen *iaido* zu verdanken.

Durch die Verbreitung des *iaido* außerhalb des Tosa-Clans gewann die Shinomura-ha unter der Elite der Samurai große Beliebtheit. Sie setzten jedoch bei ihren Übungen andere Schwerpunkte als die niederrangigen Tosa-Krieger. Diese bevorzugten einfache, praktische und zurückhaltende Bewegungen, während die höherer Ränge großzügigere Bewegungsmuster präferierten. Dennoch sind diese zwei Traditionen eng verwandt und in ihrer historischen Bedeutung ebenbürdig.

Der berühmte Meister der Muso-Shinden-ryu-Schule, Nakayama Hakudo, gab der Kunst den neuzeitlichen Namen *iaido*. Ihm ist die Beliebtheit von *iaido* in der japanischen Nachkriegszeit zu verdanken.

Nakayama studierte viele Schwertziehtechniken, einschließlich das für Tosa typische *iaido* von Muso Jikiden Eishin-ryu.

Die Tosa-Sparte fiel jedoch nicht in Vergessenheit. Der 20. Soke der Tanimura-Sparte, Kono Hakuren (Minoru), trug seinen Tosa-Stil Muso Jikiden Eishin-ryu in andere Teile Japans. Seine Lehren wurden sehr beliebt. Besonders in der Region Osaka, wo er bis in die 1970er Jahre unterrichtete, gewannen sie großen Einfluss. Kono gründete auch die japanische *iaido*-Gesellschaft (Zen Nihon Iaido Renmai), die bis heute die bedeutendste japanische Budo-Organisation darstellt. Ohne die Beiträge dieser beiden großen Lehrer wäre die Zukunft des *iaido* im Nachkriegs-Japan ungewiss gewesen.

DIE TRADITION LEBT

Shigenobu war nicht der einzige Schwertlehrer seiner Zeit und, historisch betrachtet, im Vergleich zu anderen, wie Musashi, Miyamoto und Yagyu Munenori, vielleicht auch nicht der bedeutendste. Er veröffentlichte keine Aufzeichnungen seiner philosophischen Gedanken, Ansichten oder Lehrinhalte. Stattdessen vertraute er allein auf die etablierte, mündliche Art der Wissensvermittlung, wie sie im feudalen Japan üblich war. Die Veröffentlichung seiner persönlichen Strategien wäre gleichbedeutend mit der Preisgabe seiner Geheimnisse und speziellen Techniken gewesen. Unglücklicherweise wurden viele von Shigenobus Lehrinhalte im Laufe der Zeit falsch interpretiert oder bewusst verändert. Dennoch blieb Hayashizakis Schwertkunst bis heute eine lebendige Tradition. Die Praktizierenden tragen zum Erhalt ihrer Form und Funktion bei. Dies gilt besonders für eine Zeit, in der das Schwert keine Kriegswaffe mehr ist, sondern ein Instrument für die persönliche Weiterentwicklung. Vielleicht ist das der Grund dafür, dass es uns bis heute als Studienobjekt erhalten blieb.

Trotz der historischen und neuzeitlichen Verzerrung der Schwertmystik besteht die Hoffnung, dass diese Ikone der traditionellen und klassischen japanischen Kampfkünste eine Zukunft hat. Moderne Schwertübende können dem Niedergang der Symbolik des Schwerts entgegenwirken. Der erste Schritt ist die Suche nach einem qualifizierten Lehrer, der eine legitime japanische Tradition und Organisation vertritt. Umso mehr Menschen sich mit diesen klassischen Künsten befassen, umso höher ist die Chance, dass sie den Bedrohungen durch die Moderne trotzen.

Oe Masamichi, 7. Obermeister des Tanimura-ha, hat das moderne *iaido* in *shoden*, *chuden* und *okuden* eingeteilt. Zudem fügte er der Eishin-ryu-Lehre neue Techniken und *kata*-Formen hinzu.

SCHWERTKUNST HEUTE

Diesen verschiedenen Techniken ist eine
tiefe Bedeutung gemein.
Vergiss das Subjekt und das Objekt, nur die
Funktion zählt;
befreie dich vom Selbst und dem Anderen,
werde eins mit dem Schwert.
Benutze die stechenden Augen des Himmels
und der Erde,
um deines Gegners Körper zu durchleuchten.

Yamaoka Tesshu

Die spirituelle Symbolik des Schwerts entspringt zahllosen soziologischen Quellen. Doch letztendlich müssen die heutigen Ausübenden der klassischen Schwertkünste den Ursprung in sich selbst finden. Viele betrachten die Zen-Philosophie als den gemeinsamen Nenner. Wie wir jedoch gesehen haben, sind die Zusammenhänge wesentlich komplizierter.

Die heutigen Schwertkünstler können von den Einflüssen des Susanoo, Fudo Myo-o, Monju Bosatsu, Jikokuten und anderen profitieren. Der eine mag nach dem Beispiel Fudos die mentale Standhaftigkeit trainieren, während der andere sich die Gelassenheit Monjus zum Vorbild nimmt. *Der iaido*-Schüler wird vielleicht nach dem Beispiel von Jikokuten seine Strategie im „Schneiden ohne zu verletzen" finden. Modernes *iaido* kann man als Ausdruck der Schönheit, des Rhythmus und des Flusses der Natur interpretieren, so wie es im naiven Shinto und Tao vorexerziert wurde. Auch die Geschichte, Ikonographie und Konstruktion des Schwerts sind mögliche Quellen der Inspiration für die modernen Schwertsportler.

Auch Lehrer können einen wichtigen Beitrag zum Finden des richtigen Wegs in der Kampfkunst leisten. Allerdings ist das Vermitteln der historischen Methoden mit großen Herausforderungen verbunden. Die Lehrer sollten sowohl die technischen als auch die spirituellen Aspekte des Systems weitergeben. Leider wird im Unterricht meist der Schwerpunkt auf das technische Verständnis gelegt, unter Vernachlässigung der kulturellen und historischen Zusammenhänge. Dadurch werden die Schüler auch von wohlmeinenden Lehrern oft fehlgeleitet.

Ein qualifizierter Lehrer der Kampfkünste zeichnet zuerst dadurch aus, dass er technisch brillant und äußerst präzise ist. Genauso wichtig ist es, dass er über Charisma verfügt. Die wichtigste Eigenschaft jedoch ist ein profundes historisches und kulturelles Verständnis. In der Vermittlung der Lerninhalte sollte der Lehrer nicht nur fordernd sein, sondern den Schülern gegenüber auch mitleidend und einfühlsam. Nur so kann er die ihm anvertrauten Schützlinge auf ihrem Weg zur Selbstfindung begleiten.

Doch wie können heutzutage Studenten der Kampfkünste im Kontext der westlichen Kultur, durch Erlernen einer „veralteten" Technik, zur Selbsterkenntnis gelangen? Diese Frage ist so komplex, dass sich die meisten westlichen Lehrer und Schüler erst gar nicht damit befassen. Viele Lehrer unterrichten nach den neuzeitlichen *bushido*-Prinzipien und den damit verbundenen ethischen Grundsätzen (wie Respekt, Ehre, wohltätiges Handeln), ohne sich mit den philosophischen und religiösen Wurzeln der Kampfkünste zu befassen. Am problematischten sind Lehrer, die ihre subjektive Philosophie in den *dojo* mitbringen. In diesen Fällen kann bei Schülern der Eindruck erweckt werden, als wäre der Lehrer ein Guru, der spirituelle Mittelpunkt ihrer Reise. Diese Selbsterhebung des Lehrers ist jedoch der japanischen Kultur fremd, wo die persönliche Philosophie in der Regel nicht offen gezeigt wird. In den wenigen Fällen, in denen tatsächlich ein herausragender gesellschaftlicher Status erreicht wird, erwartet man dennoch ein bescheidenes Auftreten.

Die Herausforderung für Lehrer des traditionellen *iaido* besteht darin, Bewegungsabläufe zu vermitteln, die das Verletzen eines imaginären Gegners zum Ziel haben. Für westliche Schüler mögen die Konzepte oft als willkürlich und die damit verbundene Etikette als nicht zielführend erscheinen. Ein aufmerksamer Lehrer findet jedoch den Zugang zu seinen Schülern. Er erkennt Lücken im Verständnis und richtet das Training entsprechend aus. Das ist durchaus vergleichbar mit der Fähigkeit des historischen Schwertkämpfers, eine Lücke in der Deckung des Gegners zu sehen und entsprechend zu agieren. Derartige Assoziationen findet man im *iaido* immer wieder.

Durch diese Herangehensweise wird das Üben der klassischen Kampfkunst mit moderner Bedeutung aufgeladen. Die Wissensvermittlung funktioniert oft so, dass man die Schüler ermuntert, solche Verknüpfungen selbst zu suchen. In diesem Sinn bietet jede Strategie, jede Formalität, jede Bewegung, das Atmen und die Emotion, Anknüpfungspunkte zur Wissensvermehrung. Da dieser Ansatz nicht leicht zu vermitteln ist, wird er im Westen nur selten praktiziert. Dennoch, mit sorgfältig gewählten Worten und Handlungsanweisungen, kann auch Nichtjapanern die spirituelle Tiefe des *iaido* vermittelt werden.

DAS HEUTIGE IAIDO-STUDIUM

Wer erstmals einen traditionellen *iaido dojo* betritt und eine Atmosphäre von Bruce Lee, goldenen Drachen und fliegenden Ninja erwartet, wird etwas verwundert sein. Der traditionelle *dojo* ist ein nüchterner Trai-

Demonstration von *tatehiza*-Techniken im Hayashizakilai-Jingu-Dojo in Murayama.

Iaidoko müssen den besonders anspruchsvollen Hieb von oben nach unten zahllose Male üben, um die Technik zu verbessern.

ningsraum, der wenig Aufregendes bietet. Besucher werden gebeten, ihre Schuhe auszuziehen und sie im Schuhregal abzulegen. Die meisten *dojos* haben Umkleideräume und andere Nützlichkeiten, jedoch liegt der Schwerpunkt auf dem Übungsraum.

Er ist so ausgelegt, dass die Hauptseite, *shomen*, dem Eingang gegenüberliegt. Auf der *shomen*-Seite findet man möglicherweise einen *kamidana*, einen kleinen Shinto-Schrein, der als Bindeglied zwischen den Kampfkunst-Schutzgöttern und den Praktizierenden dient. Der Schrein steht symbolisch für den *kamiza*, den Sitz der Götter, und sollte deshalb an der Wand relativ hoch angeordnet sein. Darunter sollte ein Tisch oder ein Regal stehen, auf dem Salz, Wasser, Reis, Sake, frisches Gemüse und getrockneter Fisch als Opfergaben dargeboten werden. Der Schule, die der jeweilige Lehrer vertritt, sollte man durch eine Abbildung seines Gründers Respekt bezeugen. Auch eine Kalligraphie, beispielsweise mit dem Namen der jeweiligen Ausbildungsrichtung, kann diesen Zweck erfüllen. Die *shomen*-Wand sollte ansonsten frei von schmückendem Beiwerk sein.

Die anderen drei Wände des *dojo* verdienen auch Beachtung. Gegenüber der *shomen* ist die *shimoza*, oder niedrige Seite, wo im Hintergrund Besucher den Übungen beiwohnen können. Mit Blick auf den *shomen* ist zur rechten Hand die *joseki*, oder die hohe Seite, ein Ehrenplatz für Lehrer und Fortgeschrittene. Links ist die niedrige Wand, *shimoseki*, der Platz für Schüler. Diese Wände sind wichtige Orientierungspunkte bei den Ritualen und dem Einstudieren der Übungen.

Der Unterricht beginnt und endet mit drei Verbeugungen, als Zeichen des gegenseitigen Respekts. Vor Beginn stellen sich die Schüler mit Blick zum *shomen* hin nach ihrer Rangfolge auf, die höchsten Ränge auf der *joseki*-Seite, die niedrigsten auf der *shimoseki*-Seite. Die erste Verbeugung, *shomen-ni-rei* genannt, zum *shomen* hin, bezeugt den Respekt gegenüber der Tradition und der Schule des Lehrers. Die zweite Verbeugung, *sensei-ni-rei*, erfolgt zwischen Lehrer und Schüler. Die dritte Verbeugung, *to-rei*, gilt dem Schwert, als Wertschätzung gegenüber dem Trainingsgerät und dessen spiritueller Bedeutung. Danach bringen die *iaido*-Schüler ihre Schwerter in Position, und das Training kann beginnen.

Nach der Unterrichtsstunde werden die Verbeugungen in umgekehrter Reihenfolge wiederholt, so dass der *shomen* die erste und letzte Verbeugung erfährt. Das Verneigungsritual ist ein Überbleibsel des Neo-Konfuzianismus und der Rolle des Staats-Shinto in der Entwicklungsgeschichte der Kampfkünste.

Im allgemeinen verweilen die Studenten während des Übens der Solo- oder Paartechniken in ihren jeweiligen Bereichen, wie sie durch die *joseki*- beziehungsweise *shomoseki*-Areale vorgegeben sind. Historisch ist diese Aufteilung durch die Schutzfunktion des Lehrers gegenüber den ihm nahestehenden, fortgeschrittenen Schülern begründet. Heute jedoch ist es eher eine Respektbezeugung der Junioren gegenüber den Seniorschülern. Sie geht wahrscheinlich auf die strenge Hierarchieordnung des Neo-Konfuzianismus während der Edo-Periode zurück.

Nach dem Verneigungsritual kann der Unterricht beginnen. Überwiegend üben die *iaido*-Schüler Solotechniken. Das verwendete Schwert wird speziell für den Einsatz bei *iaido* hergestellt. Diese Übungsschwerter werden *iaito* genannt, mehr dazu später. Fortgeschrittene Schüler üben auch Partnertechniken mit

Die Position der Hände ist beim Ziehen und Zurückführen des Schwerts in die Scheide ganz entscheidend. Anfänger in *iaido* üben diese Bewegungen monatelang, bevor ihnen gestattet wird, sie zu einer komplexen Technik zu verbinden.

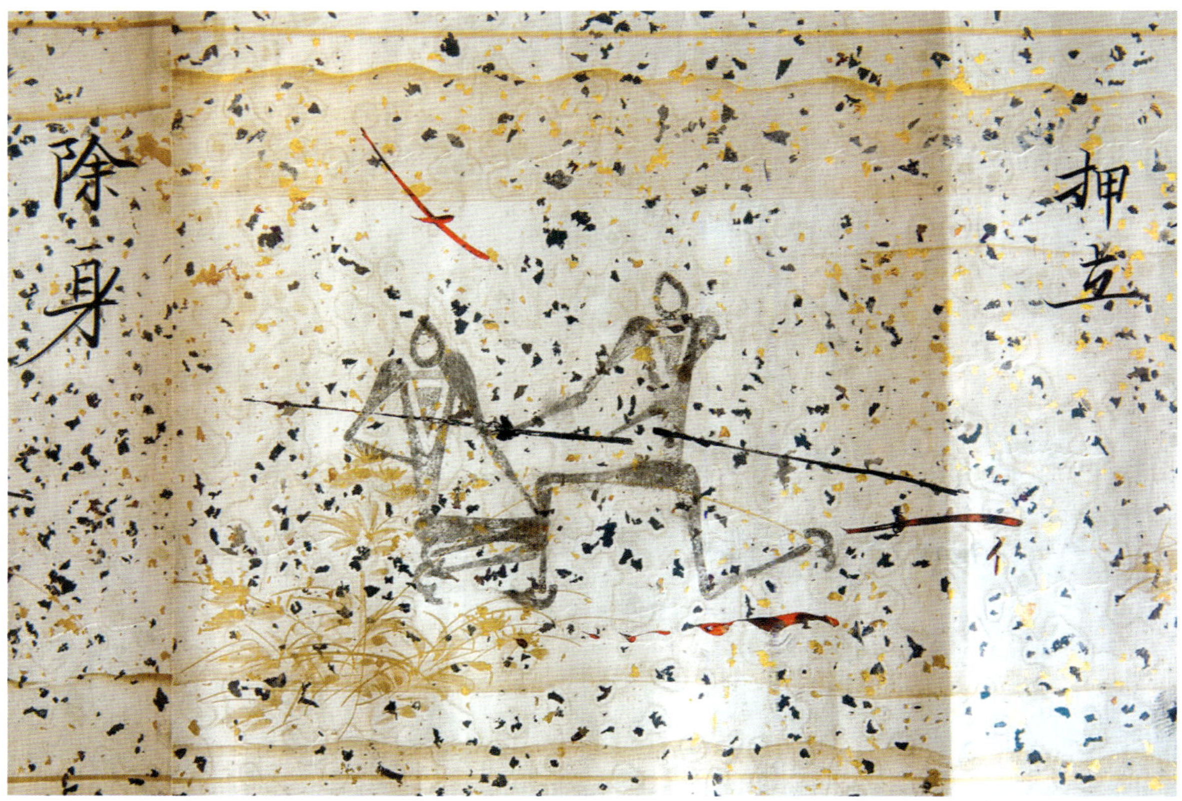

Diese Rolle im Hayashizaki-Jingo-Dojo zeigt historische Zeichnungen und Beschreibungen von *iaido*-Techniken.

Manchmal wird *iaido* im Gruppenunterricht, manchmal individuell gelehrt.

hölzernen Schwertern, *bokken* genannt. Mit diesen werden auch Streiche und Stöße geübt, bei denen die Klingen aufeinandertreffen, *kumitachi* genannt. Die Verwendung von metallischen Klingen ist dafür nicht erlaubt. Sie sind dafür nicht ausgelegt, außerdem wäre es eine Respektlosigkeit gegenüber dem Schwert in seiner Bedeutung als Symbol und Waffe.

Der Ablauf der Übungen ist von Lehrer zu Lehrer verschieden. Allgemein gesprochen wird der Lehrer eine Technik vorführen und der Schüler sie anschließend üben. Mitunter zeigt der Lehrer auch eine Technik wiederholt, um einen bestimmten Aspekt zu betonen. Anschließend verweilt der Lehrer, verbeugt sich und sagt „*onegai shimasu*" („jetzt Sie bitte").

Das Reden beschränkt sich auf ein Minimum. Gespräche werden in der Regel vom Lehrer initiiert. Der Lehrer erteilt entweder Gruppenunterricht, oder er widmet sich einzelnen Studenten, abhängig von der Präferenz des Lehrers, aber auch von der Größe der Gruppe und dem Wissensstand der Schüler. In jedem Fall verläuft die Unterrichtung sehr ernsthaft und konzentriert.

Die *iaido*-Bekleidung mag jenen, die mit traditioneller japanischer Kleidung nicht vertraut sind, sehr exotisch erscheinen. Obwohl das Kostüm abhängig von der Schule etwas variiert, besteht es generell aus vier Teilen: Die ersten zwei sind Shirts, ein Unterhemd, genannt *juban*, und eine Jacke in verschiedenen Variationen. Einige Schulen verlangen das Tragen sehr formaler Jacken mit rechteckigen Kimono-Ärmeln, während andere das Trainieren mit moderneren Tops erlauben. Die Jacken von fortgeschrittenen Schülern sind manchmal mit Familienwappen auf der Rückseite der Ärmel und auf dem Rücken, zwischen den Schulterblättern, verziert. Diese Kimonos werden *montsuki* genannt. Das linke Vorderteil geht über das rechte. Den Überschlag andersherum zu arrangieren würde „Tod" bedeuten, da dies bei der Bekleidung von Verstorbenen so gehandhabt wird. Die Jacke wird mit einem breiten Gürtel, genannt *obi*, gebunden. Dieser umschlingt den Körper dreimal, bevor er am Rücken sorgfältig verknüpft wird. Damit wird auch der Überschlag der Jacke geschlossen gehalten. Das fremdartigste Element des Kostüms sind die sackartigen Hosen, *hakama* genannt. Die *hakama* wird am *obi* mit vier kleinen Schlaufen befestigt, was etwas Übung erfordert. In die Hose sind vorne vier Bundfalten genäht, hinten befindet sich auf Lendenhöhe ein querliegendes Hüftbrett. Es gibt Spekulationen, dass die Falten des *hakama* für die Leitprinzipien des *bushido* stehen, jedoch entbehrt dies einer historischen Evidenz. Trotz ihres exotischen Aussehens sind *hakama* ihrer Funktion nach nur Hosen. Am eigenartigsten ist allerdings die Art und Weise, wie sie nach Gebrauch zusammengelegt werden.

Gewissenhafte *iaido*-Schüler behandeln ihre Schwerter, ebenso wie die Kostüme, mit großer Sorgfalt. Sie bezeugen dadurch auch ihren Respekt gegenüber der traditionellen japanischen Kultur. In manchen Unterrichtsstätten ist es den Schülern nicht erlaubt, ein Schwert in die Hand zu nehmen, bevor sie nicht ihr Kostüm korrekt an- und ausziehen und zusammenlegen können. Das beinhaltet auch das Zusammenlegen der *hakama* mit deren verwirrenden inneren und äußeren Falten, was unter Umständen wochenlanges Üben erfordert. Erst danach erlernt der Schüler die Handhabung und die Pflege des Schwerts. Schwerter müssen sicher und bewusst gehandhabt und regelmäßig gereinigt werden. Die Verbeugungen und die damit verbundenen Rituale müssen geübt und verstanden werden. Erst dann kann der Schüler anfangen, die Grundlagen des *iaido* zu üben. Wahrscheinlich ist die Ernsthaftigkeit, mit der *iaido* unterrichtet wird, der Grund dafür, dass in der westlichen Welt nur wenige diesen Weg beschreiten.

DAS IAIDO-SCHWERT

Wie bereits erwähnt, verwenden die meisten *iaido*-Schüler *iaito*, also spezielle Trainingsschwerter. Derzeit gibt es mehrere Tausend *iaido*-Praktizierende weltweit. Die meisten können es sich nicht leisten oder betrachten es als unangemessen, mit handgeschmiedeten japanischen Schwertern zu üben. Darüber hinaus ist es in den Übungsstätten in der Regel aufgrund der Verletzungsgefahr verboten, scharfe Klingen zu verwenden. Der Hauptunterschied zwischen echten Schwertern, *shinken* genannt, und *iaito* liegt in der Klinge. Deren Klinge besteht entweder aus einem mit Nickel und Chrom legierten, rostbeständigen Edelstahl oder aus einer Aluminium-Zink-Legierung. In beiden Fällen bemüht man sich, dem Gewicht und der Balance von traditionellen Stahlklingen möglichst zu entsprechen. *Iaito* werden nach Kundenwunsch gefertigt, mit einer großen Auswahl an Farben und Montierungen. Anfänger sollten eine einfache Schwarz-weiß-Ausstattung bevorzugen, um nicht zu auffällig aufzutreten. Hinsichtlich der Ornamente und Beschläge kann der Kunde aus Hunderten von Kombinationen und Motiven auswählen.

Es gibt mehrere Hersteller von *iaito*. Früher wurden diese Schwerter nur in Japan produziert. Mittlerweile hat sich das verändert. Es ist jedoch zu beachten, dass viele nichtjapanische Hersteller Klingen von fraglicher Qualität anbieten. Qualitätskriterien sind das Finish, die Geometrie, die Passung in der Scheide, die Grifflänge und die Griffbewicklung. Oft gibt es bei unbekannten Quellen auch ein Gewährleistungsproblem. Deshalb bevorzugen viele amerikanische und europäische *iaido*-Praktizierende die direkte Bestellung in Japan, was durch das Internet relativ einfach ist. Mit japanischen Produkten und mit deren Vertretungen habe ich nur gute Erfahrungen gemacht.

DAS SCHWERT UND DIE GESELLSCHAFT

Das archetypische, wohlwollende Schwert der Weisheit gibt es in fast allen Kulturen. Sehr oft steht die Klinge dabei stellvertretend als Verbindungsglied zwischen der Weisheit der Staatslenker und Götter und dem Volk. Das Schwert symbolisiert letztlich das Werkzeug, mit dem gesellschaftliche Systeme „gemanagt" werden. Seine besondere Effektivität und Spiritualität erheben das Schwert zu einem zentralen Element in der Symbolik der Machthaber. Es besteht eine enge Wechselwirkung zwischen der japanischen Gesellschaft und den Schwertträgern einerseits sowie zwischen der Geisteshaltung der Schwertträger und der Entwicklung der japanischen Kultur andererseits. Von frühesten Zeiten an hat das Schwert eine zentrale Rolle in der Ikonographie Japans eingenommen. Wie wir aus den bisherigen Betrachtungen entnehmen konnten, sind oberflächliche Betrachtungen nicht geeignet, die tiefe Beziehung zwischen dem Schwert und der japanischen Gesellschaft zu verstehen.

Beim *iaido* wird großer Wert auf einen neutralen Gesichtsausdruck und die ruhige Fokussierung des Blicks gelegt.

LEIDENSCHAFT UND BEWAHRUNG

Die heutigen traditionellen Handwerker, sowie Historiker und klassische Kampfkünstler sind für die Bewahrung des japanischen Schwerts von entscheidender Bedeutung. Jede dieser Disziplinen leistet in Anbetracht der Bedrohung des Schwerts durch den modernen Lebensstil, Fehlinterpretationen und geschäftliche Profitgier einen wichtigen Beitrag. Gerade wie die Helden in den japanischen Legenden, so vertreten auch diese Protagonisten ihre Gebiete mit Leidenschaft und einem Sinn für Tradition. Sie tragen auch dazu bei, dass jene, die in der Schwertkunst einen Weg zur mentalen Weiterentwicklung suchen, mit verlässlichen Informationen versorgt werden.

Handwerker, wie Kawachi Kunihira und Abe Kazunori, zelebrieren ihre Kunst mit Liebe zum Detail. Jede Bewegung, jeder Hammerschlag, jeder Poliervorgang wird mit größter Gewissenhaftigkeit durchgeführt. Ihre Tätigkeit ist in doppelter Hinsicht zu würdigen: Zum einen können nur durch größtmögliche Hingabe Werke von vollendeter Funktion und bleibender Schönheit geschaffen werden. Zum anderen tragen sie zur Erhaltung der Tradition in ihrem Gewerk bei und drücken damit ihre Wertschätzung aus für jene, die vor ihnen kamen und jene, die ihnen nachfolgen werden.

Darüber hinaus gibt es auch Nichtjapaner, denen wir präzise Informationen über das japanische Schwert zu verdanken haben. Beispielsweise stellt Paul Martin seine Expertise im englischsprachigen Raum zur Verfügung, um für Museen und Handwerker Dokumente zu übersetzen, Interviews zu geben und den Blick für japanische Schwerter zu schärfen. Der in diesem Buch vorgestellte, kanadische Schwertschmied Pierre Nadeau gilt als der einzige Nichtjapaner, der eine staatliche Schwertschmiede-Lizenz innehat. Fred Weissberg und der Northern California Japanese Swordclub veranstalten jährlich die größte Schau historischer Klingen in den USA.

Historiker, vor allem Experten in Militärgeschichte, können dazu beitragen, die vielfach kursierenden, populärwissenschaftlichen Irrtümer im Zusammenhang mit japanischen Schwertern zu korrigieren. Hier wären zum Beispiel Karl Friday und William Bodiford zu nennen, auf die im Vorausgegangenen wiederholt Bezug genommen wurde.

Und nicht zuletzt sind die Kampfkünstler selbst wichtige Protagonisten zur Erhaltung der symbolischen Bedeutung des Schwerts. Obwohl leider einige Lehrer eine etwas verzerrte Position in dieser Hinsicht vertreten, gibt es noch viele, die den traditionellen Stil unverfälscht bewahren. Dazu zählen unter anderem meine Lehrer Ochiai Tadao Sensei (10. Dan Hanshi) und Iwasa Hidetoshi (8. Dan Kyoshi), die auch internationale Schüler unterrichten. Einen wichtigen Beitrag zur Wahrnehmung und Wertschätzung des japanischen Schwerts in der westlichen Welt leisten auch Fachbuchautoren, die auf Englisch oder Deutsch publizieren, wie Donn Draeger, Nick Suino, Setsuo Takaiwa, Yoshindo Yoshihara, Leon und Hiroko Kapp, um nur wenige zu nennen.

Die Beziehung des Kriegers zu seinem Schwert erfuhr in der japanischen Geschichte wiederholt Korrekturen. Aufgrund des Gründungsmythos und des späteren buddhistischen Einflusses existierten zwischen dem Samurai und seinem Schwert enge kulturelle Bande. Dennoch kann das Schwert auch für uns im Westen einen hohen Bedeutungsgehalt haben. Gerade als Verbindungsglied zwischen Kultur, Geschichte und persönlicher Wahrnehmung ist dieses Werkzeug auch für heutige Übende sehr inspirierend. Es stellt seinem Wesen nach einen Gegenpart dar, um der neuzeitlichen Neigung zur sofortigen Beglückung bei niedrigsten Kosten entgegenzuwirken. Voraussetzung ist, dass sich die Schwertkünstler nicht von billigen Plagiaten und reißerischen Anwendungsbeispielen fehlleiten zu lassen. Ähnlich gewissenhaft, wie der japanische Schwertschmied seine Klinge formt, sollte der ernsthaft Übende um Reinheit in der Lehre bemüht sein, um so zur Erhaltung des japanischen Schwerts für zukünftige Generationen beizutragen.

Durch die Weitergabe seines Wissens an seinen Sohn und andere Lehrlinge trägt Kawachi Kunihira zur Erhaltung seines Handwerks bei.

INDEX

Abe Kazunori 22, 30, 31, 34, 48-49, 106, 114, 168
Akabane Arsenal 30
Alliierten 138
Ashi 42
Ashi-garu 15
Ashikaga-Shogunat 86-87, 97
Ashikaga Takauji 86, 97
Ashikaga Yoshiaki 86
Awataguchi Kuniyoshi 100, 102
Awataguchi-Schule 100
Ayasugi 24, 37

Beimesser 46, 81, 78
Beurteilung 20, 25-26, 28-30, 44, 126
Bewertung 28-30
Bewertung NBTHK 29-30, 34, 37, 101
Bewertung NTHK 28-29
Bezeichnungen 20-22
Bizen Kagehide 103
Bugei Ryuha Daijiten 160
Bunraku 121
Bushido 77, 140-141, 162, 166
Butokuden 31

Chin-chin cho-cho 101
Choji hamon 22, 40
Chu-suguha 22
Commodore Perry 125, 136

D.T. Suzuki 95-97, 142-144
Daimyos 67, 86-87, 119-120, 125
Dai-Sa 106
Daisho 21, 53
Damaszener-Stahl 12
Dave Lowry 95
Den 28
Do 68, 77, 99, 141, 143, 158
Donn Draeger 168
Dotaku 61
Drachenrolle 123-125
Dschingis Khan 85

Edo-Periode 48, 94-95, 119-133
Edo-Periode, Schwerter 126-133
Ehre 15, 54,-55, 58, 71, 97, 163
Eisai 96
Erleuchtung
- Feuerlauf 92
- Satori 97
Etikette 15, 24, 67, 85, 141, 163
Eugen Herrigel 95, 142
Expansionismus 135-136
Export 115

Fehler
- Fukure 28
- Kizu 28
- Machi 28
- Nioi-giri 28
- Shintetsu 28
- Ware 28
Fred Weissberg 30, 104, 168

Gassan hada 24
Gassan Sadatoshi 47, 62
Gassan-Schule 24, 47
Gelehrter Krieger 71
Gendaito 144
General Douglas MacArthur 48, 141
General Yi Sun Sin 87
Geschäfte
- AOI-Art 31
- Ginza Choshuya 31
- Tozando 31
Geschichte 10 ff
Gesellschaft zur Erhaltung
des japanischen Kunstschwerts siehe NBTHK
Goro Nyudo Masamune 60
Götter, Buddhistische
- Amaterasu 56-59, 85, 97
- Dainichi Nyorai 89-92
- Fudo Myo-o 13, 89-90, 93, 97, 99, 162
• Suken 89-91
• Kensaku 89
- Fudo Sutra 89
- Jikokuten 88-89, 93
- Kannon 66, 88
- Kokuzo Bosatsu 92
- Komokuten 67, 93
- Manjusri 93, 99
- Monju Bosatsu 88, 92-94, 99, 121, 162
- Shitenno 67, 93-94
- Vairocana Buddha 99
Götter, Shintoistische
- Hachiman 97
- Kana-yama-hiko-no-Mikoto 58, 60, 63
- Susa-no-o-no-Mikoto 57-59, 71, 97, 121, 162
- Take-mika-tsuchi-no-Kami 59
Grasschneider-Schwert 56, 58
Gravur
- Bonji 90
- Goma Hashi 90
- Kanji 90
- Kurikara 90
Gunome hamon 22

Ha 21, 42
Habaki 20, 21, 25, 27, 33, 42, 45, 101
Habakimoto 21
Hada 12, 24, 37, 44, 48-49
Hadori 25, 26, 43-45, 49
Hagakure 121
Haitorei-Dekret 135
Hamon 22, 25, 26, 28, 33, 39, 40-47, 49, 63
Handhabung 24
Haniwa 55
Hasegawa Eishin 158, 161
Hataraki 42, 45
Hayashizaki 123, 158, 160-161
Heian-Periode 68, 84, 95, 100
Heian-Shrein 31, 57
Hi 38, 39, 40, 100
Hiraji 44-45
Hiro-suguha 22
Hitachi Metals 34
Hitatsura hamon 22

Hocho 101
Hojo-Clan 85-86
Hojo Tokimasa 85
Hojo Tokiyori 96
Hoko 79
Hon'ami Koetsu 48
Honoki-Holz 43
Horimono 40, 41, 90, 91, 100, 126
Hoso-suguha 22
Hyoko 125

Iai goshi 161
Iaido 157-167
– Chuden 161, 162
– Dojo 14
– Hakama 166
– Hayashizaki 158, 160-163
– Iaito 165-167
– Jinsuke Hayashizaki 161
– Joseki 165
– Juban 166
– Kamidana 141, 165
– Kamiza 165
– Kumitachi 166
– Montsuki 166
– Mushashi 162
– Muso Jikiden Eishin-ryu 158-162
– Muso Shinden-ryu 161
– Obi 166
– Okuden 161
– Onegai-shimasu 166
– Sensei-ni-rei 165
– Shimmei Muso 160-161
– Hayashizaki-ryu 123, 160-161
– Shimomura-ha 161
– Shimoseki 165
– Shimoza 165
– Shoden 161, 162
– Shomen 165
– Shomen-ni-rei 165
– Tanimura-ha 161, 162
– Tatehiza 161, 163
– To-rei 165
Iaidoka 158
Iaito 27
Ichimonji-Stil 101
Ikonographie 10-13, 45, 56, 61, 76-77, 83, 91, 94, 95, 99, 162, 167
In und yo 93

Inkan-Motiv 40
Itame hada 24
Iwasa Hidetoshi 168

Japanische Renaissance 119, 121, 122
Japanische Schwertkunst heute 157-169
Japanisches Erziehungsministerium 140
Jigane 42, 44, 49
Jihada 37
Jikishin Kage-ryu 123
Jimmu 56, 59
Jinsuke Minamoto no Shigenobu 158
Jomon-Periode 54, 61
Joseph Campbell 88
Juyo Token 29, 31, 102, 109, 115

Kabuki-Theater 121
Kagehide 101
Kaiser Go-Daigo 86
Kamakura-Periode 83-86, 94, 96, 99
Kamakura-Periode, Schwerter 100
Kamakura-Shogunat 84
Kami 45, 47, 55, 57, 60
Kami Yamato Ihare-biko 56
Kamidana 141, 165
Kamikaze 85, 86, 135
Kampftechnik
– zu Fuss 15, 20
– vom Pferd 15, 20
– Iaido-Strategie 158, 162-163
Kanemichi 38
Kantsune 111
Kanzan Sato 48
Karl Friday 77, 168
Kashima-Shin-ryu 123
Katana 15, 20
Katsu-jin-ken 99, 101
Kawachi, Kunihira 34, 40, 47, 147, 168-169
Klingen-Krümmung 21
Klingenmaße
– Fumbari 21
– Kasane 21
– Motohaba 21
– Nagasa 21, 22
– Sakihaba 21
– Sori 21, 22
– Sun-zumari 101
Ko-Bizen-Schule 101
Kofun-Gräber 54

Kofun-Periode 54-56
Kofun-Periode, Schwerter 62-63
Koiguchi 25
Kojiki 57, 88
Ko-midare 22
Konfiszierung von Schwertern 30, 87
König Sojobo 71, 124
Königin Pimiko 55
Koto-Klingen 126
Kublai Khan 85
Kukai 88, 92
Kuniie 100
Kunisada 129
Kuniyoshi 100-101
Kurihara Hikosaburo 144
Kurihara Kenji Nobuhide 91, 130

Lao Tzu (Alter Meister) 70-72, 97, 125
Lebender Nationalschatz 29, 44, 47, 147
Lehre, Lehrzeit 33, 146

Machi 28
Martensit 26
Masame 24, 37
Masame hada 24
Masamitsu 114
Masamune 22, 60
Maße 20-22
Meditation 94-99
Meiji-Periode 135-144
Midareba hamon 22
Minamoto-Clan 84
Minamoto, Yoritomo 84
Minamoto, Yoshitsune 71
Miyairi Akihira 47
Miyamoto 162
Moderne japanische Schwerter 135
Mokume hada 24, 37
Mongolische Invasion 85, 100
Moore, Albert C. 12
Morishige 110
Mukansa-Grad 22, 27, 31, 34, 40, 47
Mune 21, 26, 45, 63
Munemachi 21
Muramasa 60
Muromachi-Periode 48, 86
Muromachi-Periode, Schwerter 100
Muto-ryu-Schule 158
Mutsuhito 135

Nagamitsu 105
Nakago jiri 21, 25
Nakayama Hakudo 161
Nanki Shigekuni 128
Nara-Periode 66
Nara-Periode, Schwerter 65
Nationalschatz 29
NBTHK 29-30, 34, 37, 101
Nick Suino 168
Nie 26, 44
Nihon Shoki 57, 69, 88, 124
Nihongi 56, 69, 124
Nihonto 33, 34, 37, 39, 40, 42, 43, 45, 60
Nio 26, 44, 65
Nioi 26, 44
Nioi-guchi 42
No-Theater 121
Notareba hamon 22
NTHK 28-29

Ochiai Tadao Sensei 168
Oda Nobunaga 86
Oe Masamichi 143, 161, 162
Ogasawara-ryu 15
Ogawa Kanekuni 153
O-midare 22
Omote und ura 13, 93
Ono Kokei 44
Origami 28, 30
Osafune-Schule 101
Oshigata 22

Paul Martin 42, 168
Pflege 27
Pflege und Reinigung 27
Pierre Nadeau 146, 168
Potsdam Deklaration (Potsdamer Abkommen) 138, 139
Prajna der Standhafte 89
Prinz Shotoku 64, 65
Prinz Yamato 121

Qi 121
Qualität 19, 20, 25, 27, 28-31

Reiho 15
Reinigung 27
Religion
- Animismus 55
- Buddhismus 83, 88, 143
  - Amida-Sekte 83, 84, 85
  - Dainichi Nyorai 89-92
  - Goma 90-92
  - Kuji-kiri 90
  - Lotus-Sekte 84
  - Mappo 83
  - Mudras 90
  - Oni 94, 95
  - Shingon-Sekte 83, 88-99
  - Tendai-Sekte 83, 87, 88, 94, 98, 99
  - Tentoki 94
  - Zen-Sekte 85, 94
  - Koans 97, 98
  - Mu 98
  - Zendo 99
- Ch'an 73, 96, 97
- Christentum 87, 88, 120, 139, 140, 142
- Konfuzianismus 60, 65-70, 76, 77, 119, 121, 165
  - Pipa 68
  - Schwert und Pinsel 68
  - Wen und Wu 68, 72
- Hinduismus 93
- Neo-Konfuzianismus 119, 165
- Shintoismus 10, 11, 45, 47, 53-61, 66, 88
  - Böse Geister 60
  - Gohei 60
  - Harai 57
  - Kami 55-56
  - Shimenawa 60
- Staats-Shinto 139, 140
- Taoismus 65-77, 91, 99, 119, 121, 124
  - Analekten 69
  - Chuang Tzu 72-75, 124
  - Edle Waffen 71
  - Feuerrituale 91
  - Gute Krieger 71
  - Lao Tzu 70-72, 97, 125
- Tengu 71, 124
Rohling 37-43

Sado 121
Sahei-no-jo-Kuniyoshi 101
Sammaya 91
Sammeln von Schwertern 30
Samurai-Klasse 10, 15, 83, 119
Samurai-Krieger (Archetyp) 140
Samurai und Zen 10, 94, 95
San Felipe 88
Sankozuka 90
Satsu-jin-ken 99, 101
Satsuma-Rebellion 135
Saya 43
Scheide 20, 24-27
Schildkrötenboot 87
Schmiederohling 37-43
Schusswaffen 30, 144
Schwarze Schiffe 125
Schwertmuseum in Yoyogi 31
Schwert-Herstellung
- Block 34-43
- Rohling 37-43
- Strecken 38
- Klingenform, Verfeinerung 37
- Kohlenstoffgehalt 37-39
- Tonschlämme 39, 40
- Krümmung (Herstellung) 34, 39, 40, 45
- Feuerschweißung 36, 37
- Hada, Beeinflussung 44
- Hamon, Beeinflussung 37, 44
- Härte 37-44
- Hi-zukuri 38, 39
- Schwammeisen 34, 35
- Kawagane 37, 38
- Kera-oshi 34
- Kobuse 38
- Mizu-beshi 37
- Tatara 30, 34, 35, 37
- Oroshigane 34, 37
- Scheide (Herstellung) 42-46
- Shiage-togi 33, 43
- Shingane 37
- Schmelzen 34, 37
- Spiritualität 45
- Sunobe 38, 39
- Tamahagane 34, 37
- Tanren 35, 37
- Tsukuri-komi 38
- Yaki-ire 37, 39
- Zuku-oshi 34
Schwertpolitur
- Age-jizuya 44
- Binsui-do-Steine 42
- Cho-nagura-Steine 42
- Fingersteine 43, 44
- Hadori 43-45
- Hamon-Hervorhebung 40-44
- Hato-Steine 42
- Hazuya-Steine 45

– Hiraji 44-45
– Ibota-Puder 45
– Jizuya Steine 43, 44
– Kaisei-Steine 42
– Koma-nagura-Steine 42
– Kongo-do Steine 42
– Migaki 43, 45
– Narume 43, 45
– Narume dai 45
– Narutaki 41, 44
– Nugui (Suspension) 43, 44
– Politur 40-45
– Shiage-togi 43
– Shita-ji-togi 42
– Sujikiri 43, 45
– Uchigumori-Steine 42
Schwert-Teile (Bezeichnungen)
– Angel 20, 22, 24
– Habaki 20, 21
– Hiraji 45
– Kissaki 21, 22
– Kogai 126
– Kozuka 126
– Mekugi 20
– Mekugi-ana 43
– Menuki 33, 46
– Mune 21, 22, 26
– Nakago 20, 22
– Saya 20, 24
– Seppa 20
– Shinogi-ji 40, 45
– Tushin 20
– Tsuba 20, 46
– Tsuka 20, 24, 43
Schwert-Typen
– Shokuto 19
• Hira-zukuri 19
• Kiriha-zukuri 19
– Hoplite 14
– Jian 14
– Jokoto 100
– Katana 20, 86, 112, 133, 148-150, 153
– Ken 19, 20, 116-117
– Koshirae 24, 42, 79, 80, 115, 127, 133
– Mino 38, 111
– Tachi 19-21, 62, 86, 100-105
– Tanto 20-21, 95, 101, 102, 106, 111
– Tsurugi 19
– Wakizashi 20-21, 25

Seii-Tai-Shogun 84
Sengoku-Periode 100
Shi 67
Shikyo 141
Shimmei Muso-ryu 160-161
Shinken 166
Shinsa 28, 30
Shinsakuto 144
Shinto (Neue Schwerter) 100, 126
Shirasaya 24, 43, 101
Shishi 65
Shoshin 28
Showato 144
Sicherheit 24, 25
Sori 21, 22
Sudareba hamon 22
Suguha hamon 22, 40
Suken horimono 14, 45, 90
Sumitani Masamine 47
Sun Tzu 69
Supootsu-do 141
Symbolik 10, 13, 45, 47, 59, 66, 68, 69, 72, 77, 88-95, 99, 119, 124, 162, 167
Taiho (Gesetzestafeln) 67
Taika-Reformen 66, 67
Taikei Naotone 131
Taira-Clan 71, 84
Taisho-Periode 139, 141, 144
Taisoku 121
Takemikatzuchi no Kami 122, 123
Takuan Soho 95, 96
Tamahagane 34, 37
Tatara 30, 34, 35, 37
Teboko 79
Tenno 56, 59
Tesshu 94-97, 162
Testschnitte 126
Togishi 33, 40
Tokubetsu Juyo Token 29 ,102
Tokugawa-Clan 119
Tokugawa Ieyasu 85, 87, 88, 119, 121
Toledo-Schwerter 38, 45
Torii 47, 57
Toru Isaji 74
Toyotomi Hideyoshi 86, 87, 88, 100
Tsukagashira 25

Uchigatana 110
Uchiko 27
Uchikomi keiko 97
Ueshiba Morihei 143
Ultranationalismus 135, 414
Uruoi 49

Vajra-Griff 47, 91, 94
Vertrag von Versailles 137

Wa 62
Wabi-sabi 72, 77
Wert 28-29
William Bodiford 95, 139, 168
Wolkensammelndes Schwert 56, 58, 59, 73, 90
Wootz-Stahl 10

Ya 79
Yagyu Munenori 77, 95, 96, 162
Yagyu Shinkareryu 98
Yamabushi 91, 92
Yamaoka Tesshu 95, 96, 97, 162
Yamato-Clan 55, 56
Yasuyoshi 150, 151
Yayoi-Periode 54
Yayoi-Periode, Schwerter 61
Yin und Yang 73, 93
Yokote 21, 22, 45
Yoshitoshi Tsukiota 71
Yumi 79

Zeitalter der landesweiten Kriege 100
Zen-Meister Takuan 95-99
Zen und die japanische Kultur 95, 142
Zen und die Kunst des Bogenschießens 142
Zhao-Dynastie 71

FOTOHINWEISE

Die großartige Illustrierung dieses Buchs wäre nicht möglich gewesen ohne die Großzügigkeit und Unterstützung einiger wichtiger Personen und Institutionen.
Zunächst möchte ich Max Leitner danken, dessen Fotografien in diesem Buch zu finden sind. Er ist verantwortlich für die Fotos, die auf folgenden Seiten zu finden sind: 6; 11; 12 (alle); 13 rechts; 15 unten; 16-17; 18; 20 (Bild Bezeichnungen) 21 oben; 22 Mitte; 23 oben; 24 (1.-3. Bild); 25-29 (alle); 31; 32; 33; 35 (alle); 36-41 (alle); 42 (Bild 1 und 2); 43 (Bild 5 bis 7); 45; 46 (alle); 47 (oben und Mitte); 55 links; 57 links; 58; 60; 62; 63 oben links; 65; 66; 68; 69; 70; 71; 74; 75; 76; 84 unten; 118; 122 unten; 123 oben; 124 (alle); 126; 145; 146; 160; 161; 163; 164; 165 (alle); 167; 169. Max Leitners Fotos schmücken auch das Cover sowie die Rückseite dieses Buchs, ausgenommen die Fotos der Klinge und der Tsuba auf dem Cover.

Fotos mit freundlicher Genehmigung von Abe Kazunori sind auf folgenden Seiten zu finden: 4-5; 14 unten; 23 (6 Zeichnungen); 34; 42 (Bild 3 und 4); 43 (Bild 8); 44 (alle); 47 unten; 91; 106-107; 114; 128 unten; 128-129 oben und Mitte; 130-131; 132; 133 unten. Das Foto der Klinge auf dem Buchcover stammt ebenfalls von Abe Kazunori.

Fotos mit freundlicher Genehmigung von Ginza Choshuya (world.choshuya.co.jp) sind auf folgenden Seiten zu finden: 21 Mitte; 48, 102 oben; 110-111 (alle); 129 unten; und 153 (alle).

Fotos von Albert Herr, mit freundlicher Genehmigung von sabakusamurai.com und der Albert Herr Sammlung, sind abgebildet auf: 20 oben; 24 (viertes Bild); 116-117.

Das Foto auf den Seiten 50 und 51 stammt mit freundlicher Genehmigung von Arendie & Henk Herwig aus ihrer persönlichen Sammlung.

Das Foto auf Seite 153 wurde mit freundlicher Genehmigung von Pierre Nadeau zur Verfügung gestellt (www.soulsmithing.com).

Fotos mit freundlicher Genehmigung von Mark Schumacher und seinem Online-A-bis-Z-Fotowörterbuch des japanischen Buddhismus (onmarkproductions.com) sind auf den folgenden Seiten zu finden: 73; 92; 93 unten; 122 oben.

Fotos mit freundlicher Genehmigung der Shosoin-Sammlung (Imperial Treasure House) befinden sich auf folgenden Seiten: 19 rechts; 78 (alle); 79 (alle); 80-81 (alle).

Fotos mit freundlicher Genehmigung von Aoi Art (www.aoi-art.com) sind auf folgenden Seiten zu finden: 21 rechts; 22 oben und unten; 132; 133 oben; 148; 149; 150; 151; 152.

Die Fotos auf den Seiten 138-139 werden mit freundlicher Genehmigung der Waseda University Library abgedruckt.

Fotos mit freundlicher Genehmigung von Fred Weissberg (www.nihonto.com) sind auf folgenden Seiten zu finden: 102 unten; 103; 104; 105; 108; 109; 112; 113; 115; 126 unten; 127.

Die folgenden Fotos wurden vom Autor zur Verfügung gestellt: Seiten 2-3; 8; 13 links; 14 oben; 15 links; 20 (2. und 3. Bild von oben); 52; 54; 56; 57 rechts; 59; 63 oben rechts; 67; 82; 83; 84 oben; 85 (alle); 86 oben; 87; 88; 89; 90 links; 90 rechts; 94; 95; 96; 98; 101; 123 unten; 143; 154-155; 156; 157; 158-159; 166. Außerdem stammt das Foto der Tsuba auf dem Cover vom Autor.

Die folgenden Fotos sind gemeinfrei: Seite 55 rechts (http://en.wikipedia.org/wiki/File:KofunCuirass.jpg); 61; 63 unten (http://en.wikipedia.org/wiki/File:KofunSwordHilts.jpg); 64; 72; 86 unten (http://en.wikipedia.org/wiki/Azuchi_Castle); 120; 121; 125; 134 (http://en.wikipedia.org/wiki/File:Meiji_tenno1.jpg); 136 links; 138 links; 138 rechts (http://en.wikipedia.org/wiki/File:Japanese_Empire2.png); 139 (http://en.wikipedia.org/wiki/File:Emperor_Showa.jpg); 140 (http://en.wikipedia.org/wiki/File:JapaneseArmy1900.jpg); 141 links (http://en.wikipedia.org/wiki/File:Emperor_Shōwa_Army_1938-1-8.jpg); 141 rechts (http://en.wikipedia.org/wiki/File:Macarthur_hirohito.jpg); 142 links (http://en.wikipedia.org/wiki/File:Japan_drills_Boy_Scouts_with_rifles_1916_2.jpg); 142 rechts (http://en.wikipedia.org/wiki/File:Hirohito_in_dress_uniform.jpg); 162 (http://en.wikipedia.org/wiki/File:Oemasamichi.jpg)